城市供水系统规划
技术评价与集成应用

刘广奇　著

U0294540

中国建筑工业出版社

图书在版编目（CIP）数据

城市供水系统规划技术评价与集成应用/刘广奇著.
北京：中国建筑工业出版社，2024.7. -- ISBN 978-7
-112-30119-5

Ⅰ. TU991

中国国家版本馆CIP数据核字第2024UW8429号

责任编辑：于　莉　王美玲
文字编辑：李鹏达
书籍设计：锋尚设计
责任校对：赵　力

城市供水系统规划技术评价与集成应用

刘广奇　著

*

中国建筑工业出版社出版、发行（北京海淀三里河路9号）

各地新华书店、建筑书店经销

北京锋尚制版有限公司制版

建工社（河北）印刷有限公司印刷

*

开本：787毫米×1092毫米　1/16　印张：18¼　字数：354千字

2024年7月第一版　　2024年7月第一次印刷

定价：**80.00**元

ISBN 978-7-112-30119-5

（43085）

前言

～～～～～～～～～～～～～～～～～～～～～～～～～～～

　　"让群众喝上放心水"是供水行业的工作目标，随着我国城市化进程持续推进，水环境污染风险依旧，严重威胁着我国饮用水水质的安全保障。近年来，通过大量国家和地方科技项目的共同努力支持，特别是国家"水体污染控制与治理科技重大专项"（以下简称水专项）实施以来，我国在饮用水安全保障技术方向取得了大量科技成果，供水行业科技水平得以显著提高。随着中国式现代化和民族复兴伟业的持续推进，人民群众对优质饮用水的需求日益强烈，伴随城镇化的推进和多水源供水的日益增多，城市供水系统与城市高质量发展的需求矛盾越来越明显，供水系统面临的安全风险越来越复杂，难以为"全国饮用水安全保障水平持续提升"的实现提供足够的支撑。

　　城市供水规划是城市供水系统的顶层设计，社会经济发展对城市供水系统的要求已不再单纯的满足供给，而是高质量的、安全的、生态友好的城市供水系统。城市供水设施规模、服务人口和水源类型的增加，为城市供水系统规划提出了新的技术要求。针对新时期供水需求与特征，本书以"十三五"水专项研究课题"城市供水系统规划设计关键技术评估及标准化"（2017ZX07501001）为依托，在城镇供水系统规划领域，从"十一五"以来若干水专项研究成果中筛选出供水系统风险识别与应急能力评估、多水源优化配置、城乡统筹区域协调供水和供水规划决策支持系统等多项成熟度高、创新性好的关键技术，分别在济南、常州、深圳、哈尔滨等城市开展了技术评价工作，通过技术评估与应用验证和补充验证，梳理了城市供水系统技术评价的侧重点，提出系统性、安全性和可持续性是城市供水规划技术评价的新维度，供水规划指标体系的构建要与新的评价需求相适应。

本次针对城市供水系统关键技术的评估验证，对关键技术指标参数等进行了优化和细化，进一步明确技术指标、参数和核心内容的取值，通过在不同城市进行应用，进一步调整关键技术内容，提高关键技术的适用性，为关键技术的推广应用和标准化提供基础。城市供水系统关键技术的评估验证，为城市供水系统规划编制的科学性、合理性提供定量化技术支持，促进了关键技术内容的标准化，通过对关键技术在城市供水系统规划中的集成应用，完善了城市供水系统规划编制大纲。关键技术的部分内容纳入《城乡给水工程项目规范》《城市供水工程规划规范》《城市饮用水安全保障技术导则》等。

本书共分为五章，由刘广奇负责统稿。第2章、第3章由周飞祥、祁祖尧、雷木穗子等人协助撰写，第5章应用案例部分由姜立晖、程小文、孙增峰协助撰写。在研究开展与本书撰写过程中，得到了诸位专家、领导的大力支持，在此谨致谢忱。特别要对中国城市规划设计研究院原党委书记邵益生研究员、重庆大学崔福义教授和赵志伟教授、中国城市规划设计研究院原副总工程师孔彦鸿和中国市政工程中南设计研究总院有限公司副总工程师张怀宇等表示感谢。

目　录

第4章　供水系统规划集成 ……………………… 187

第5章　典型案例集成应用 ……………………… 225

第 **1** 章

绪论

- 供水规划技术需求
- 国内外研究现状
- 技术路线

1.1

供水规划技术需求

1.1.1 行业发展需求

近年来，全国用水总量持续增加，供水规模日趋庞大。水利部《中国水资源公报》2006—2022年统计结果显示，全国用水总量由2006年的5795亿m^3不断增加至2022年的5998亿m^3，最高峰供水量出现在2013年，高达6183亿m^3。城市供水管网作为城市的生命线，对城市的稳定发展起着至关重要的作用。随着供水规模日趋庞大，运行管理的难度也随之增加，这给供水管网的规划带来了很大挑战。供水管网规划设计不仅需要考虑满足供水需求和提高供水质量，同时还需要降低投资成本，以实现供水管网的安全、科学和经济运行。为实现该目标，有必要对城镇供水系统进行优化设计，以最大限度的降低设施投资成本并提高其运行效率，这也是国民经济发展需重点关注的民生问题。

城市的发展过程中，实施了南水北调等重要水源工程，供水系统逐渐向复杂的多水源、多用户方向发展。多水源通常指包含当地地表水、地下水、处理回用水、外调水等在内的水源系统；多用户是指城市生活、工业、火电、环境、农业等的用户系统。在多水源、多用户供水系统中，需统筹协调发展战略与空间布局，优化多水源、多用户供水布局模式，提高水源保障能力，完善供水系统布局，实现供水厂应急联合调度、管网互联互通等。以区域水资源的可持续发展为目标，建立和完善区域经济、环境与社会协调的城市供水系统。

1.1.2 科技创新需求

我国水资源紧缺并且由于种种原因导致水源污染现象持续存在，部分中小城镇供水管理粗放，操作人员责任意识不强等，导致影响城市供水安全的事件时有发生。城市供水系统在规划设计时，除满足水源地水量和水质标准外，水源地过于单一化或没有考虑备用水源地，当单一水源地发生突发性的水量或水质问题时所有供水厂均不能正常供水，从而导致大面积停水。

我国城市供水现有规划中环境管理章节薄弱，难以指导改变不合理的产业布局。我国涉及城市开发建设用地的规划，主要依托规划环境影响评价防范环境风险。由于上位规划没有在源头进行环境风险管控，规划环境影响评价难以优化不合理的产业布局与选址，导致城市内工业区与水源地或者供水设施用地交叉布置，甚至由于工业区规划面积过大，造成工业区包围水源地的现象。高质量的供水系统规划是实现城市可持续发展的基础保障，实现城市水资源可持续利用、保障城市供水安全，涉及自然科学、社会科学和工程技术等多个领域，是一项非常复杂的系统工程。在规划编制过程中，应以系统科学理论为指导，加强环境管理等方面的综合研判分析，实现高质量规划的编制。

1.1.3 技术进步需求

城镇供水排水系统作为城市运行的基础性系统有着不可替代的作用，是保障民生、公共服务的重要支撑。供水系统智慧化管理是智慧水务的重要组成部分。智慧水务的建设将使行业的信息化加速发展，在当前复杂的城市水资源问题下，对城市水资源进行有效的管理和分配，并对突发问题提出解决方案，使其能高速、高效地被解决，恢复系统正常运营。建立科学、系统、高效的智慧化供水系统本身就是一项巨大的任务，建成后更是一个庞大、复杂的系统，其中智慧水务建设规划、数据库的研究开发和水管理智慧设备核心技术方面的相关研究意义重大。

在传统的城市供水规划过程中，时常涉及方案比选与决策，而面对日益复杂的用户需求和供水环境，技术分析和量化依据的缺乏导致传统决策方式论证模糊，在更为复杂的管网管理中，仅凭人工经验已无法为规划提供科学的决策支持。计算机的出现和广泛应用极大地促进了给水排水事业的发展，把给水管网系统的计算、理论和分析推向一个新的层次。市政给水管网系统从以往单纯地研究管网水力计算，拓展到给水管道卫生学、管网水质分析、用水量预测、管网系统优化、管网系统可靠性分析、管网系统的模拟与仿真、无线数据传输技术（MLS）、地理信息系统（GIS）、全球定位系统（GPS）等，已经构成多学科交叉、集合的系统。

1.2

国内外研究现状

1.2.1 城市水系统内涵

《辞海》中将水系定义为某流域里大大小小的河流，构成脉络相通的系统，又叫河系。水系侧重于地表水体，主要是河流、湖泊、水库等形式。城市水系是将水系界定在城市范围或与城市密切相关的范围。城市水系统指城市及其密切相关的范围内与水相关的系统，包括与水相关的物质流、水设施、水活动。邵益生研究员提出，城市水系统是在一定地域空间内，以城市水资源为主体，以水资源的开发利用和保护为过程，并与自然、社会环境密切相关且随时空变化的动态系统。武汉大学提出，城市水系统是城市区域内以水为核心的，由水循环物理过程、生物与生物地球化学过程，以及人文过程构成的整体，是自然水循环和社会水循环耦合、"灰-绿-蓝"基础设施多要素结合、"源头-过程-末端"多过程耦合、"城市-片区-社区"多尺度耦合的可持续水循环系统。

2000年，邵益生在《城市水系统及其控制原理研究》中首次在国内以系统科学的理论为指导，结合自然科学与社会科学、理论探索与实证研究，针对水资源利用提出了"节流优先、治污为本、多渠道开源"的发展原则，并提出了我国城市水系统的建设发展策略，奠定了城市水系统发展的理论基础。2008年，《中新天津生态城水系统规划》（2008—2020年）基于保障未来城市供水与防洪防潮安全、改善盐碱化地区城市水环境治理的目标，制订了确保多水源，提高用水效率与供水水质，确保自然流量，广泛回用再生水，建设完善排水体系，加强自然生态净化，增强地下水源涵养，修复盐碱地水生态环境的建设方案，构建了全新、健康的城市水循环系统，是国内在该领域的首次探索。

任南琪院士在城市水系统发展历程分析与趋势展望中提到，城市水系统作为水的自然循环和社会循环在城市尺度耦合的重要载体，对其进行优化重构是统筹水资源、水环境、水生态治理的核心抓手，是全面提升水资源利用效率、保障国家水生态安全、促进经济高质量发展的关键举措。针对城市水系统存在的缺乏前瞻性、生态性、系统性和整体性问题，任南琪提出我国城市水系统创新发展的关键任务是提高水资源效率、提升水环境容量、恢复水生态功能、保障水健康循环，未来的发展趋势是探索非常规水源的生态融合与资源高效利用、建设"蓝绿融合"与"灰绿结合"的水设施、实现水生态完整性重构与水体功能恢复、发展城市水系统智慧感知与风险防控体系。莫罹等人结合城市在不同发展阶段所面临的水问题，研究了城市供水排水设施发展的历程及其特点，提出进入生态文明时代城市供水排水面临着向"水循环城市"发展阶段迈进的新挑战，基于城市水循环的系统观梳理了对城市与水的新认识、解决水问题的思路方法以及应对策略，并与传统模式进行了对比，分析了目前涉水规划存在的问题，提出了通过城市水系统综合规划完善原有涉水规划体系的建议。

综合国内外城市水系统理论研究和工作实践，城市水系统具有以下核心特征：①重视协调社会水循环和自然水循环，强化"社会-自然"的二元属性；②强调资源供给、环境治理、安全保障、生态修复等复合功能价值最大化，而非满足单一功能要求；③组成范畴涵盖设施、空间等实体要素，以及规划、建设、运维、退出等全生命周期要素，不局限于单项工作或对象，具有综合性、复杂性和动态性特征。在解析城市水系统核心特征的基础上，结合我国现阶段城市水资源短缺、水环境污染、水安全威胁和水生态退化的现实矛盾，对城市水系统作出如下定义：城市水系统是指水以及为满足城市水资源供给、水环境治理、水生态修复、水安全保障等功能需求的工程性设施和生态空间，是水的自然循环和社会循环在城市空间的耦合系统。

1.2.2 城市水系统评价指标体系

我国对城市水系统评价指标体系的构建工作已经开展了很久。何贝贝等人依据DPSIR模型的基本原理，对天津市水资源和水环境实际情况进行深入分析，选取了人口密度、人均生活用水量、水资源总量等20多项指标对天津市水环境安全状况进行了评价计算。徐瑾等人介绍了物质流分析法的基本框架，构建了天津市水代谢系统评价指标体系，提出了淡水回用率、海水淡化量、废水治理投资、污水再生利用率等15项指标，对天津市水代谢系统安全水平进行了评估与分析。何俊仕等人从水生态的角度采用定性、定量相结合的方法选取了人均生态用水量、水土流失面积比率、水功能区水质达标率、景观多样性指数等20项指标，科学合理地评价了沈阳市的水生态环境情况。

龚道孝等人提出了雄安新区新型城市水系统的双循环模式，从维持健康自然水循环、发挥城市水系统各项社会功能两个层面，以及水资源、水环境、水生态和水安全4个维度，研究提出了"四水统筹、人水和谐"的新型城市水系统建设标准（控制指标），包括城市水系统构建标准、城市水设施建设标准和韧性城市水系统构建标准3项。

综合文献的研究不难看出，目前的城市涉水指标体系研究有着分工明确、系统分割显著的特征。然而城市水系统构成是十分复杂的，它包括了水资源、水安全、水环境、水生态和水文化等各个方面，在实际的指标体系构建过程中往往难以兼顾各方面。因此，大多数人选择对水资源、水安全、水环境、水生态和水文化等方面分开评价，导致各个方面的评价体系"各自为政"，忽略了水循环的本质，不利于城市水系统的健康循环及可持续发展。近几年来，我国正在积极推进"海绵城市"建设理念，从雨洪管理的角度描述了一种可持续发展的城市建设新模式，通过吸纳、净化和利用雨水使城市应对气候变化、极端降雨，以及维持生态功能稳定的能力得到增强。"海绵城市"理念立足于城市水循环的基本原理，可有效缓解我国快速城市化过程中出现的水污染、水安全、水生态、水短缺等严重制约我国城市生态健康发展的问题，并且海绵城市在水系统规划时能够将水资源、给水、排水、雨水回收利用、污水再生利用、生态用水、城市景观用水等有机地联系在一起，可以有效解决目前城市水系统指标体系彼此割裂的问题。

1.2.3　城市水系统模拟

目前，水系统评估相关研究成果比较丰富，例如在水资源方面，陈灏等人利用层次分析法对汉江上游流域的综合水资源量状态进行了评估，郑江丽等人构建了基于系统协调性的水资源承载力评估模型；在水生态环境方面，杨延梅等人建立了白洋淀水环境承载力BP神经网络模型，马晓蕾等人运用水生态足迹、水生态承载力及水生态盈亏指数评估了中国及各省级区域尺度水生态足迹和承载能力的时空差异；在水安全风险方面，郑德凤等人采用层次分析法和熵权法建立了大连市暴雨洪涝灾害综合风险评估模型，周佳麒等人采用神经网络改进权重的层次分析法构建了汕头市濠江区内涝灾害风险评价体系。除了对水系统的单个子系统进行评价分析，也有对水系统进行整体评估的，例如段梦等人基于水敏感城市理念框架构建了城市水系统综合管理评价指标体系与方法。

白静博士研究基于压力-状态-响应模型（PSR），结合城市水系统的生态服务功能和经济服务功能，从水资源供应系统、水环境保护系统、水安全保障系统三个方面，构建城市水系统功能评估指标体系。该指标体系可以对社会-生态系统的状态、改变的原因，以及管理者所采取的措施开展评估，可以帮助城市涉水部门的管理者不断改进和调整管理措施。武汉大学张翔教授基于城市"自然-社会"二元水循环过程和基本要素，完善了夏军教授（中国科学院院士）提出的城市水系统5.0理论，完善了以水循环过程为核心的城市水系统理论框架，构建了包含自然-社会水循环、社会水文、水生态模块的多尺度综合城市水系统模型（Water System Modeling and Assessment Tool-urban，WASMAT-URBAN），提出城市水系统模型结构图，并应用于城市、小流域、汇水区尺度，模拟结果验证了模型的可用性和模拟精度。该理论框架和模型可为海绵城市建设的规划设计、建设改造、模拟评估提供理论基础和模拟方法（图1-1）。张永勇等人结合城市水系统5.0模型和绿色发展理念提出了资源利用、环境质量、生态保护、经济增长、绿色生活5个维度绿色发展评价体系，并基于主观赋权法、熵权法、综合指数法、综合倍比法和综合权重法等赋权方式与方式与逼近理想解排序法（Technique for Order Preference by Similarity to Ideal Solution，TOPSIS）模型相结合，构建了城市绿色发展多模型集合评价方法。以重庆市为例，模拟评估了该市2001—2016年绿色发展水平现状，探索了提升城市绿色发展水平的调控方案。

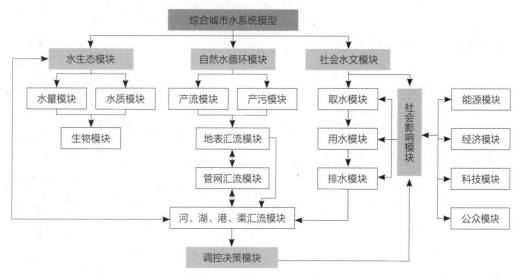

图1-1　综合城市水系统模型结构图

万欣等人针对城市水系统构建评价指标体系，收集了6座试点海绵城市评价指标数据，运用耦合协调模型对城市间水系统耦合协调发展情况进行了实证分析；采用灰色关联分析法确定关键指标，构建了系统耦合协调度与关键指标的向量自回归模型，分析关键指标对水系统协调发展的影响机制。结果表明：在海绵城市建设后，6座城市水系统的耦合协调水平由严重或中度失调达到基本协调，短期内试点的武汉、深圳、上海等南方城市"海绵化"改造成效优于济南、北京等北方城市；水生态与水安全子系统耦合协调度最高，河道治理率和饮用水达标率对两子系统关系具有促进与阻碍交替的波动性影响；水资源与水文化子系统的耦合协调度最差；官方平台宣传次数对两子系统关系具有显著且持续的促进效应；水资源与水环境子系统耦合协调度有待进一步提高，万元国内生产总值（GDP）用水量和污水处理率对两子系统协调有促进效应，但持续时间较短。

为提升雄安新区应对气候变化和急性冲击灾害的适应能力，建设高韧性高弹性的城市水系统，实现新区水系统的安全运行与可持续发展，徐一剑等人构建了基于不确定性的雄安新区城市水系统安全保障技术，该技术包括水系统的风险源识别、风险综合评价和风险管理策略3部分。在应对气候变化方面，提出了"气候变化模拟预估—气候变化增量分析—水系统影响风险分析"的技术框架、不同精度的气候变化增量分析方法，以及分层级的城市水系统气候变化影响与风险分析方法。在应对急性冲击方面，提出了有效识别城市水系统面临的急性冲击风险源识别方法，以及急性冲击灾害多情景多灾种风险分析方法。在安全保障机制方面，提出了建立雄安新区水系统应急预案体系的要求，以及区域协同、综合应对、专业负责和网格化管理的"城市-组团-社区"三级风险管控机制。

1.2.4 城市水系统与碳减排

气候变化对城市水系统的影响及应对方法，可从流域水循环系统和城市水循环系统这两个尺度进行分析。流域水循环系统空间范围更大，更多地表现出自然属性。城市水循环系统空间范围相对要小一些，更多地表现为人工属性。城市水系统是由城市的水源、供水、用水和排水四大要素组成的。这四大要素的相互联合构成了城市水循环系统，每个要素都对这个循环系统起着一定的促进或制约作用。气候变化对城市水系统的影响路径分析如图1-2所示。这四大要素都可能成为气候变化对城市水系统的影响对象。气候变化对供水和用水子系统的影响主要体现在气温变化对城市用水量的影响上，进而影响供水管网的性能。在城市水系统中，城市排水子系统对气候变化最为敏感。一方面，气候变化引起的暴雨强度的变化会改变城市地表径流产生量，可能增大城市排水管网压力，甚至增大城市内涝灾害的频率和危害程度。特别对于沿海城市，气候变化带来的海平面上升会

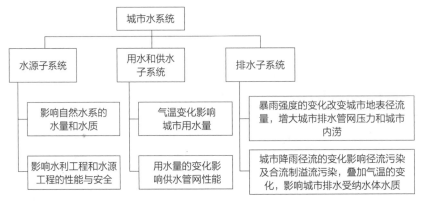

图1-2　气候变化对城市水系统的影响路径分析

加剧风暴潮和洪涝灾害的频率和强度。另一方面，气候变化通过影响城市的降雨径流，影响径流污染及合流制溢流污染量，再叠加气温的变化，对城市排水的受纳水体水质产生影响。

城市水循环系统与流域水循环系统的一大区别在于拥有管网系统。气候变化对城市水系统的影响除了体现在降水和地表径流之外，更多体现在对管网性能的影响上，这是流域水文、水质模型模拟所不能解决的，因此需要用城市水系统的相关模型进行模拟。研究方法可采用建模的方法预测未来不同气候变化情景下水系统的响应，模型可选择气候模式与水文、水资源或水质模型相结合的方式进行。城市水系统应对气候变化带来的挑战，应坚持开源与节流相结合、集中与分散相结合、灰色与绿色相结合、刚性与柔性相结合的原则，进行系统的分析，构建健康而有韧性的城市水循环系统。

城市水处理行业在输送、运行过程中会产生大量碳排放，在实现碳达峰、碳中和的目标前提下，有专家对城市水系统全链条碳排放情况进行评估分析，有助于从碳减排角度对各环节现有的技术设备进行升级改造或者替换，为最终实现碳中和目标做出贡献。郭怡等人分析了城市水系统从水源地到各个环节的碳排放情况，根据对各环节核算边界的界定与研究，找到影响碳排放的主要因素。并根据定性分析结果，可以得到包括电耗、能耗在内的间接排放是城市水系统碳排放的主要来源，为后续完成供水排水系统全链条碳排放核算提供理论依据，并根据分析结果提出减排建议。研究指出，水处理输送环节由于原水、供水以及污水的水质差异在直接排放上存在明显不同，如一般认为原水输送、供水厂生产和供水输送系统不产生直接排放的温室气体，而污水处理厂由于处理工艺的不同，厌氧消化处理工艺会在消化环节产生二氧化碳以及甲烷气体，若采用焚烧工艺，则是在焚烧环节由于采用助燃能源而产生二氧化碳等。但电耗、能耗以及药耗等间接排放是影响碳排放的共同因素，并且电、能源以及药剂的碳排放因子都远远超过直接排放产生的二氧化碳、甲烷等温室气体本身的排放因子，对碳排放的产生贡献极大。而直接排放主要受工艺选型影响，水处理全流程控制碳排放更有效的是对间接碳排放部分的控制。

城市水系统涉及多个环节和子系统，其运行过程的能源消耗造成了大量碳排放。研究表明，城市水系统碳排放量占城市总碳排放量的12%。城市水系统不同环节的能源消耗和碳排放的结构及强度差异明显，这主要与供水方式和距离、能源类型、用水方式和节水意识、污水处理方式等密切相关。因此，识别城市水系统不同环节"水–能–碳"的关联机制，揭示城市水系统中水循环过程及其伴生的能源消耗与碳排放的内在关系机理，对于科学、系统评估城市水系统碳排放，推动城市水系统资源节约与可持续管理具有重要意义。

赵荣钦等人分析了城市水系统"水-能-碳"关联机理，并构建了城市水系统碳排放的核算体系，采用2008—2017年的统计数据和调查问卷等资料，对郑州市水系统碳排放进行了核算和实证分析，探讨了其"水-能-碳"关联特征，并分析了不同情景下水系统的碳减排潜力。结果显示：①郑州市水系统碳排放涉及取水、给水、用水、排水及污水处理等不同环节。其中，用水系统是郑州市水系统碳排放的主要来源，这表明由城市扩展和人口增长导致的用水需求增加是碳排放增长的主要因素。②郑州市水系统不同环节的碳排放构成及其强度具有较大差异。其中，用水和取水系统能耗和碳排放强度增长态势明显，而给水、排水及污水处理系统则相对稳定。取水和用水系统的能耗增加，特别是由城市远距离供水和污水回用引起的碳排放增长应引起关注。③郑州市水系统不同环节"水-能-碳"关联特征的差异主要受城市水消耗量的变化、水处理方式和工艺、居民用水行为习惯和节水意识、自然条件及气候变化等因素的影响。④未来应重点从城市工业和生活节水、水处理工艺改进、水系统能效提升等方面入手，降低水系统能源消耗和碳排放。

1.2.5 城市水系统规划

将城市各类涉水规划综合起来考虑的时候，各项规划之间存在一定的矛盾与问题，见表1-1。一是标准不衔接问题。城市依据排涝规划确定的排涝标准，需配建一定的排涝泵站排除城市雨水到外江外河，而外江外河的防洪规划限制了城市雨水的排入，因此城市排涝规划与防洪规划应当制定合理衔接的规划标准。二是规划布局不合理问题。城市污水工程专项规划以提高污水收集处理率为目标，考虑如何达标排放，却忽视了城市污水也是一种重要的再生水资源，布局污水处理设施时仅考虑如何将城市污水排放至远离城区的下游河道，却不管污水作为再生水资源重新用于城市的需求，污水工程专项规划与再生水专项规划之间存在脱节与不衔接，规划布局不合理。三是区域不统筹问题。城市污水工程专项规划将污水处理工程设置于远离本城区的下游河道却不考虑对下游城市水源安全的影响，也是城市污水工程专项规划与下游城市给水工程专项规划脱节的表现，区域不统筹问题突出。四是体制机制矛盾问题。跨区域调水工程的建设目的是缓解调入城市水资源紧缺状况，减少地下水的取用量，以中部地区某市现实情况为例，由于引黄水与地下水利用的规划体制和管理机制不同，导致引黄水总量的1/2左右用于城市河道的生态用水补给，未能对城区地下水的取用起到很好的控制作用，这是城市给水工程专项规划与城市水资源综合规划之间存在的脱节的表现，主要是由于体制机制矛盾导致的。因此，虽然从单项涉水规划来说，其符合各自的规划需求与目的，达到了相关部门编制规划的成果要求，但是从城市整体效益出发，并不是综合效益最高的规划。

传统城市涉水专项规划的主要特点

表1-1

序号	名称	规划范围	规划层次	针对对象	规划主要目的	规划出现时间	规划效果	主要编制与实施部门
1	城市给水工程专项规划	中心城区	专项规划，依托城市规划体系，包括总规、详规层次	给水等清洁水	为满足城市用水需求提出系统的工程措施	1980年	普遍编制	规划部门和水务部门
2	城市排水工程专项规划	主要针对中心城区	专项规划，可依托城市规划体系，包括总规、详规层次	污水和雨水的排放	对城市污水进行治理，城市雨水进行合理排放	约为2000年	普遍编制	规划部门与住房和城乡建设部门
3	防洪专项规划	主要针对中心城区	专项规划	雨水	针对雨水造成的洪灾进行管理	2000年	普遍编制	住房和城乡建设部门或水务部门联合规划部门共同编制
4	城市水资源综合规划	市域或区域范围	专项规划	水资源的保护与利用	针对水资源的保护与利用提出综合性的措施	2002年	普遍编制	水务部门
5	城市水系规划	中心城区	专项规划，可依托城市规划体系，包括总规、详规层次	地表水体和地下水体	针对城市水系的保护与利用提出系统的规划措施	2005年	普遍编制	水务部门
6	城市再生水利用规划	中心城区	专项规划，可依托城市规划体系，包括总规、详规层次	再生水	针对城市再生水利用需求，保护水环境，缓解水资源短缺提出对再生水利用的措施	2010年	在某些地区编制	住房和城乡建设部门
7	城市水资源保护规划	市域或区域范围	专项规划	水资源的保护	针对水资源保护提出系统性的措施	2012年以后	为最严格水资源管理规定后加强水生态保护的顶层设计	水务部门
8	排水（雨水）防涝综合专项规划	中心城区	专项规划	雨水	针对雨水的排放、利用等提出综合性的对策与措施，对城市雨水引起的内涝进行综合规划，从雨水源头控制、管网建设、内涝防治系统角度综合治理	2013年以后	以响应国务院关于加快防洪排涝设施建设的政策，在某些地区编制	住房和城乡建设部门

序号	名称	规划范围	规划层次	针对对象	规划主要目的	规划出现时间	规划效果	主要编制与实施部门
9	海绵城市专项规划	中心城区，市域范围包括海绵城市生态格局保护	具有总规、专项规划、控规等体系化层次	雨水，自然水	实现雨水的自然下渗、自然净化	2014年以后	是一类较新的专项规划类型，试图进行涉水顶层设计，但在实际操作过程中，存在较多的问题	规划部门或住房和城乡建设部门

涉水规划存在的典型问题，各涉水规划编制部门难以有效协调与解决，条块分割的现象严重，因此有必要进行城市水系统综合规划的研究，以全面统筹水资源保护与利用的规划与设计。城市水系统综合规划目前不是我国的法定规划，但用系统观去解决水的问题，认同度越来越高。水系统对城市的作用逐渐凸显，需要住房和城乡建设、水利、环保、园林绿化等相关主管部门对城市水系统进行综合协调，因此，近些年我国已有许多城市开展了城市水系统综合规划工作。从城市水系统理论与实践探索的过程可以看到，2000—2020年，城市涉水基础设施建设已经由保障基本供应发展到提升服务品质，从分行业、分专业独立建设走向多领域、多系统协同发展，城市治水的系统观逐渐形成（图1-3），并深刻融入各地

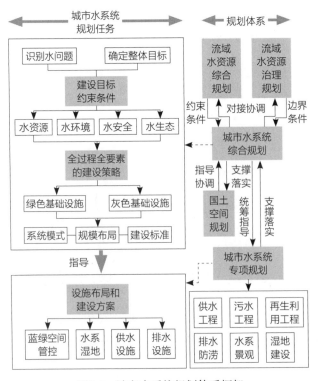

图1-3　城市水系统规划体系框架

城市建设发展之中。"十四五"时期，随着社会经济发展与科学技术进步，城市涉水基础设施建设领域的新概念、新技术应用将更加广泛，城市水系统的发展也将呈现一些新的趋势。

2013年，《贵安新区核心区城市水系统综合规划（2013—2030）》以保障水质安全为核心、保障排水排涝安全为前提，提出了低冲击、微循环的开发建设模式，实施了工程与生态保护措施结合的污染防治策略，并深入推行可持续排水系统和梯级水资源利用技术，奠定了新区发展建设的基础，2015年，贵安新区成功入选第一批国家海绵城市建设试点城市，城市水系统的理念随时代发展而进一步扩展。2018年，国家水污染防治重大专项"十三五"课题"雄安新区城市水系统构建与安全保障技术研究"以研究雄安新区如何实现"高品质饮用水、高质量水环境、高标准水设施、高安全韧性弹性"为课题目标，使城市水系统的规划建设，从保障安全与供给进入了提升服务品质的新阶段。

戴慎志教授等人以城市水循环理论为指导，以"安全、高效和可持续发展"为最新规划理念，构建了城市水系统综合规划技术框架，并提出五个关键技术方法，即以水资源承载力测算的以水定人策略；以循环总量控制、循环结构调整、循环效率提升构成的水资源量合理利用策略；以供水安全保障与防洪排涝体系建设、低影响开发设施规划布局构成的水安全问题解决策略；以水环境容量与承载力计算、水环境治理构成的水环境问题解决策略；以水生态要素保护、水生态空间保护、水生态敏感区划定构成的水生态问题解决策略。通过城市水系统综合规划的编制与实施，能从整体上解决各涉水规划的标准不衔接问题、规划目标矛盾问题、规划布局不合理问题、区域不统筹问题，在体制机制保障上自然资源与规划部门应是城市水系统综合规划的组织编制、实施与管理部门，水利部门、环境保护部门、住房和城乡建设部门、城市管理部门及国有资产监督管理部门等作为各涉水专项规划的具体实施部门，应全力配合，各自诉求与矛盾应在城市水系统综合规划中体现与解决。但在应用研究、规划方法的深入研究，以及针对性研究方面还有待进一步深入开展。

孟付明提出，城市水系统规划主要涵盖给水系统、污水系统、再生水系统、雨水管网系统、雨水综合利用、防洪排涝等板块。明确城市系统在宏观层面的规划要点包括结合城市功能定位构建新的供水格局、涵养城市水资源并提高水资源利用率、构建节水型城市、积极推进雨污分流、打造生态排水系统、创新雨洪管理模式、统筹再生水水厂建设与污水处理厂扩建、构建再生水分质供水体系等。目前，国内相当部分城市编制了城市水系统规划，包括山东省的多数城市，以及沈阳、唐山、杭州、成都、郑州、武汉、上海、无锡、佛山、兰州、六盘水、昆明、常州、宜兴等城市，另外，部分城市也正在准备做水系统综合规划。城市水系统综合规划受委托方需求和规划编制单位水平等原因，质量参差不齐，侧重点各异，如水利、景观、生态、用地等。此外，针对城市水系统综合规划的评价以及技术方法的系统化梳理目前还是空白，如图1-4所示。

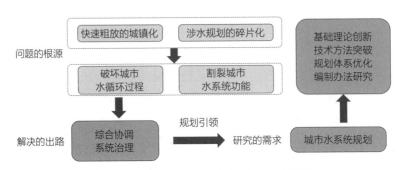

图1-4　城市水问题分析与规划对策示意图

　　莫罹等人在集成应用供水排水传统模型方法的基础上，突破城市水系统构建和城市水设施建设的关键技术，按新型城市水系统的结构模式，以建设标准为约束和目标，探讨了城市水系统整体优化的技术路线，如图1-5所示。通过过程耦合、综合评估与多轮反馈，优化提出了城市水系统规划建设的综合方案。研究结果表明，城市—组团—片区不同空间尺度上分散或分布式的、功能复合的灰绿设施布局方案，有利于实现系统的多层次循环和多维度目标，并提高系统的整体效率和灵活性。

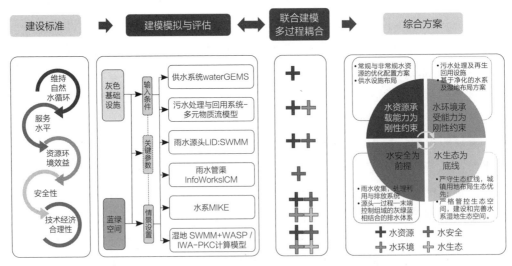

图1-5　城市水系统规划综合方案技术路线

20世纪80年代后，日本开始转变治水思路，以其特有的精细模式逐渐提质增效。2014年日本大力推广健康水循环理念，将城市涉水工作以系统思维实现串联衔接和全局统筹。经过多年的发展建设，日本城市水系统通过发现问题、解决问题、提升优化和系统反思不断演进提升，形成了完善的法律支撑体系、协调高效的管理机制和先进的系统治水理念，值得我国在城市水系统规划建设管理工作中学习借鉴。日本城市水系统经过多年的发展建设，经过了发现问题、解决问题、提升优化和系统反思等多个历史阶段，其治水理念也随之逐步转变提升。如今日本在提高城市水系统基础设施自身效能的基础上，不断强化城市水系统和自然生态的良性互动。在水资源供给方面节流与开源并重，将水源涵养等工作纳入管理范围；在水安全保障方面将"渗、滞、蓄、排"相结合，系统应对洪涝灾害；在水环境保护方面，强调水岸同治、厂网一体、综合施策。同时日本十分重视每个子系统的解决方案之间彼此关联衔接、统筹协调，水资源供给和水安全保障在河、湖、水库，以及雨水资源收集利用方面相互衔接；水资源供给和水环境保护之间在再生水利用方面相互衔接；水安全保障和水环境保护在合流制溢流排放口的设置等方面进行统筹衔接。随着日本《水循环基本法》的实施，"健康水循环"的理念不断深入，日本城市水系统的治理思路在全过程全要素系统治理的基础上，也追求人与自然和谐共生的目标。

1.2.6　城乡联合供水

从研究的进展来看，国内突发性水源污染事故的频发，对应急水源的建设和应急供水规划提出了要求，2005年之后，我国相继颁布了若干文件，表明了对应急水源建设的重视，一些城市也启动了应急水源的建设，但相关标准、规范对应急水源建设的论述较少，存在定义不明确、条文不详细、标准不统一等问题，随着水专项"城市供水系统规划调控技术研究与示范""珠江下游地区水源调控及水质保障技术研究与示范"等课题的开展，对于应急水源和应急供水规划的研究逐渐深入，一些关键技术问题也得到了研究和论证，成果中也形成了导则等指导性文件。

国家"十一五"水专项课题"城市供水系统规划调控技术研究与示范"提出了应急供水的规划调控技术方法，主要内容包括城市应急备用水源需求分析及规模研究，应急供水工程建设规划指标研究，应急供水调控及替代方案研究。"十一五"水专项课题"珠江下游地区水源调控及水质保障技术研究与示范"提出了备用水源建设的工程设计技术，主要内容包括备用水源建设规模适用性研究，从规划建设层面，提出了备用水源工程建设的关键技术指标，确定了备用水源规划设计的主要指标体系，包括：调蓄设施的建设规模、工程等级、供水风险、构建类型、系统构成、设计标准、水质维护措施等。

综上所述，国家政策性文件对应急水源的建设提出了要求，部分行业标准对于应急水源建设、应急供水规划提出了原则性的指导意见，国家水专项课题对应急和备用水源进行了相关的研究，明确了应急和备用水源规划和设计方面的一些关键因素和标准。但对于应急和备用水源的定义、定位尚未有明确的划分，两者存在区分不清的情况，从而影响到规划设计标准的区分和确定。

2015年住房和城乡建设部组织了《城市供水应急备用水源工程技术标准》的编制工作，结合本课题评估验证等相关研究内容，对标准做进一步总结凝练，并于2020年6月颁布实施。该标准明确应急和备用水源的定位、规划设计标准、运行和管理要求等，具有指导性作用，填补了国内应急和备用水源规划建设标准方面的空白。

1.3

技术路线

通过对国家重大水专项"十一五""十二五"课题的饮用水安全保障技术研究相关成果进行梳理、凝练，通过建立城市供水系统规划关键技术的评估方法和指标体系，筛选研究成熟的技术成果，对技术成果的应用效果和适用条件进行评估验证，对规划技术进行标准化研究，补充城市供水系统规划的技术短板。

本课题展开的研究基础是规划关键技术的评估验证，此部分工作包括技术清单的建立、评估验证及指标体系3个部分，如图1-6所示。技术清单的建立，技术验证的初步关键技术清单来源于"十一五""十二五"期间较成熟的技术成果，根据发布的关键技术，初选技术清单包含5大规划关键技术，评估成果将用于补充规划设计的标准体系；在课题实施中，还将针对标准体系中的短板，筛选同期国内外的相关研究成果，以及水专项中的相对成熟和潜在成熟技术作为补充评估技术清单。评估验证包括评估—验证（实地验证与模型验证）—评价的工作程序，对应参考指标—测试验证指标—评价指标等的指标体系。根据评估成果《城市供水系统规划关键技术评估报告》，对关键技术分类分级。

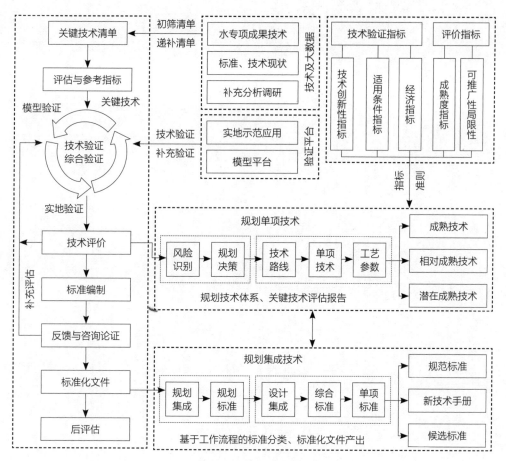

图1-6　技术路线图

第**2**章

技术评价方法

- 评价对象
- 评价依据
- 评价原则与目标
- 评价流程
- 评价思路

2.1

评价对象

2.1.1 评价对象来源

城市供水系统是城市建设与发展的重要基础设施，是保障人民生活、生产发展不可或缺的物质基础，具有极其重要的地位。包括原水系统、水处理系统、输配水系统的城市供水系统是一个复杂的开放性系统，很容易受到自然灾害、蓄意破坏与系统事故等的威胁。随着我国社会经济的发展和城市化进程的加快，城市供水安全问题已经成为城市安全和防灾系统的重要组成部分。保障城市供水安全对于保障公众健康、生命安全和社会稳定具有极其重要的作用。

"十一五"和"十二五"时期的水体污染控制与治理科技重大专项饮用水主题，通过关键技术研发、集成和应用示范，在水源保护、供水厂净化、安全输配、监测预警、应急保障等方面取得阶段性成果，研发了200多项关键技术，初步构建了引用水安全保障"从源头到龙头"全流程的技术体系。对水专项系列课题形成的重大关键技术进行评估，梳理"十一五""十二五"时期针对供水系统风险识别与应急能力评估、多水源供水系统优化、城乡（区域）联合调度供水、供水规划决策支持系统等技术方面的课题成果，为"十三五"时期推动相关技术标准规范的全面修订，促进行业技术进步和相关产业发展，确保示范区稳定达标提供了有力支撑。

"十一五""十二五"水专项已经完成的研究成果中，城市供水系统规划相关的主要关键技术共计18项（表2-1），其中风险调控类技术5项，应急供水类技术1项，多水源供水类技术2项，城乡统筹供水类3项，系统优化类2项，绩效评估类2项，决策支持类3项。由TRL评级结果分析可以看出，北方缺水型河流水质目标管理技术评级为5级，其他17项相关技术均达到6级以上，其中达到8级以上的为5项。

国家水专项研究中供水系统规划相关技术成果筛选

表2-1

序号	技术名称	TRL评级	技术概述	技术来源	承担单位	示范点	规范标准情况	初筛结论
1	供水系统风险识别与应急能力评估技术	8	建立科学的统计分析方法和分类方法，识别规划层面影响系统安全的高危要素；研究并建立相关指标体系，综合评估城市供水系统的应急能力	"十一五"水专项供水系统规划调控技术课题	重庆大学	济南：济南市城市供水系统规划调控示范研究	技术指南	技术较成熟，可进一步验证
2	流域水环境突发型风险预警与控制技术	6	1. 基于敏感目标和污染源风险特征的流域水环境突发型风险源识别技术；2. 流域突发型水污染事件水环境影响快速模拟技术；3. 基于饮用水源安全污染事故应急控制阈值确定技术；4. 突发性水污染事件现场应急控制技术	"十一五"水专项	中国环境科学研究院	重庆：事故型水环境污染风险源和敏感目标分级方法、水环境污染风险分区方法	无	示范技术
3	流域水环境累积型风险预警与控制技术	6	1. 基于流域-水体作用关系的流域水环境安全预警技术；2. 基于水库类型及其水华暴发综合特征的水华风险预警技术；3. 基于生物响应的生物早期预警技术	"十一五"水专项	中国环境科学研究院	沈阳：综合考虑社会经济-土地利用-负荷排放-水质水动力等要素的耦合作用，实现流域水环境安全预测预警	无	—
4	应急供水规划技术	8	研究不同应急状态下多目标城市供水系统优化的技术方法，确定达到上述目标的最佳规划方案	"十一五"水专项供水系统规划调控技术课题	中国城市规划设计研究院	东莞：东莞市区域供水规划的系统安全综合评估及应急供水多级调度方案示范	技术指南	技术成熟，可验证后进行标准化
5	多水源供水系统优化技术	8	以饮用水水质全面达标为目标，结合典型城市发展战略与空间布局方案，提出不同类型城市多水源供水布局模式节能降耗的关键技术，提出南水北调实施后城市供水厂和供水管网系统布局的优化建议	"十二五"水专项南水北调受水区城市水源优化配置及安全调控技术研究	中国城市规划设计研究院	保定：保定受水区城市供水系统风险调控	技术指南	技术成熟，可验证后进行标准化
6	南水北调受水区城市水源优化配置技术	6	1. 供水管网适应性评估技术；2. 城市供水水源优化配置技术	"十二五"水专项南水北调受水区城市水源优化配置及安全调控技术研究	中国城市规划设计研究院	保定：保定市多水源配置案例研究	技术指南	示范应用
7	城乡统筹联合调度供水技术	8	基于协同供水和多级调度，在城市、城乡地区以及城镇群地区的不同空间范围，发展并完善城市供水系统与城市布局协调的规划调控技术，全面保障城镇供水安全	"十一五"水专项供水系统规划调控技术课题	北京市政工程设计研究总院有限公司	东莞：东莞市区域供水规划的系统安全综合评估及应急供水多级调度方案示范研究	技术指南	技术成熟，可验证后进行标准化

续表

序号	技术名称	TRL评级	技术概述	技术来源	承担单位	示范点	规范标准情况	初筛结论
8	县镇联片管网安全供水技术	6	1. 多点水源联片供水管网管理技术； 2. 多点水源联片供水管网水质保障方案	"十一五"水专项	清华大学	北京：北京燕龙供水公司，应用范围为3.8万m³/d，覆盖水源点34个	无	—
9	城市间协同供水联合调度技术	6	1. 多区域联网供水模型构建技术； 2. 压力监测点优化布置技术； 3. 多区域管网应急调度分析技术	"十一五"水专项	苏州水务投资发展有限公司	苏州：苏州水务投资发展有限公司，构建了多区域给水管网动态模型	无	—
10	供水系统优化调控技术	8	构建城市供水系统的动态仿真模型，包括城市供水水源优化配置模拟、应急状态下供水仿真模拟、输配水系统优化调度模拟等动态模型	"十一五"水专项供水系统规划调控技术课题	中国城市规划设计研究院	济南：济南市城市供水系统规划调控示范研究	无	技术成熟，可验证后进行标准化
11	供水绩效评估管理技术	6	1. 供水绩效指标的评价与筛选； 2. 绩效数据的采集和校核方法； 3. 评估方法与评估模型研究； 4. 供水绩效管理信息平台的研发； 5. 城市供水绩效评估管理体系的研究	"十一五"水专项	北京首创股份有限公司	上海：上海市自来水市南有限公司； 安庆：安庆市自来水公司	无	示范应用
12	南水北调受水区城市供水系统安全调控技术	6	1. 南水北调受水区城市供水系统风险评估技术； 2. 南水北调受水区城市供水系统风险调控技术	"十二五"水专项南水北调受水区城市水源优化配置及安全调控技术研究	中国城市规划设计研究院	保定：保定市城市供水系统安全调控案例	指南	验证完善
13	供水规划决策支持技术	7	实现城市供水系统的信息查询、数据分析、方案比选及方案检验等功能，建立城市供水系统规划调控的决策支持系统	"十一五"水专项供水系统规划调控技术课题	中国城市规划设计研究院	北京：密云新城供水系统规划示范研究	无	技术较成熟，可在示范城市进行验证
14	北方缺水型河流水质目标管理技术	5	1. 面源污染负荷核定技术； 2. 水环境容量计算与分配技术； 3. 污染负荷总量分配技术	"十一五"水专项	辽宁省环境科学研究院	辽宁：辽宁省环境保护局、铁岭市环境保护局、盘锦市环保局、抚顺市环保局	无	推广应用
15	山地城市排水系统安全与城市径流污染控制信息管理技术	6	基于GIS技术，开发了山地城市排水系统管理与城市面源污染控制GIS系统	"十一五"水专项	重庆大学	重庆：重庆市主城江北区	无	工程示范

序号	技术名称	TRL评级	技术概述	技术来源	承担单位	示范点	规范标准情况	初筛结论
16	城市水环境系统动态仿真及规划决策支持系统	6	技术的创新主要体现在： 1. 集成多项技术，功能完善，具有水质评价、压力分析、水环境容量计算、污染削减方案筛选、方案比选等规划决策支持功能； 2. 与城市规划相结合，为城市水环境系统规划提供决策支持	"十一五"水专项	中国城市规划设计研究院	无	无	验证完善
17	城市污水处理系统运行绩效评价技术	6	1. 绩效指标筛选原则和方法； 2. 绩效数据分布规律统计分析方法； 3. 绩效管理应用分析模式	"十一五"水专项	北京城市排水集团有限责任公司	北京：北京城市排水集团有限责任公司	无	应用示范
18	典型城市排水系统模式优化选择和溢流污染治理方法	6	1. 不同排水模式效能分析逻辑框架及模型技术； 2. 集中分散处理系统技术与经济效益分析的模型技术； 3. 大型污水管道最佳输送方式模型技术； 4. 不同城市排水管网分期建设规模决策技术	"十一五"水专项	上海市水务规划设计研究院	上海：上海市水务规划设计研究院	无	示范技术

2.1.2 评价对象筛选

通过筛选上述水系统规划关键技术，初步确定供水系统风险识别与应急能力评估、应急供水规划、多水源供水系统优化、城乡统筹联合调度供水、供水规划决策支持系统五大关键技术满足技术就绪度（TRL8），具有一定的应用示范基础，见表2-2。

城市供水系统规划关键技术筛选结果 　　表2-2

序号	关键技术	技术来源
1	供水系统风险识别与应急能力评估	"十一五"水专项"城市供水系统规划调控技术研究与示范"（2008ZX07420-006）
2	应急供水规划	"十一五"水专项"城市供水系统规划调控技术研究与示范"（2008ZX07420-006）
3	多水源供水系统优化	"十一五"水专项"城市供水系统规划调控技术研究与示范"（2008ZX07420-006） "十二五"水专项"南水北调受水区城市水源优化配置及安全调控技术研究"（2012ZX07404-001）
4	城乡统筹联合调度供水	"十一五"水专项"城市供水系统规划调控技术研究与示范"（2008ZX07420-006）
5	供水规划决策支持系统	"十一五"水专项"城市供水系统规划调控技术研究与示范"（2008ZX07420-006） "十二五"水专项"南水北调受水区城市水源优化配置及安全调控技术研究"（2012ZX07404-001）

2.2

评价依据

（1）《中华人民共和国城乡规划法》
（2）《城市规划编制办法》
（3）《中华人民共和国环境保护法》
（4）《国家中长期科学和技术发展规划纲要（2006—2020年）》
（5）《水体污染控制与治理科技重大专项管理办法（试行）》
（6）《水体污染控制与治理科技重大专项实施管理办法》
（7）《科学技术研究项目评价通则》GB/T 22900—2009（已作废）
（8）《城镇供水系统规划技术评估指南》T/CECA 20006—2021
（9）《技术就绪度评价标准及细则》

2.3

评价原则与目标

2.3.1 评价原则

技术评价应当遵循客观、科学、公正的原则，采取社会、经济、环境和技术效益相结合，定量与定性相结合的方式进行。

技术评价应根据评估的对象，合成、证实和确认技术方法特性，评价技术的价值，为各层次的决策者提供合理选择技术的科学信息和决策依据。

技术评价中应通过采取规范性的流程及可靠的质量管理来提供可靠的数据，用以支持评价结论。

如采用建构性技术评价更有利于实现委托方的评估目的，以及推动技术进步，鼓励采用建构性技术评价。

技术评价宜采用《城镇供水系统规划技术评估指南》T/CECA 20006—2021确定的技术评估、技术验证和技术评价三阶段法，三阶段为递进关系。

2.3.2 评价目标

通过评估验证，明确技术的应用条件和范围，筛选成熟技术用以制定标准化文件，有效指导供水行业的工程设计，使水专项成果为普遍解决饮用水安全保障工程问题提供实用、有效的技术支撑。

技术评估、技术验证与评价工作应由明确的团队执行，工作团队对全过程负责。技术评估、技术验证与评价工作应有明确的时间进度及执行措施。采集的数据和样品，必须具有代表性，并符合国家现行标准的规定。工作完成后应提出书面报告，并由责任人署名。

2.4

评价流程

（1）确定评价对象：根据技术持有方、技术使用用户、管理机构等申请方的需要，确定评估对象，对规划使用技术的安全可靠性、成熟度、经济效益、社会效益、创新与先进程度进行评估，侧重于其中的新方法、新技术。

（2）技术评估：通过评估，对技术的就绪度进行评价。

（3）技术验证：通过不同形式的技术验证，以确定技术的应用程度与应用效果。

（4）技术评价：将技术验证的成果进行汇总，并从社会、经济、环境等更广的角度对技术进行分析、判定。

（5）形成评估报告：基于以上的评价过程形成总体评估结论和建议。

技术评价可根据评估的问题采用图2-1中全部或部分基础流程。

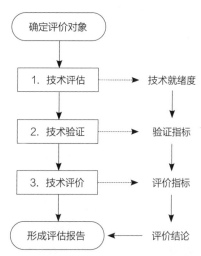

注："┈►"表示采用的方法，即采用技术就绪度进行评估；"──►"表示进入下一步流程。

图2-1　技术评价流程图

2.5

评价思路

2.5.1 技术评估

自"十一五"以来，水专项将技术研发和技术集成相结合，产出超过200项关键技术。现有的研究对水专项技术进行技术水平分析时，多从环境效益与经济效益方面对技术先进性和适用性进行评价，对这些技术在应用条件方面到底处于何种水平、是否适合大规模推广应用，目前尚未有标准的度量方法。技术就绪度评价是在国内外重大科研项目中广泛应用的技术成熟度评价方法，是通过将技术成熟过程量化，判断技术所处的阶段和一般可用程度，用以指导技术开展下一阶段的工作。

（1）技术就绪度

技术就绪度（Technology Readiness Level，TRL）是将单项技术或技术系统在研发过程中所达到的一般可用程度进行量化，衡量技术成熟状态的指标。通过对新技术进行TRL评价，可以准确地确定技术的发展状态，判定技术目前是否成熟、是否可转入下一阶段、是否可进行大规模的应用。技术就绪度概念最早由美国航空航天局（NASA）提出，1969年NASA在空间项目规划中首次产生了对新技术的发展状态进行量化描述的需求，随后在20世纪70年代中期NASA首次使用TRL来衡量技术的成熟度，用来评估新技术的发展水平、管理项目的进展和预防新技术风险，2001年6月美国国防部开始采用TRL，并逐渐在重大采办项目中推行。随后，TRL开始在英国、法国、日本和澳大利亚等国家实施供水系统风险识别与应急能力技术评估中应用，是目前在国内外重大科研项目中广泛应用的评价方法。

将TRL评价方法引入到水专项研发技术的评价中，根据专项产出技术的类别及特征，研究提出专项技术就绪度评价的思路、准则与评价方法，为水专项技术的就绪度评价及后续应用提供支撑。

技术就绪度评价思路如图2-2所示，技术就绪度评价的核心内容包括两方面：一方面是制定技术就绪度体系的等级及描述，另一方面是确定技术就绪度评价的方法。进行技术就绪度评价时，首先大量查阅国内外相关文献，分析现有技术就绪度评价等级定义及评价方法，对现有技术就绪度评价等级进行剖析，分析技术从立项、研发，到推广应用的过程，根据三大类技术研发过程的特点，分别提出

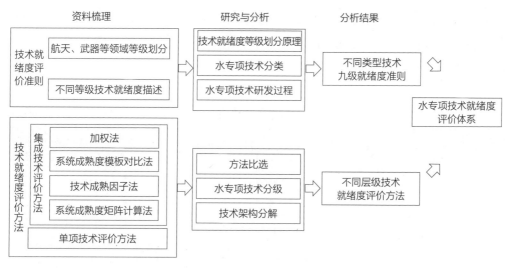

图2-2　技术就绪度评价思路

三大类技术的评价等级定义；对已有的技术评价方法进行比选，分析其适用条件与优缺点，针对专项不同层级的技术，分别提出技术评价的方法。

（2）技术就绪度准则制定

技术就绪度评价准则是将技术从理论到形成成熟体系的过程划分为几个阶段，涉及技术的立项、研发、推广应用整个过程。就绪度等级一般采用美国国防部制定的九级标准，不同领域根据自身技术成熟过程对各等级重新进行定义和描述。在制定水专项技术就绪度评价准则时，为与国际接轨，也采用九级就绪度标准，见表2-3。

技术就绪度的等级准则反映出随着等级的提升，技术趋近成熟，达到应用层面。在航天技术的技术就绪度评价准则中，TRL1～TRL2为立项阶段，以基础性的概念研究、阐述和功能证明为特征；TRL3～TRL8为研发阶段，以研究性的实验、验证、部件完善为特征；TRL9为推广应用阶段，以实际中的成功应用为特征。由于水专项技术用于湖泊、河流、城市水环境等的治理，与航天技术的研发与应用过程相比，有一定的相似性，又有一定的独特性，因此，参考航天技术的技术就绪度评价准则，提出技术的评价准则。

城市供水的治理类技术、管理类技术、产品装备和平台类技术，无论是研发过程、研发对象，还是产出成果，都差异较大，无法用一套准则来精确地描述三大类技术，应根据技术自身的特点制定技术就绪度评价准则。城市供水系统规划相关技术属于管理类技术范畴，管理类技术主要包括方案编制指南、建设环保规范等，这一类技术的研发和应用过程与航天技术相似，经过发现原理、形成技术方案并通过可行性论证的过程。这类技术的成熟是从纯理论标准到可操作标准的演变过程，技术成熟的标志是在全国其他地区的推广，形成政府文件或行业标准。根据这些特点，对比航天技术的技术就绪度评价准则，综合管理类技术研发特点，制定技术就绪度评价准则表（表2-3）。

技术就绪度评价准则表　　　　　　　　　表2-3

技术就绪度等级	等级描述	等级评价标准	成果形式
TRL1	发现基本原理或看到基本原理的报道	应用需求分析，发现基本原理或通过调研及研究分析	需求分析及技术基本原理报告
TRL2	形成技术方案	提出技术概念和应用设想，明确技术的主要目标，制定技术路线，确定研究内容，形成技术方案	技术方案，实施方案
TRL3	技术方案通过可行性论证	技术方案通过可行性论证或验证（计算模拟、专家论证等手段）	论证意见或可行性论证报告等
TRL4	形成技术指南、政策、管理办法初稿	完成技术指南、政策、管理办法初稿	专利、软件、著作权；技术报告
TRL5	形成技术指南、政策、管理办法征求意见稿	完成技术指南、政策、管理办法（征求意见稿）	技术指南、政策、管理办法（征求意见稿）
TRL6	广泛征求意见或通过技术示范/工程示范验证	技术指南、政策、管理办法（征求意见稿）广泛征求意见，或在示范城市中进行示范，达到预期目标	征求意见整改反馈表、示范应用证明
TRL7	通过第三方评估或相关政府部门的认可	方案、指南、规范得到示范地区相关政府部门的认可	相关政府部门的认可文件
TRL8	规范化/标准化	正式发布相关技术指南、政策、管理办法	技术指南政策管理办法
TRL9	得到推广应用	在其他城市得到广泛应用	推广应用证明或相关政府文件

（3）技术就绪度评价

　　本书中研究的供水规划关键技术，依据一定的分类、层次和属性特征，是供水系统规划所需技术要点的有序集合，由多个技术构成。按照技术架构体系划分，技术中的成熟度也可划分为3个层次，分别是成套技术成熟度、集成技术成熟度及单项技术成熟度，如图2-3所示。

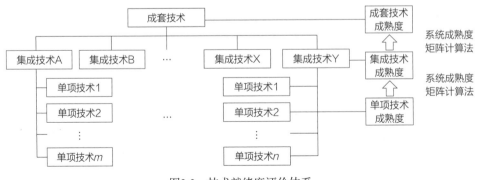

图2-3　技术就绪度评价体系

对成套技术进行评价时，先将成套技术按技术层级逐级分解至单项技术，形成树状架构图，然后自下而上逐级进行评价：①按单项技术的技术就绪度评价方法进行评价；②用系统成熟度矩阵法对集成技术进行评价；③用系统成熟度矩阵法对成套技术进行评价。流程如图2-4所示。

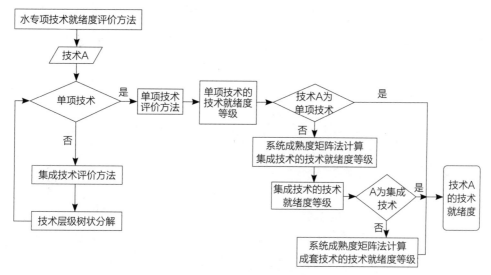

图2-4 技术就绪度评价流程图

系统成熟度矩阵法是集成成熟度（IRL）和TRL的矩阵相乘。其中，TRL是子技术的就绪度，若子技术是单项技术，技术就绪度T值对照准则等级直接判定；若子技术是集成技术，则需要继续分解至单项技术，由单项技术进行矩阵求和得出T_o。集成技术和成套技术在技术就绪度评价时需采用系统就绪度矩阵法，具体方法和步骤如下：

$$T = [T_1 \ T_2 \ \cdots\cdots \ T_n]T$$

其中，Z为第j项子技术的成熟度等级。

集成成熟度（IRL），指技术两两之间的集成程度，由专家根据已有的集成成熟度准则分别对每两项关键技术之间的相关集成程度打分得到，得出集成成熟度等级，建立IRL矩阵：

$$I = \begin{bmatrix} I_{11} & I_{12} & \dots & I_{1n} \\ I_{21} & I_{22} & \dots & I_{2n} \\ \vdots & \vdots & \vdots & \vdots \\ I_{n1} & I_{n2} & \dots & I_{nn} \end{bmatrix}$$

其中，I_{ij}为关键技术j与关键技术i之间的集成关系。

系统成熟度矩阵S可表示为：

$$S = I \times T$$

$$S = \begin{bmatrix} S_1 \\ S_2 \\ \vdots \\ S_n \end{bmatrix} = \begin{bmatrix} I_{11}T_1 + I_{12}T_2 + \cdots + I_{1n}T_n \\ I_{21}T_1 + I_{22}T_2 + \cdots + I_{2n}T_n \\ \\ I_{n1}T_1 + I_{n2}T_2 + \cdots + I_{nn}T_n \end{bmatrix}$$

S的取值在$0 \sim n$之间，化为标准型后，系统成熟度S取值范围为$0 \sim 1$，数值越高，技术越成熟。计算公式如下：

$$S = \frac{\dfrac{S_1}{n_1} + \dfrac{S_2}{n_2} + \cdots + \dfrac{S_n}{n_n}}{n}$$

2.5.2 技术验证

根据《城镇供水系统规划技术评估指南》T/CECA 20006—2021，技术验证可采用实例验证法、样本率定法、定标比超法、仿真试验验证法等方法。

实例验证法是利用技术实际应用案例来验证技术合理性、经济性、安全性的技术方法。

样本率定法是通过利用多个实际样本数据来率定定性型技术的合理性的技术方法。

定标比超法是利用验证数据对指标的取值范围进行校对，并根据验证数据修正取值范围的技术方法。

仿真试验验证法是采用一定的模型，通过纸面推演或软件分析来模拟现实的效果。仿真试验一般需要通过分析历史数据的方法率定模型的部分或全部参数以提升模拟的准确度。

考虑到城镇供水系统规划技术较设计技术更为复杂、集成，技术验证方法更为综合。在进行城镇供水系统规划技术验证时，需结合技术特点，在各个评估阶段选择单项方法、多项方法或综合评价方法。方法型技术宜采用实例验证法进行技术验证；定性型技术宜采用样本率定法进行技术验证；定量型技术宜采用定标比超法进行技术验证；模型类技术宜采用仿真实验验证法进行验证；综合型技术在进行技术验证时，可结合技术特点选择单项方法或多项方法。

2.5.3 技术评价

技术评价采用专家打分法，在评价指标体系的基础上，确定指标权重。评价指标体系又称评判表，它是评判人员进行评判活动的依据，评判总表通常包括几个基本项目：①结构指标项；②单项指标项；③权重系数；④评判等级；⑤评判得分。评判总表可把评判标准列在表内，也可另行列举。

技术评价的一级指标主要包括创新与先进程度、安全可靠性、稳定性及成熟度、经济效益、社会效益等。

（1）创新与先进程度

创新与先进程度主要包括以下二级指标：

创新程度包括原理发现、方法发明、规律认知、技术（方法）优化等，以在技术开发中解决关键技术难题并取得技术突破，掌握核心技术并进行集成创新的程度，自主创新技术在总体技术中的占比情况等评判。

技术经济指标的先进程度指与国内外最先进技术相比其总体技术水平、主要技术（性能、性状、工艺参数等）、经济（投入产出比、性能价格比、成本、规模等）、环境、生态等指标所处的位置，评判目前技术（方法）所处的国际地位。

技术的有效性即技术应用对改善水质、水量保障、可靠性等的能力，包括效力和效果。

（2）安全可靠性

安全可靠性主要包括以下二级指标：

安全性指标即技术在特定的条件下可能出现的副作用、危险度等，包括风险的可控性。

可靠度即技术应用后稳定达到预期目标值的能力，以偏差、MTBR等表征。

（3）经济效益

经济效益主要包含以下二级指标：

单位投入产出效率，依托于单位项目投资，包括人工、运行成本等经济性指标进行计算，包括项目实施预期可带来的经济效益等。

技术推广预期经济效益，即在一定范围内推广应用本技术，或以本技术替代同类技术后，所能获得的最大经济收益。

（4）社会效益

社会效益主要包含以下二级指标：

技术创新对推动科技进步和提高市场竞争能力的作用。指自主研发的关键技术对解决行业、区域发展的重点、难点和关键问题，推动产业结构调整和优化升级，提高企业和相关行业竞争能力，实现行业技术跨越和技术进步的作用和市场竞争中发挥作用的情况。

提高人民生活质量和健康水平。

生态环境效益。在环境、生态、资源保护与合理利用，防灾、减灾，持久发展等方面所取得的综合效益。

综上，技术评价指标体系见表2-4。

技术评价指标体系　　　　　　　　　　　　　　　　表2-4

评价指标		评价等级	评价分数	权重	分数
一级指标	二级指标				
A1创新与先进程度	A11创新程度	有重大突破或创新，且完全自主创新	90~100		
		有明显突破或创新，多项技术自主创新	60~89		
		创新程度一般，单项技术有创新	<60		
	A12技术经济指标的先进程度	达到同类技术领先水平	90~100		
		达到同类技术先进水平	60~89		
		接近同类技术先进水平	<60		
	A13技术的有效性	关键指标提升显著	90~100		
		关键指标提升明显	60~89		
		关键指标提升一般	<60		
A2安全可靠性	A21安全性	低风险、风险完全可控	90~100		
		中度风险、风险易控	60~89		
		高风险、风险难以控制	<60		
	A22可靠度	可靠度高或提升幅度显著	90~100		
		可靠度较高或提升幅度明显	60~89		
		可靠度一般或提升幅度一般	<60		
A3经济效益	A31单位投入产出效率	单位投入的产出效率显著	90~100		
		单位投入的产出效率明显	60~89		
		单位投入的产出效率一般	<60		
	A32技术推广预期经济效益	经济效益显著	90~100		
		经济效益明显	60~89		
		经济效益一般	<60		
A4稳定性及成熟度	A41稳定性	已实现规模化应用，成果的转化程度高（边界条件明确、稳定性高）	90~100		
		已实际应用，成果的转化程度较高（重现性好）	60~89		
		技术基本成熟完备（一致性好）	<60		
	A42技术就绪度	TRL9，且为全国性标准、广泛推广应用	90~100		
		TRL7~TRL9	60~89		
		TRL6及以下	<60		

续表

评价指标		评价等级	评价分数	权重	分数
一级指标	二级指标				
A5社会效益	A51技术创新对推动科技进步和提高市场竞争能力的作用	显著促进行业科技进步，市场需求度高，具有国际市场竞争优势	90~100		
		推动行业科技进步作用明显，市场需求度高，具有国内市场竞争优势	60~89		
		对行业推动作用一般，有一定市场需求与竞争能力	<60		
	A52提高人民生活质量和健康水平	受益人口多、提升显著	90~100		
		受益人口较多、提升明显	60~89		
		受益人口一般、提升一般	<60		
	A53生态环境效益	生态环境效益显著	90~100		
		生态环境效益明显	60~89		
		生态环境效益一般	<60		

　　根据上述评价原则、方法和步骤构建供水风险技术评价框架，通过专家打分法确定各级指标权重，通过层次分析法对技术进行整体评价，三个等级（优：90~100；良：60~89；一般：<60），评价指标。得分为90~100时，表明技术成熟，基本已实现标准化；得分为60~89时，表明技术较为成熟，具备实现标准化的条件；得分为<60时，表明技术成熟度一般，距离实现标准化有一定距离。

第3章

技术评估验证

- 供水系统风险识别评估技术
- 多水源供水系统优化技术
- 城乡统筹联合调度供水技术
- 供水规划决策支持技术

3.1

供水系统风险识别评估技术

3.1.1 技术概述

供水系统风险识别评估技术是指针对城市现状供水系统，参考美国国家环境保护局（EPA）标准识别规划层面影响供水系统安全的高危因素，建立城市供水系统关联高危因素的识别技术方法；针对已识别出的高危因素，研究相对应的规划控制方法，通过建立评价指标体系，评估城市供水系统对潜在风险的应急能力。

基于技术和非技术原则、全生命周期原则、交叉识别原则，识别高危因素；对高危因素进行定量化计算，得到风险水平，以此为基础对高危因素进行分类（表3-1），从而构建规划调控矩阵模型。

城市供水系统高危因素规划调控矩阵表   表3-1

技术类型	评价因素	高危因素	规划及运营层次			
			总规层面	控规层面	专项规划	运营管理
技术	水源	水文评估	●	○		
		水质评估	●	●	●	●
		水量评估	●	●	●	○
		突发污染	●	●	●	●
	取水	选址	○	●	●	
		防洪	●	●	○	
		水锤			○	●
		设备故障			○	●
	净水	工艺评估	○	○	●	
		选址评估	○	●	●	
		漏氯		○	○	●
		设备故障				●
	输配水	管材	○	○	●	○
		布局	●	●	●	
		二次污染	○	○	●	●
		爆管		○	○	●
		应急	●	●	●	●
		设备故障				●

续表

技术类型	评价因素	高危因素	规划及运营层次			
			总规层面	控规层面	专项规划	运营管理
非技术	自然	干旱	○	○	●	●
		洪涝	○	○	●	●
		地灾	○	○	●	●
		台风	○	○	●	●
		咸潮	○	○	●	●
		冰凌	○	○	●	●
	社会政治	局部战争	●			
		恐怖活动	●			
		群体事件	●			
	管理	渎职				●
		漏洞				●

注："●"表示关联性强，"○"表示关联性弱，空白表示无关联性。

分析不同地区影响城市供水安全的危险因素及其差异，识别各因素的风险水平、影响的空间时间范围、影响程度等特征，建立城市供水系统高危因素的识别和分类方法。针对上述高危因素，通过对供水系统全流程的解析，评估城市供水系统在空间协调、设施建设，以及应急管理层面的应急能力，并研究提出针对上述高危因素城市供水系统可能的规避与防范、预测与监控、控制与管理的规划调控措施体系。建立了城市供水系统应急能力评估指标体系（表3-2），确定了七大分区差异化的指标权重，构建了应急能力指数准则表（表3-3）。

城市供水系统应急能力评估指标体系　　　　　　　　　　表3-2

目标	评价因素	高危因素	应急能力评估指标
城市供水系统应急能力评估	水源	水传染病、爆炸袭击、电力系统中断、化学生物污染、污染区泄露、咸潮、排涝、地质灾害	应急水源备用率
			应急水源备用天数
			水源结构
			水源地植被覆盖率
			水源地防洪能力
			水源突发事件应急预案
	取水	洪涝、干旱、台风、地质条件、爆炸袭击、控制系统及电力系统中断	水源地地质条件
			取水保证率
			取水设施备用情况
			取水设施突发事件应急预案
	供水厂	地质灾害、爆炸袭击、控制系统或电力系统中断、化学生物污染、水传染病、操作失误	突发水污染事件应急预案
			水厂所在地地质条件
			水处理系统突发事件应急预案

目标	评价因素	高危因素	应急能力评估指标
城市供水系统应急能力评估	输配水	地质灾害、极端天气、爆炸袭击、水传染病控制系统或电力系统中断、操作失误、系统故障	配水管网连通度
			输水走廊地灾易发性
			管网抢修应急预案
			管网水质污染应急预案
			管网漏损率
	储水	地质灾害、水传染病、爆炸袭击、化学生物污染	储水设施水质保障设施
			储水设施突发事件应急预案
	其他	地质灾害、洪涝、干旱、台风、爆炸袭击	应急指挥中心
			应急响应时间（min）
			人员应急疏散与安置

应急能力指数准则表 表3-3

评价标准	应急能力指数	状态描述
高	（9，10）	水源结构合理，应急水量充足，水源水质优良稳定，水源地生态环境优良，供水厂工艺优良稳定，输排水管网网络结构合理
较高	（7，9）	水源结构较合理，应急水量满足需求，水源水质较好，水源地生态环境良好，供水厂工艺良好，运行稳定，输排水管网网络结构较合理
一般	（5，7）	水源结构相对单一，应急水量供给维持在临界点，存在水质污染现象，水源地生态环境一般，供水厂工艺陈旧但运行稳定，排水管网网络结构错综复杂
差	（0，5）	应急水量短缺，水质污染严重，水环境功能退化严重，供水厂设施陈旧，排水管网框架不合理

3.1.2 相关研究进展

（1）国外研究进展

国外对城市供水系统的风险分析研究已有30年的历史，目前在美国，风险分析已经成为供水企业一种基本的、重要的决策制定工具。"9·11"事件发生后，各国都开始着重考虑城市供水系统的安全运行与管理，以适应不断升级的各种风险。美国更是加强了城市供水系统应对恐怖袭击及其他人为攻击事件的能力，特别是其2002年颁布的《生物恐怖主义法》（PLl07~188）增加了新的安全要求，该法案要求全美国8000多个服务人口超过3300人的城市供水系统，都必须完成对本系统的脆弱性分析。发达国家在应对各种自然灾害、人为因素造成的供水风险过程中，积累相对丰富的经验和手段，主要包括供水企业风险评价法（Risk Assessment Methodology for Water Utilities，RAM-W）、公用事业单位脆弱性评价工具（The Community Vulnerability Assessment Tool，CVAT）、脆弱性自我评价法（Vulnerability Self-Assessment）、脆弱性量化模型等。

国际上开展应急能力评价研究的历史不长，美国是世界上开展应急能力评价最早也是最完善的国家，通过实施国家应急能力评价加强政府的应急能力建设，开发了应急管理准备能力评估程序，着重于应急管理工作中的13项管理职能、56个要素、209个属性和1014个指标，构成了政府、企业、社区、家庭联动的灾害应急能力系统。日本于2002年由消防厅消防课、防灾与情报研究所设定了地方公共团体防灾能力的评价项目，讨论日本防灾能力及危机管理应急能力评估问题。

（2）国内研究进展

国内在城市供水系统脆弱性分析研究这一领域起步较晚，尚未形成完整的理论体系。吴小刚等人采用最小割集理论建立了城市给水管网系统的故障风险评价模型，并通过自行编制的程序进行了相关的实例分析。李蝶娟等人提出了太原市2000—2030年的高、中、低3种需水量预测方案，并进行了未来规划期降水、径流和地下水资源的人工系列生成，对上述规划期内的供水风险及其变化过程进行了定量分析。赵雪莲等人综合考虑了致灾因子、自然和社会的作用，从洪水灾害危险性以及社会经济易损性两个角度出发，基于地理信息系统，采用因子叠加分析法对湖北省进行区域洪水灾害风险评价。徐启新等人对中国和美国水源地管理中的政策法规、保护措施、土地规划使用、污染源控制等项目进行比较研究，分析中国和美国水源地保护的技术水平、管理措施、经济手段等方面的差异。陈佐、孙振世等人分别探讨了与水源地相关的溢油、有毒化学品、公路事故等突发环境污染事故和应急机制，以及相应的监测、管理和应急体系建设。鲁娟通过建立给水管网的脆弱性分析指标体系，采用分层的分析方法，利用用水节点的脆弱性分析函数量化各节点的指标值，得到给水管网的脆弱性等级。

2003年中国台湾研究者借鉴美国和日本灾害应急评价方法的经验，结合现行措施提出了一套评估机制及标准。中国安全生产科学研究院邓云峰等人提出了城市应急能力评估体系框架，包括18类、76项属性和405项特征，综合反映了当前我国城市应急能力建设的各个方面，与美国的13项紧急事务管理职能非常相似。黄典剑等人对突发事件应急避难所的应急避难能力进行综合评价，以层次分析法为基础，根据应急避难所的功能特点，从应急避难场所的规划设计、内部硬件设施、外部软件环境三个方面出发，选定18个评价指标，构造了突发事件应急避难所应急能力影响因素的层次结构，建立了综合评价模型，以便为提高城市应急避难水平提供定量依据。刘俊和俞国平探讨了有效提高城市处置水源和供水突发事件的能力，建立城镇供水的日常安全保障机制和发生紧急情况时迅速有效的应对机制，建设一整套城镇供水安全保障与应急体系。张晓健提出了加强城市供水系统风险分析与供水应急规划调度决策体系的必要性，以及建立水源突发污染事故风险评估方法，城市供水系统应对水源突发污染事故能力的评估方法的重要性。

（3）发展趋势

通过上述分析可知，国外学者对城市供水系统的安全运行做过大量的研究，研发了不少城市供水系统脆弱性分析方法，然而这些研究中存在以下不足：

1）在城市供水系统脆弱性的定义上，不同的研究人员有不同的观点，缺乏统一的概念表述；并且以往提出的脆弱性概念没有体现出城市供水系统的特点，仅仅是针对系统设施本身所提，以易感性、不稳定性、易损性等来代替系统的脆弱性。

2）在城市供水系统脆弱性分析过程中，或者单纯地对城市供水系统面临的威胁进行评价，或者单纯地针对城市供水系统基础设施本身的安全性进行分析，没有将威胁的发生、设施的破坏、系统功能的缺失有效的结合在一起。

3）许多脆弱性分析方法都是针对某一类城市供水系统开发的，一旦超出适用范围，将会出现在应用中不能有效实施的问题，缺乏一种通用的城市供水系统风险定量化分析方法。

国内学者对城市供水系统的脆弱性分析研究较少，还没有形成系统的理论体系。因此统一概念，综合风险发生的概率和造成后果的严重性，研究适用于不同地区和不同类型城市的供水系统风险识别方法和体系，是保障城市供水安全的一个重要方向，同时，由于自然风险的规律性较强，在供水系统发展的过程中，已经积累了相对丰富的经验，而人为风险的不确定性，是供水系统风险控制的未知领域。

3.1.3　技术评估

3.1.3.1　技术需求

水专项饮用水主题的相关研究，针对我国饮用水水源污染、水污染事件频发、饮用水监管体系不健全、饮用水安全保障缺陷等突出问题，以满足现行国家标准《生活饮用水卫生标准》GB 5749—2022为目标，结合典型区域水源和供水系统的特征，通过关键技术研发、技术集成和应用示范，构建针对水源保护—净化处理—输配全过程的饮用水安全保障技术；集水质监控、风险评估、运行管理、应急处置于一体的标准和监管管理体系，为全面提升我国饮用水安全保障技术水平、促进相关产业发展以及强化政府监管能力提供科技支撑。

从2005年松花江污染事故导致哈尔滨市长时间停水造成巨大经济损失的典型事件开始，先后发生了多起安全供水事故。城市供水系统在规划设计时，除满足水源地水量和水质标准外，水源地过于单一化或没有考虑备用水源地；目前大多数供水厂依然采用常规工艺，当水源受到有机污染、非常规污染或者突发污染时，不具有应对或者缓冲能力，易造成供水水质事故；供水管网老旧或者施工质量较差造成的供水安全事故；高危污染企业规划选址不合理，管理措施落实不到位，导致事故的危害不能及时处置，危害较大；需要从水源、供水厂和输配水管网，以及二次供水的规划、设计、建设、运营和管理的全周期分析供水事故发生的隐患，进而制定合理的措施和预案才能遏制供水安全事故的发生。

当前缺乏针对城市供水系统综合风险的分析评价方法，现有城市供水规划对提升城市供水系统应急能力考虑不够，急需提出供水系统高危因素识别与分类方法以及城市供水系统应急能力评估方法。通过对供水系统的解析，如何识别系统中的高危因素，量化分析风险因子，并提出规划的调控技术措施是本关键技术研究的难点之一。本关键技术研究的另外一个难点是如何评价城市应对风险的能力和水平，量化分析城市供水系统高危要素对不同子系统的影响程度，研究城市供水系统各环节的高危要素，构建城市供水系统应急能力综合评估指标体系，并提出应急能力综合评估指标标准。技术路线图如图3-1所示。

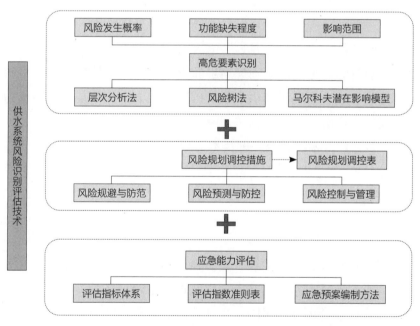

图3-1　供水系统风险识别与应急能力评估技术路线

3.1.3.2　相关产出

对城市供水系统进行系统分析，对供水系统的各单元环节进行子系统的分析与构建。参考EPA标准识别规划层面影响供水系统安全的高危要素，建立城市供水系统关联高危要素的识别技术。针对已识别出的高危要素，研究相对应的规划控制技术，通过关联评估指标，评估城市供水系统的应急能力。供水系统风险识别与应急能力技术评估相关技术成果作为《城市供水系统规划技术指南》(建议稿)的重要组成部分。

技术创新点包括对应供水系统各规划层次、全流程识别高危要素;基于高危要素的识别,提出关联的应急能力评估的指标体系;开展综合评估,制定应急供水规划,提高应急供水能力。

3.1.3.3 技术评估

本关键技术在国外整体应用情况:针对城市供水系统的单独研究较少,纳入城市灾害应急能力综合考虑。

国内整体应用情况:侧重水源、供水管网风险及应急供水预案的编制,尚未形成完整的理论和方法体系。

水专项应用情况:针对重庆、东莞、郑州、四川北川羌族自治县等地开展高危风险要素识别的研究;针对郑州、北京密云、玉溪、东莞、济南等地开展应急能力综合评估方法的研究;其中,针对东莞水源污染风险大、系统应急能力差的特征,提出了应急供水规划调控方案优化。

建立了识别及分类方法,识别规划层面影响系统安全的高危要素;研究并建立相关指标体系,综合评估城市供水系统的应急能力;相关技术成果作为《城市供水系统规划技术指南》(建议稿)的重要组成部分。

从技术就绪度评价来看,该关键技术达到了TRL7水平。

3.1.4 技术验证

3.1.4.1 验证方法

本关键技术主要包括供水系统风险识别、供水系统风险水平量化计算、应急能力评估等内容,通过在常州、济南,以及重庆市合川区的应用验证,重点验证了供水系统风险要素合理性、风险水平计算方法合理性和应急能力评估指标体系合理性,详见表3-4。

城市供水系统风险识别与应急能力评估关键技术验证点一览表   表3-4

编号	技术(点)	技术依托单位	技术内容	验证内容	验证方法
1	供水系统风险要素合理性验证	中国城市规划设计研究院	采用按照风险识别一般步骤(逻辑维),采用专家调查法(知识维)得到了供水系统在规划、设计、施工及运营不同阶段(时间维)的风险树,识别供水系统的风险要素	供水系统风险要素合理性	以供水安全事故为例,对风险要素进行了实证评估研究

续表

编号	技术（点）	技术依托单位	技术内容	验证内容	验证方法
2	风险水平计算方法验证	中国城市规划设计研究院	根据训练水平、所需技能、所需费用、外界压力、仇恨、意识形态、个人见解、系统熟悉度、接近可能性、识别能力、准备工作、可行方案、所需方案、可获取技术、所需技术、传播限制、传播能力、获取限制和获取能力等风险因子计算供水系统的风险水平	风险水平计算方法合理性	根据社会、经济、环境及技术等因素变化和实际调查，进行风险水平因子和权重的调整
3	应急能力评估指标体系验证	中国城市规划设计研究院	针对高危要素，通过对供水系统全流程的解析，评估城市供水系统在空间协调、设施建设，以及应急管理层面的应急能力，并提出针对高危要素城市供水系统可能的规避及防范、预测与监控、控制与管理的规划调控措施体系，建立应急能力评估指标体系，确定了七大分区差异化的指标权重	应急能力评估指标体系合理性	根据国家、地方、行业应急相关的政策及预案要求，结合环境技术验证原则进行应急能力评估指标调整

在市场经济条件下，我国原有的以政府为主导的环境技术专家评价体系和技术鉴定制度已不能满足新形势下对创新环境技术评价的需求，因此，必须建立环境技术评价制度。然而我国在环境技术［环境技术验证（ETV）和最佳可行技术（BAT）］评估中面临着技术数据缺失、信息虚假的现状。为了解决这一难题，采用现场实证评估是行之有效的方法。因此水污染防治技术评估研究被列为水专项中的重要研究内容。系统地研究验证评价制度在我国发展的模式、制度体系、推广机制、管理程序的基础上，开展了我国水污染防治技术实证评估研究，以期为我国推广水污染防治技术评估制度提供参考。

基于"十一五"期间启动的水专项中水污染防治技术评估方面的研究项目，系统研究验证评价制度在我国发展的模式、制度体系、推广机制、管理程序，为政府部门制定政策提供支持。在制度体系的建设中重点解决科学性与市场机制的结合、验证制度可持续推进、融入环境管理程序机制等问题。率先在水污染防治技术领域开展验证评估方法、指标体系的研究，为今后在大气、固废等污染治理技术领域开展验证评估奠定基础。验证评估方法的研究主要包括验证评价周期、取样点设置原则、样本数量、质量保证体系、评估报告编制原则等方面的内容。验证评估指标体系主要包括参考指标、测试指标、评价指标等几个方面。

3.1.4.2 验证技术方案

（1）供水系统风险要素合理性验证

供水系统的风险要素识别按照风险识别一般步骤（逻辑维），采用专家调查法（知识维）得到供水系统在规划、设计、施工及运营不同阶段（时间维）的风险树，如图3-2所示。这种采用交叉识别的风险识别方法是风险评估领域的常用方法，但在实际使用的过程中，仍然需要按照环境技术验证的原则，评价技术的实用性和可行性。

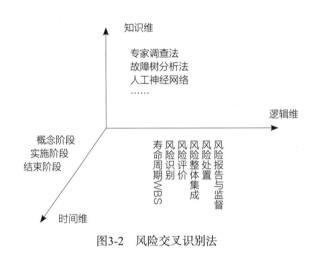

图3-2　风险交叉识别法

以供水安全事故为例，对风险要素进行了实证评估研究，统计了近3年的典型供水安全事故（表3-5），风险分布于供水系统的不同环节，可以从系统的不同寿命阶段制定应对措施。

近3年典型供水安全事故调查表　　　　　　　　　　　　　　表3-5

污染物	危险品	藻类	油污	污泥污水	致病微生物
案例数量	33	10	9	5	3
事故原因	工业生产事故泄漏；违法超标排污；偷排污水	环境污染、高温导致水体快速富营养化	航运船舶泄漏；沿海及河口石油的开发、排放含油工业废水	水利工程施工不当；滑坡和泥石流	水源地防护措施缺失；二次供水管理不当

从事故实例调查表可以看出，供水系统风险主要集中在水源污染，水源污染中以危化品污染为主；运行阶段的风险集中在水质风险中，水质风险主要是水源污染引起的，制水工艺失效导致的水质风险较低。上述数据说明水源污染是导致供水系统风险的主要因素，因此原研究报告中交叉识别得到的规划阶段水源风险为水量评估和水质评估，主要服务于供水系统中的水量安全和制水工艺合理选择，未能突出规划阶段已有和潜在的污染识别对供水系统安全的影响，不符合实证评估结果，需要进行调整，如图3-3所示。

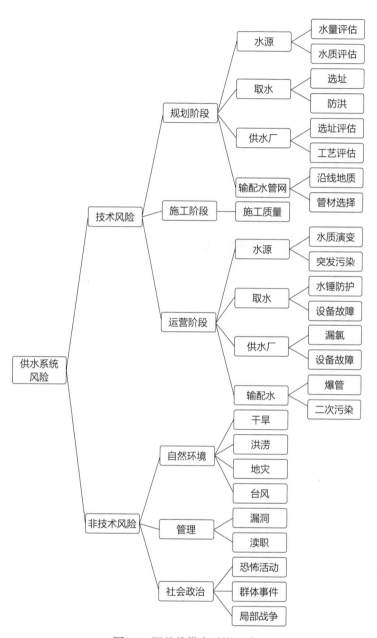

图3-3　调整前供水系统风险

　　按照环境技术验证的原则初步对供水系统风险要素进行了验证，然后进行适当调整，提高适用性和指导性，如图3-4所示。采用同样的方法对风险水平计算方法、应急能力评估指标体系进行了技术验证。

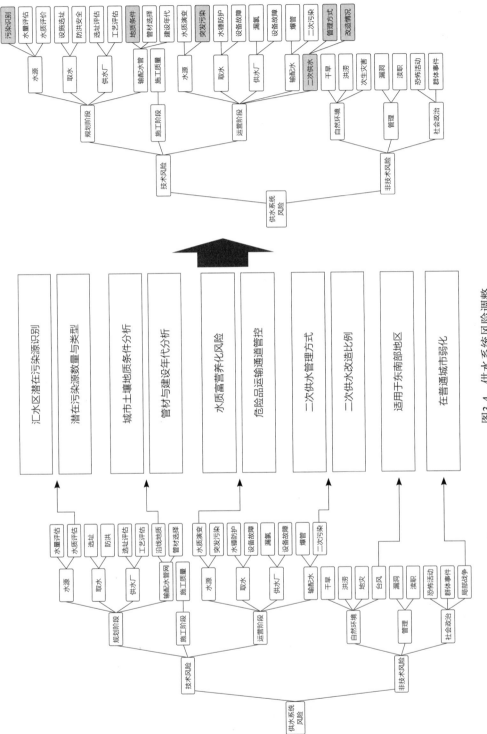

图3-4　供水系统风险调整

（2）风险水平计算方法验证

根据社会、经济、环境及技术等因素变化和实际调查进行风险水平因子和权重的调整。将图3-5的风险水平计算框架调整为图3-6的攻击能力风险水平计算框架和图3-7的系统安全风险水平计算框架。

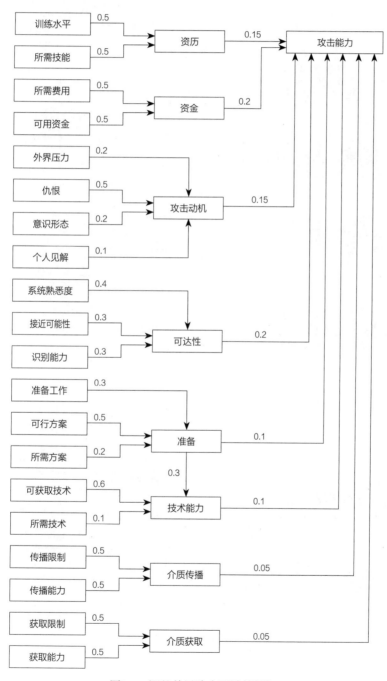

图3-5 调整前风险水平计算框架

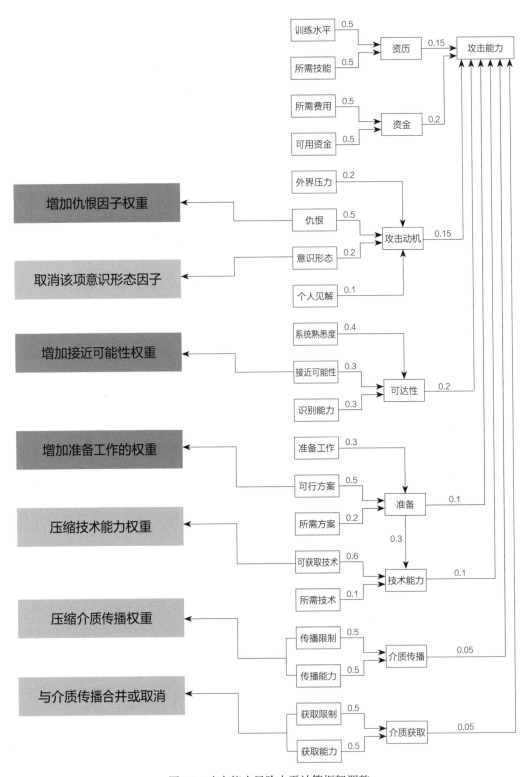

图3-6　攻击能力风险水平计算框架调整

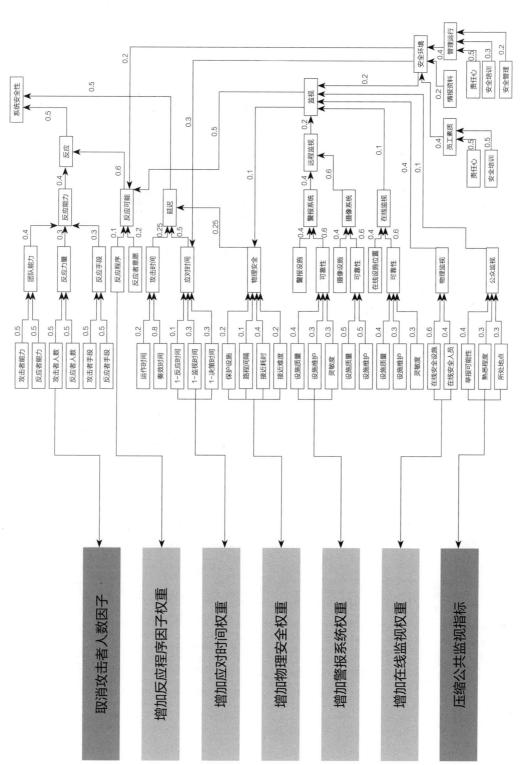

图3-7 系统安全风险水平计算框架调整

（3）应急能力评估指标体系验证计划及关键点

根据国家、地方、行业应急相关的政策及预案要求，结合环境技术验证原则进行应急能力评估指标调整。将原来的水源地植被覆盖率、水源地地质条件、供水厂地质条件、除水设施突发事件、人员疏散与安置调整为水源地潜在污染风险、输配水地质条件、预处理和深度处理设施状况、二次供水设施改造比例和应急供水设施与能力，从而生成应急能力评估指标体系调整表（表3-6）和应急能力评估指标体系因子与权重表（表3-7）。

应急能力评估指标体系调整表　　　　　　　　　表3-6

目标	评价因素	高危要素	应急能力评估指标
城市供水系统应急能力评估	水源	水传染病、爆炸袭击、电力系统中断、化学生物污染、污染区泄漏、咸潮、排涝、地质灾害	应急水源备用率
			应急水源备用天数
			水源结构
			水源地植被覆盖率
			水源地防洪能力
			水源突发事件应急预案
	取水	洪涝、干旱、台风、地质条件、爆炸袭击、控制系统及电力系统中断	水源地地质条件
			取水保证率
			取水设施备用情况
			取水设施突发事件应急预案
	供水厂	地质灾害、爆炸袭击、控制系统或电力系统中断、化学生物污染、水传染病、操作失误	突发水污染事件应急预案
			供水厂所在地质条件
			水处理系统突发事件应急预案
	输配水	地质灾害、极端天气、爆炸袭击、水传染病控制系统或电力系统中断、操作失误、系统故障	配水管网连通度
			输水走廊地灾易发性
			管网抢修应急预案
			管网水质污染应急预案
			管网漏损率
	储水	地质灾害、水传染病、爆炸袭击、化学生物污染	储水设施水质保障设施
			储水设施突发事件应急预案
	其他	地质灾害、洪涝、干旱、台风、爆炸袭击	应急指挥中心
			应急响应时间（min）
			人员应急疏散与安置

应急能力评估指标体系因子与权重表　　表3-7

评价因素	评价因素权重							应急能力评估指标	指标权重						
	一区	二区	三区	四区	五区	六区	七区		一区	二区	三区	四区	五区	六区	七区
水源	0.40	0.35	0.40	0.35	0.30	0.25	0.25	应急水源备用率	0.28	0.25	0.20	0.20	0.20	0.15	0.15
								应急水源备用天数	0.05	0.05	0.05	0.05	0.05	0.05	0.05
								水源结构	0.12	0.1	0.15	0.1	0.1	0.1	0.1
								水源地植被覆盖率	0.15	0.20	0.25	0.10	0.05	0.05	0.10
								水源地防洪能力	0.10	0.10	0.05	0.30	0.40	0.35	0.30
								水源突发事件应急预案	0.30	0.30	0.30	0.25	0.20	0.30	0.30
取水	0.10	0.15	0.10	0.10	0.25	0.10	0.10	水源地地质条件	0.10	0.05	0.10	0.10	0.30	0.05	0.05
								取水保证率	0.40	0.45	0.50	0.40	0.20	0.30	0.30
								取水设施备用情况	0.20	0.25	0.20	0.20	0.20	0.20	0.20
								取水设施突发事件应预案	0.30	0.25	0.20	0.30	0.30	0.45	0.45
供水厂	0.10	0.05	0.05	0.10	0.05	0.25	0.30	突发水污染事件应急预案	0.45	0.45	0.45	0.45	0.45	0.45	0.45
								供水厂所在地地质条件	0.10	0.10	0.10	0.10	0.10	0.10	0.10
								处理系统突发事件应急预案	0.45	0.45	0.45	0.45	0.45	0.45	0.45
输配水	0.20	0.20	0.10	0.15	0.25	0.20	0.20	配水管网连通度	0.30	0.30	0.35	0.30	0.30	0.30	0.30
								输水走廊地灾易发性	0.05	0.05	0.15	0.05	0.20	0.05	0.05
								管网抢修应急预案	0.30	0.30	0.20	0.30	0.20	0.30	0.30
								管网水质污染应急预案	0.30	0.30	0.20	0.30	0.20	0.30	0.30
								管网漏损率	0.05	0.05	0.10	0.05	0.10	0.05	0.05
住区供水	0.05	0.05	0.05	0.05	0.05	0.05	0.05	住区水量保证率	0.25	0.25	0.25	0.25	0.25	0.25	0.25
								住区水压保证率	0.25	0.25	0.25	0.25	0.25	0.25	0.25
								住区水质保证率	0.25	0.25	0.25	0.25	0.25	0.25	0.25
								住区应急供水预案	0.25	0.25	0.25	0.25	0.25	0.25	0.25
储水	0.10	0.15	0.25	0.15	0.05	0.10	0.05	储水设施水质保障率	0.50	0.60	0.60	0.50	0.50	0.50	0.50
								储水设施应急预案	0.50	0.40	0.40	0.50	0.50	0.50	0.50
其他	0.05	0.05	0.05	0.10	0.05	0.05	0.05	应急指挥中心	0.35	0.35	0.35	0.30	0.40	0.40	0.40
								应急响应时间（min）	0.40	0.40	0.40	0.40	0.40	0.40	0.40
								人员应急疏散与安置	0.25	0.25	0.25	0.30	0.20	0.20	0.20

3.1.4.3 重庆市合川区供水风险识别方法验证

重庆市合川区位于嘉陵江、渠江、涪江三江交汇处，距重庆市渝中区87km，面积为2356.21km²，总人口约150万人，是重庆市的市级山水园林城市，近年平均降雨量为1124.3mm，最大24h降雨量为232.1mm。合川区地处中丘陵和川东平行岭谷的交接地带，属新华夏系构造体系，全区有两种地质构造类型。合川区东部及东南部属川东平行岭谷区华蓥山复式背斜褶断带，其余的大部分地区属川中褶带龙女寺半环状构造区，根据《中国地震烈度区划图》（1990年）和《重庆市及其临区地质研究报告》，合川区地震烈度为6度区，震级在5级以下。合川区属嘉陵江水系，市内分布有嘉陵江、涪江及渠江三大水系，其中涪江和渠江属嘉陵江支流。目前合川区市政供水厂均取水于嘉陵江。

合川区供水企业提供的资料显示，合川区城市给水管网总长度约139km，其中DN300以上的管道约为20.47km，DN100～DN250支干管长约58.87km，DN100以下配水管道长约59.66km。管道材质主要为铸铁管、钢管（无内防腐）、球墨铸铁管及少量PE管。铸铁管占管网总长度的35%。城市管网密度约为19km/km²，日平均漏损率为16%～20%，爆管频率为0.25～0.3次/（年·km）。管网压力分布不均匀，部分片区最高时超过0.7MPa，而高位供水区和供水管网末端日常只有0.1MPa，夏季供水高峰期缺水比较明显。

根据合川区"一心三片"的地形特点，现有过江管道共3处。涪江一桥上设有两根DN200给水管道，涪江二桥上设有两根DN300给水管道，东渡大桥也设有两根DN300给水管道。铜合路口有一座调节水池，容量为3000m³，池底标高在255m左右，在水池外增设加压泵，通过加压泵向上什字片区进行分区供水。

对合川区供水系统进行风险定量化分析，根据供水系统受威胁部位分析结果，选定了区外输水干管、储水设施、泵站、电力系统、管网5个子系统作为研究对象。

合川区供水系统区外输水干管路程长且缺少保护设施；区内设有地埋式清水池，在办公区域内和办公区周围设有围栏，入口设有门卫；泵站不在办公区内，但泵房设有一定的保护设施；电线为地埋式，但是变压器在地上，且保护设施简单，供水管网中的各类检查井没有针对人为破坏的保护设施。将合川区供水系统实际管网利用适当的方法进行简化，简化后的管网共172个节点，228条管段，2个泵站。

（1）自然风险定量化计算

以地震为例说明合川区供水系统面临自然威胁的脆弱性定量化分析过程。根据《中国地震烈度区划图》（1990年）和《重庆市及其临区地质研究报告》，合川区地震烈度为6度区，震级在5级以下。高小旺等人研究表明按照抗震6度设防的城市供水系统，以50年超过概率10%计算，发生对应烈度地震的概率为19.38%。合川区供水系统按6度设防，年发生设防烈度的地震概率为（即地震的威胁水平）0.4%，根据柳春光的研究，对应设防烈度的地震时管网的总体渗漏水平为14.7%，确定合川区供水系统的配水管网功能缺失程度为0.147。根据王锡财等人的研究，按照抗震烈度6度设防的房屋在发生对应水平地震后基本保持完好，所以将清水池、泵站、电力系统在地震发生后导致的系统功能缺失程度确定为0。则合川区发生对应设防等级的地震后供水系统的功能缺失程度见表3-8。

自然风险及供水系统功能缺失程度表　　　　表3-8

子系统	自然风险	风险水平	功能缺失程度
输水干管	地震	0.004	0.147
储水设施	地震	0.004	0
泵站	地震	0.004	0
配水管网	地震	0.004	0.147
电力系统	地震	0.004	0

对合川区供水系统面临人为威胁的脆弱性进行分析研究，由于缺少人为威胁的相关历史资料，根据国外研究现状及供水系统的特点、运行规律、安全设施、社会经济等因素设定其面临几种典型的人为威胁，见表3-9，在对管网进行分析时，由于设施繁多，仅以供水系统某个典型节点为例说明管网脆弱性分析过程。

供水系统人为风险表　　　　表3-9

子系统	人为风险	
输水干管	设施破坏	内部人员破坏
储水设施	投毒	内部人员破坏
泵站	设施破坏	内部人员破坏
配水管网	投毒	内部人员破坏
电力系统	设施破坏	内部人员破坏

对供水系统面临的上述10种人为威胁，利用极大似然估计模型（MLE）计算其威胁水平，通过参考美国桑迪亚国家实验室向EPA提供的报告、现场调研、咨询专家的方法对所有直接影响因子赋值，包括攻击者期望后果直接影响因子、攻击者所需努力直接影响因子、攻击者攻击能力影响因子和系统安全性影响因子，分别见表3-10～表3-13。

攻击者期望后果直接影响因子赋值

表3-10

直接影响因子	A	A′	B	B′	C	C′	D	D′	E	E′
期望关注度	0.2	0.5	0.2	0.5	0.2	0.5	0.2	0.5	0.2	0.5
财产重要性	0.3	0.3	0.3	0.3	0.3	0.3	0.3	0.3	0.3	0.3
死亡	0	0	1	1	0	0	1	1	0	0
疾病	0	0	0.4	0.4	0	0	0.3	0.3	0	0
期望健康影响	0	0	0.5	0.5	0	0	0.4	0.4	0	0
修理费用	0.4	0.4	0.3	0.3	0.6	0.6	0.3	0.3	0.6	0.6
保护费用	0.5	0.5	0.3	0.3	0.3	0.3	0.5	0.5	0.3	0.3
经济中断	1	1	1	1	1	1	0.7	0.7	1	1
持续时间	0.3	0.3	0.5	0.5	0.3	0.3	0.5	0.5	0.3	0.3
影响人数	0.3	0.3	0.5	0.5	0.3	0.3	0.5	0.5	0.3	0.3
期望经济损失	0.1	0.2	0.1	0.2	0.1	0.2	0.1	0.2	0.1	0.2
期望动乱程度	0.2	0.2	0.4	0.4	0.2	0.2	0.4	0.4	0.2	0.2
攻击者期望后果	0.50	0.704	0.30	0.599	0.50	0.706	0.298	0.301	0.50	0.703

注：A-输水干管设施破坏，A′-内部人员破坏输水干管设施；B-储水设施破坏，B′-内部人员破坏储水设施；C-泵站设施破坏，C′-内部人员破坏储水设施；D-配水管网设施破坏，D′-内部人员破坏配水管网；E-电力系统设施破坏，E′-内部人员破坏电力系统设施。

攻击者所需努力直接影响因子赋值

表3-11

直接影响因子	A	A′	B	B′	C	C′	D	D′	E	E′
适应环境	0.1	0	0.5	0	0.2	0	0.2	0	0.2	0
交通限制	0	0	0.6	0	0	0	0	0	0	0
语言障碍	0	0	0	0	0	0	0	0	0	0
运输时间	0	0	0.6	0	0	0	0	0	0	0
警方能力	1	1	1	1	1	1	1	1	1	1
政府能力	1	1	1	1	1	1	1	1	1	1
专业团队	0	0	0	0	0	0	0	0	0	0
政府意愿	1	1	1	1	1	1	1	1	1	1
攻击者所需努力	0.662	0.653	0.305	0.516	0.634	0.629	0.459	0.541	0.642	0.629

注：A-输水干管设施破坏，A′-内部人员破坏输水干管设施；B-储水设施破坏，B′-内部人员破坏储水设施；C-泵站设施破坏，C′-内部人员破坏储水设施；D-配水管网设施破坏，D′-内部人员破坏配水管网；E-电力系统设施破坏，E′-内部人员破坏电力系统设施。

攻击者攻击能力影响因子赋值

表3-12

直接影响因子	A	A′	B	B′	C	C′	D	D′	E	E′
训练水平	0.5	0.2	0.5	0.2	0.5	0.2	0.5	0.2	0.5	0.2
所需技能	0.5	0.5	0.7	0.7	0.5	0.5	0.8	0.8	0.5	0.5
所需费用	0.2	0.2	0.4	0.4	0.2	0.2	0.4	0.4	0.2	0.2

续表

直接影响因子	A	A′	B	B′	C	C′	D	D′	E	E′
可得资金	0.2	0.2	0.4	0.4	0.2	0.2	0.4	0.4	0.2	0.2
外界压力	0.4	0.1	0.4	0.1	0.4	0.1	0.4	0.1	0.4	0.1
仇恨	0.1	1	0.1	1	0.1	1	0.1	1	0.1	1
意识形态	0.5	0.6	0.5	0.6	0.5	0.6	0.5	0.6	0.5	0.6
个人见解	0.7	0.5	0.7	0.5	0.7	0.5	0.7	0.5	0.7	0.5
系统熟悉度	0.4	1	0.4	1	0.4	1	0.4	1	0.4	1
接近可能	1	1	0.4	1	0.8	1	1	1	1	1
识别能力	0.2	1	0.2	1	1	1	1	1	1	1
准备工作	0.5	0.4	0.5	0.4	0.5	0.4	0.5	0.4	0.5	0.4
可行方案	0.4	0.4	0.3	0.3	0.4	0.4	0.3	0.3	0.4	0.4
所需方案	0.4	0.4	0.8	0.8	0.5	0.5	0.6	0.6	0.5	0.5
可获取技术	1	1	0.4	0.4	1	1	0.4	0.4	1	1
所需技术	0.2	0.2	0.5	0.5	0.2	0.2	0.5	0.5	0.2	0.2
传播限制	0.1	0.1	1	0.1	0.1	1	1	0.1	0.1	0.1
传播能力	0.3	0.3	0.1	0.1	0.3	0.3	0.1	0.1	0.3	0.3
获取限制	0.3	0.3	1	1	0.3	0.3	1	1	0.3	0.3
获取能力	0.3	0.3	0.8	0.8	0.3	0.3	0.8	0.8	0.3	0.3
攻击能力	0.264	0.213	0.729	0.488	0.228	0.263	0.578	0.438	0.213	0.263

注：A-输水干管设施破坏，A′-内部人员破坏输水干管设施；B-储水设施破坏，B′-内部人员破坏储水设施；C-泵站设施破坏，C′-内部人员破坏储水设施；D-配水管网设施破坏，D′-内部人员破坏配水管网；E-电力系统设施破坏，E′-内部人员破坏电力系统设施。

系统安全性影响因子赋值　　表3-13

直接影响因子	A	A′	B	B′	C	C′	D	D′	E	E′
攻击者能力	0.5	0.3	0.5	0.7	0.5	0.3	0.5	0.3	0.5	0.3
反应者能力	0	0	1	1	0.2	0.2	0.2	0.2	0.2	0.2
攻击者人数	0.5	0.1	0.5	0.1	0.5	0.1	0.5	0.1	0.5	0.1
反应者人数	0	0	0.5	0.5	0.3	0.3	0.3	0.3	0.3	0.3
攻击者手段	0.5	0.3	0.5	0.3	0.5	0.3	0.5	0.3	0.5	0.3
反应者手段	0	0	0.5	0.5	0.2	0.2	0.2	0.2	0.2	0.2
反应程序	0	0	0.8	0.8	0.4	0.4	0.4	0.4	0.4	0.4
反应者意愿	1	1	1	1	1	1	1	1	1	1
运作时间	0.4	0.4	0.8	0.8	0.4	0.4	0.8	0.8	0.4	0.4
奏效时间	0.1	0.1	0.4	0.4	0.1	0.1	0.4	0.4	0.1	0.1
反应时间	0.2	0.2	0.8	0.8	0.5	0.5	0.5	0.5	0.5	0.5
监视时间	0	0	0.3	0.3	0	0	0	0	0	0

直接影响因子	A	A′	B	B′	C	C′	D	D′	E	E′
决策时间	0.7	0.7	0.7	0.7	0.7	0.7	0.7	0.7	0.7	0.7
保护设施	0.1	0.1	0.8	0.8	0.3	0.3	0.1	0.1	0.1	0.1
路程间隔	0	0	0.8	0.8	0	0	0	0	0	0
接近耗时	0.2	0.1	0.8	0.2	0.2	0.1	0.2	0.1	0.2	0.1
接近难度	0.2	0.1	1	0.2	0.2	0.1	0.2	0.1	0.2	0.1
警报设施	0	0	0	0	0	0	0	0	0	0
摄像设施	0	0	0.8	0.8	0	0	0	0	0	0
设施质量	0	0	0.6	0.6	0	0	0	0	0	0
设施维护	0	0	0.5	0.5	0	0	0	0	0	0
在线设施位置	0	0	0	0	0	0	0	0	0	0
灵敏度	0	0	0	0	0	0	0	0	0	0
在线安全设施	0	0	0.3	0.3	0.2	0.2	0.2	0.2	0.2	0.2
在线安全人员	0	0	1	1	0	0	0	0	0	0
举报可能性	0.3	0.3	0	0	0.3	0.3	0.3	0.3	0.3	0.3
熟悉程度	0	0	0	0	0.3	0.3	0.3	0.3	0.3	0.3
所处地点	0.2	0.2	0.1	0.1	0.3	0.3	0.3	0.3	0.3	0.3
责任心	1	1	1	1	1	1	1	1	1	1
安全培训	0.1	0.1	0.1	0.1	0.1	0.1	0.1	0.1	0.1	0.1
情报资料	0	0	0	0	0	0	0	0	0	0
责任心	1	1	1	1	1	1	1	1	1	1
安全培训	0.3	0.3	0.3	0.3	0.3	0.3	0.3	0.3	0.3	0.3
安全管理	0.2	0.2	0.4	0.4	0.4	0.4	0.4	0.4	0.4	0.4
系统安全性	0.097	0.092	0.623	0.496	0.120	0.176	0.162	0.214	0.116	0.172

注：A-输水干管设施破坏，A′-内部人员破坏输水干管设施；B-储水设施破坏，B′-内部人员破坏储水设施；C-泵站设施破坏，C′-内部人员破坏储水设施；D-配水管网设施破坏，D′-内部人员破坏配水管网；E-电力系统设施破坏，E′-内部人员破坏电力系统设施。

　　MLE计算的合川区供水系统所面临的人为风险定量化计算结果见表3-14。风险水平最高的是内部人员破坏输水干管设施，其次是内部人员破坏储水设施和内部人员破坏电力系统设施。

人为风险水平计算结果　　　　　　　表3-14

类型	A	A′	B	B′	C	C′	D	D′	E	E′
攻击可能性	0.583	0.728	0.253	0.578	0.591	0.715	0.339	0.393	0.596	0.714
系统有效性	0.083	0.069	0.789	0.485	0.080	0.109	0.274	0.213	0.075	0.107
风险水平	0.534	0.678	0.053	0.298	0.544	0.637	0.246	0.310	0.552	0.637

注：A-输水干管设施破坏，A′-内部人员破坏输水干管设施；B-储水设施破坏，B′-内部人员破坏储水设施；C-泵站设施破坏，C′-内部人员破坏储水设施；D-配水管网设施破坏，D′-内部人员破坏配水管网；E-电力系统设施破坏，E′-内部人员破坏电力系统设施。

（2）功能缺失程度分析

人为威胁发生后合川区供水系统功能缺失程度分析如下：合川区外的输水干管被破坏后将不能向合川区供水，完全丧失原有的功能，功能缺失程度为1。

由于整个合川区中心城区供水系统有2个泵站，泵站一旦被破坏，系统供水中断，因此泵站被破坏后系统的功能缺失程度为0.5。

同样，当电力系统被破坏后，所有以电为动力的系统将停止工作，泵站由于没有备用电源也将不能供水，整个供水系统的功能缺失程度为1。

对于向清水池和管网中进行投毒的人为威胁，本书假设只要水中含有这种物质，无论其浓度多大，都属于不合格的水，并且假设投毒不影响管网中水力条件。当清水池由于投毒而被污染后，整个供水系统中的水将不能使用，供水系统的功能缺失程度为1。

管网中该典型点位注入有毒物质后，该典型点位下游节点（包括该典型点位）均被污染。

（3）风险水平定量化分析评价

以上通过计算得出合川区供水系统所面临的10种人为威胁的威胁水平和功能缺失程度的结果，计算得出各个子系统的脆弱性定量化分析结果见表3-15。

合川区供水系统风险水平定量化分析结果　　　　表3-15

子系统	风险因素	风险水平	系统功能缺失程度	风险大小
输水干管	地震	0.004	0.147	0.001
	设施破坏	0.534	1	0.534
	内部人员破坏	0.678	1	0.678
储水设施	地震	0.004	0	0.000
	投毒	0.053	1	0.053
	内部人员投毒	0.298	1	0.298
泵站	地震	0.004	0	0.000
	设施破坏	0.544	0.5	0.272
	内部人员破坏	0.637	0.5	0.319
配水管网	地震	0.004	0.147	0.001
	投毒	0.246	0.685	0.169
	内部人员投毒	0.31	0.685	0.212
电力系统	地震	0.004	0	0.000
	投毒	0.552	1	0.552
	内部人员投毒	0.637	1	0.637

对于合川区供水系统面临的地震威胁，虽然采取了设防措施，但输水干管和管网在地震发生后仍存在一定的安全隐患，主要是因为管道较长且接口较多，受威胁影响的部位多；而清水池、泵站、电力系统则不受对应烈度地震的影响。

对于合川区供水系统面临的人为威胁，从分析结果可以看出，内部人员攻击导致的脆弱性比外部人员要高，这是因为内部人员一旦设法攻击某设施，则其对整个供水系统的熟悉程度要高于外部人员，并且在实施攻击的时候不易引起其他人的怀疑。

在子系统的脆弱性相互比较中可以看出，输水干管的脆弱性最高，这是因为其在城区之外，沿线路程长，可攻击点多，缺乏应有的保护设施，并且其系统安全性在5个子系统中是最低的，攻击者不需进行太多的努力就能对其进行破坏，破坏后供水系统将瘫痪，能够达到攻击者的目的。

电力系统的脆弱性次之，攻击者实施攻击不易被发现，所需要的攻击工具简单且便于实施攻击，系统安全性不高，不能有效的对攻击行为进行制止或限制，并且电力系统一旦被破坏，整个供水系统将不能正常运行，符合攻击者的期望。

泵站脆弱性排在第三位，主要是因为其被破坏后果严重，符合攻击者的愿望，但是对其设有一定的保护措施，能够在一定程度上阻止或者限制攻击行为。

管网脆弱性排在第四位，主要是因为管网系统庞大，攻击点多，但是对管网注入有毒物质难度大，实施攻击所需设施复杂，并且在实施攻击的过程中易于被发现。

清水池的脆弱性最低，是因为其在办公区域内，安全设施建设比较到位，外部攻击者很难进入，投毒难度更大，且实施攻击时很容易被发现。

因此，合川区供水系统管理部门若计划降低整个供水系统的脆弱性，在人力、物力、财力有限的情况下，提升系统安全性的顺序为：输水干管、电力系统、泵站、管网、清水池，详见表3-16和表3-17。

自然风险及供水系统功能缺失程度表　　　　　　　　　　　表3-16

子系统	自然风险	风险水平	功能缺失程度
输水干管	地震	0.004	0.147
储水设施	地震	0.004	0
泵站	地震	0.004	0
配水管网	地震	0.004	0.147
电力系统	地震	0.004	0

风险水平计算表 表3-17

类别	风险因素	风险水平	功能缺失程度	风险大小
输水干管	地震	0.004	0.147	0.001
	设施破坏	0.534	1	0.534
	内部人员破坏	0.678	1	0.678
储水设施	地震	0.004	0	0.000
	投毒	0.053	1	0.053
	内部人员投毒	0.298	1	0.298
泵站	地震	0.004	0	0.000
	设施破坏	0.544	0.5	0.272
	内部破坏	0.637	0.5	0.319
配水管网	地震	0.004	0.147	0.001
	投毒	0.246	0.685	0.169
	内部投毒	0.31	0.685	0.212
电力系统	地震	0.004	0	0.000
	设施破坏	0.552	1	0.552
	内部投毒	0.637	1	0.637

验证结论：案例城市的输水干管风险和配水管网风险高，与存在设施短板的现状一致，内部人员攻击属于最高级别的系统风险（只考虑风险影响程度），设施突发性破坏的风险水平次之。

3.1.4.4 济南市供水系统应急能力评估

（1）验证城市概况

在关键技术验证期间，济南市中心城区规划范围东至东巨野河，西至南大沙河以东（归德镇界），南至双尖山、兴隆山一带山体及规划的济莱高速公路，北至黄河及济青高速公路，面积为1022km²。

地下水是济南市市区主要供水水源，其开发度已占水资源量的2/3左右，这几年由于推行"保泉限采地下水"相关政策，地表供水水源和地下供水水源比例变化较大。济南市地下水水源现状见表3-18。

地下水水源地一览表 表3-18

序号	水源名称	供水厂名称	设计供水能力（万m³/d）	管理机构	备注
1	古城	济西水源	8.0	玉清湖水库管理处	应急备用水源
2	冷庄		4.0		
3	桥子李		8.0		

序号	水源名称	供水厂名称	设计供水能力（万m³/d）	管理机构	备注
4	峨眉山	西郊水厂	10.36	西郊水源管理处	作为源水供应的备用水源
5	大杨		11.4		
6	腊山		6		
7	白泉	东郊水厂	12.3	东郊水源管理处	实际供水量为3~3.5万m³/d
8	中里庄		5.0		
9	宿家		5.0		
10	华能路		2.0		
11	解放桥水厂	市区水厂	8.0	前景水源管理处	现有8个水源地，供水能力8万m³左右

鹊山调蓄水库（以下简称鹊山水库）属于地上围坝平原水库，位于黄河北岸北展区省道001公路东侧，水库蓄水面积为6.07km²，设计总库容为4600万m³，有效库容为3930万m³，设计日供水量为44万m³。水库水经管径为$DN1800$、全长为10km的输水管线送往鹊华水厂。目前日供水量为20余万立方米，年供水量8000余万立方米。主要向天桥区、历下区、市中区、槐荫区进行供水并担负着向东联水厂、大桥镇供水，是城市主要的水源地之一。

玉清湖水库位于槐荫区与长清区交汇处的黄河东岸，地处小清河的源头，玉符河的入河口。水库库容为4850万m³，死库容为1220万m³，水面面积为5km²，设计日供水量为44万m³。2007年水库供水总量为5475.7万m³。水库至供水厂输水管线总长5.5km。

卧虎山水库位于济南市历城区仲宫镇，处在泰山北麓的锦绣川、锦阳川、锦云川三川汇流的玉符河河口，距市区25km，属黄河水系。其主要功能为防洪、城市供水、农业灌溉、回灌补源等。水库流域面积557km²，是济南市唯一一座大型水库。总库容为1.22亿m³，设计库容为0.615亿m³，目前按照0.364亿m³运行。

锦绣川水库属玉符河水系，处于锦绣川支流的上游，流域面积166km²。为农业灌溉和城市供水提供了水源保证。设计总库容为4100万m³，兴利库容为3592万m³。

狼猫山水库位于彩石乡的大龙堂和宅科峪沟汇合处的巨野河上，属小清河水系，流域面积82km²。1991年大坝后坡发生大面积滑坡灾害后，历经三年完成了大坝除险加固工程。狼猫山水库兴利库容1253万m³。配合保泉工程进行城市供水工程建设，该项工程每日供水规模达2万m³。

济南市区段输水工程是南水北调东线一期工程济南—引黄济青段工程的重要组成部分，是南水北调工程穿越省会城市的重要项目。济南市区段输水干线设计输水时间为非汛期的10月至次年5月，设计流量为50m³/s，加大流量为60m³/s。东湖水库是南水北调东线一期胶东干线济南至引黄济青段工程的重要组成部分，是济南至引黄济青段的关键节点工程。东湖水库位于济南市东北部小清河与白云湖之间，距济南市区约30km，为平原调蓄水库，其主要功能是调蓄南水北调东线水量。水库设计总库容为5377万m^3，死库容为678万m^3，水库调节库容为4699万m^3。工程建成后，可向济南、滨州、淄博、章丘等周边城市每年供水8000万m^3，其中向济南市区供水4050万m^3。

各供水企业出厂水水质良好，从2008年和2009年的水质分析数据来看，市区内的主要供水厂，如东源水厂、分水岭水厂、雪山水厂、玉清水厂、鹊华水厂的出厂水除耗氧量、消毒副产物偶尔超标外，其他指标已经基本满足当时执行的《生活饮用水卫生标准》GB 5749—2006的要求。各监测点管网水的浊度、微生物偶尔超标，其他指标基本满足当时执行的《生活饮用水卫生标准》GB 5749—2006的要求。

南郊的卧虎山水库、锦绣川水库的供水保障能力弱；南部山区的水库水源保护有待于进一步加强；输水明渠污染问题较为突出；二次供水带来水质问题。

（2）水质突发事件

1）原水水质问题主要来源于水库水量和输水渠道防护不周。渠道遭受垃圾粪便污染及突发车辆漏油污染占水污染突发事件的比例较大，此外由于自备井众多，管理不当，自备井的污染也是水源污染的重要类型之一。

2）出厂水水质受原水水质影响严重，在高藻期为保证管网中的余氯量致使出厂水发生消毒副产物污染，每年高藻期，均出现不同程度的消毒副产物超标现象。此外，出厂水受更换净水剂的影响也比较大。

3）管网水水质在部分地区和时段存在不同程度的超标问题。管网水水质超标的主要原因是二次污染，一是老旧管网被腐蚀后容易产生色度；二是局部地区管网含氯量低时导致微生物在管网中滋生，产生色度和异味；三是二次供水管理不到位，水池清洗管理不规范造成的；四是爆管维修时部分杂质进入管网，造成色度和细菌学指标超标。

（3）验证结果分析与讨论

根据上述城市供水系统应急能力评估指标体系、指标权重和评价标准，对济南市城市供水系统应急能力进行综合评价。评估中涉及的现状评价指标值来源于相关政府部门2009年的统计资料，其中水源地的植被覆盖率通过采用遥感（RS）和地理信息系统（GIS）技术得到的基础数据。济南市为山东省的省会城市，属于第二区，故评价因素与评价指标的权重采用第二区的标准。计算结果见表3-19。

济南市城市供水系统应急能力评估得分表　表3-19

指标	评价因素	评价因素权重	应急能力评估指标	评价指标权重	评价标准	现状水平	得分
城市供水系统应急能力评估	水源	0.35	应急水源备用率	0.35	大于70%（≥9分），50%~70%（7分），小于50%（≤5分）	47.5%	4.7分
			人均应急可供水量	0.05	大于200L/（人·d）（≥9分），100~200L/（人·d）（7分），小于100L/（人·d）（≤5分）	183L/（p·d）	7分
			水源地植被覆盖率	0.20	大于90%（≥9分），70%~90%（7分），小于70%（≤5分）	40%	3分
			水源地防洪能力	0.10	强防洪能力（≥9分），一般防洪能力（7分），防洪能力差（≤5分）	一般防洪能力	7分
			水源突发事件应急预案	0.30	完善（≥9分），一般（7分），差（≤5分）	差	4分
	取水	0.15	水源地地质条件	0.05	稳定区（≥9分），一般区（7分），不稳定区（≤5分）	一般区	7分
			取水保证率	0.45	大于90%（≥9分），70%~90%（7分），小于70%（≤5分）	97%	9.5分
			取水设施备用情况	0.25	备用设施完善（≥9分），一般（7分），无备用设施（≤5分）	一般	7分
			取水设施突发事件应急预案	0.25	完善（≥9分），一般（7分），差（≤5分）	一般	7分
	供水厂	0.05	突发水污染事件应急预案	0.45	完善（≥9分），一般（7分），差（≤5分）	一般	7分
			供水厂所在地地质条件	0.10	稳定区（≥9分），一般区（7分），不稳定区（≤5分）	稳定区	9分
			水处理系统突发事件应急预案	0.45	完善（≥9分），一般（7分），差（≤5分）	一般	7分
	输配水	0.20	配水管网连通度	0.30	大于90%（≥9分），80%~90%（7分），小于80%（≤5分）	65%	4分
			输水走廊地灾易发性	0.05	不易发（≥9分），一般（7分），易发（≤5分）	不易发	9分
			管网抢修应急预案	0.30	完善（≥9分），一般（7分），差（≤5分）	差	5分
			管网水质污染应急预案	0.30	完善（≥9分），一般（7分），差（≤5分）	差	4分

续表

指标	评价因素	评价因素权重	应急能力评估指标	评价指标权重	评价标准	现状水平	得分
城市供水系统应急能力评估	输配水	0.20	管网漏损率	0.05	小于5%（≥9分），5%~10%（7分），大于10%（≤5分）	12%	4.5分
	住区供水	0.05	住区水量保证率	0.25	大于95%（≥9分），80%~95%（7分），小于80%（≤5分）	97%	9.5分
			住区水压保证率	0.25	大于95%（≥9分），80%~95%（7分），小于80%（≤5分）	97%	9.5分
			住区水质保证率	0.25	大于95%（≥9分），80%~95%（7分），小于80%（≤5分）	99%	9.8分
			住区应急供水预案	0.25	完善（≥9分），一般（7分），差（≤5分）	一般	7分
	储水	0.15	储水设施水质保障设施	0.60	完善（≥9分），一般（7分），差（≤5分）	差	4分
			储水设施突发事件应急预案	0.40	完善（≥9分），一般（7分），差（≤5分）	一般	7分
	其他	0.05	应急指挥中心	0.35	有（100分），没有（0分）	没有	0分
			应急响应时间	0.40	小于5min（≥9分），5~10min（7分），大于10min（≤5分）	15min	4分
			人员应急疏散与安置	0.25	完善（≥9分），一般（7分），差（≤5分）	差	3分

　　根据表3-18的得分情况，分别计算城市供水系统应急能力综合评价指数、不同指标类型的应急能力评价指数，以及不同因素的应急能力评价指数。综合评价指数从总体上表现出了济南市城市供水系统应急能力的状态；不同指标类型的应急能力评价指数反映了不同类型的指标对综合应急能力的贡献程度，揭示了造成城市供水系统应急能力不足的根本原因，对决策制定具有指导意义；不同因素的应急能力评价指数可以显示出城市供水系统中的薄弱环节，便于有针对性地提出应急处理预案，对于源头控制和过程控制具有重要的作用。

　　1）城市供水系统应急能力综合评价指数

　　根据上述城市供水系统应急能力评估模型计算得到：城市供水系统应急能力评价指数为5.41。

　　从评价结果可以看出，济南市城市供水系统现状综合应急能力接近一般等级底线，综合的评价结果为水源结构相对单一，应急水量供给维持在临界点，存在水质污染现象，水源地生态环境一般，供水厂工艺陈旧但运行稳定，排水管网网络结构错综复杂。

2）不同类型指标的应急能力评价指数

设施型指标的应急能力评价指数为2.60；空间型指标的应急能力评价指数为0.68；管理型指标的应急能力评价指数为2.12。

通过不同类型指标的应急能力评价指数可以看出，济南市城市供水系统三种类型指标的应急能力评价指数都较低，空间性指标较其他两种指标有更明显的差距，因此在空间规划上有较大的改进和提高的空间。对于水源，可以优化水源结构，加强水源地保护，规划阶段对取水口、供水厂所在地的地质条件进行严格的勘探，尽量避开地质灾害易发的地段，在人口较密集的住宅区修建具有消防储水池功能的景观水体，该水体也可以作为小区中水回用的受纳体，这样可以降低景观用水量，提高非传统水源的利用率。

3）不同评价因素的应急能力评价指数

水源的应急能力评价指数为1.57。通过对各项指标的分析可知，虽然水源类型多样，但应急保障水平一般；地下水水质较好，工业自备井地下水开采量较大，再生水的利用量还较少；多水源间缺少互备互调，应急供水保障能力差；水源地生态环境状况不理想，应急水源地植被覆盖率低；输水明渠污染问题较为突出。

取水的应急能力评价指数为1.22。由于目前济南市的主要水源为黄河水，而黄河水的高含沙量极易导致取水设施头部及原水输水管道堵塞。要提高取水应急能力评价指数就要增加反冲洗频率，根据地质条件、河道冲刷和淤积的特点选择合理的取水点，完善取水设施发生突发事件时的应急预案，保证取水的可靠性。

供水厂的应急能力评价指数为0.36。济南市供水厂设施陈旧，尤其是黄河水作为主要水源时，处理工艺及配套的电力系统等都亟待升级改造，处理工艺的升级改造可以有效提高供水厂突发水质污染事件时的处理率，配套电力系统及其他相关设施的升级改造则可以有效应对供水厂因意外断电或相关设施损坏而造成的供水中断。

输配水的应急能力评价指数为0.92。济南市城市供水设施陈旧，管网设施亟待更新改造，管材多样，部分管道老化，管网漏损率较高，管网二次污染现象较为严重。主干路供水管并行现象严重，相互连接，错综复杂。目前主干道路几乎均存在两条以上供水管线并行的情况，主要问题表现为两个方面：一方面是大管径管线分出多条小管径的管线，并行一定距离后回接入大管径管线。此外，有多处存在大管径管线与管径差距几个等级的小管径管线衔接的问题，鹊华水厂$DN1200$的出水管沿纬十路自北向南至辛庄加压站附近与一根$DN400$的管线连接，这样管径相差几个等级的管线衔接，造成严重的局部水头损失，降低了主干管线的运行效率；另一方面是衔接管线管径变化频繁，经十路的1根东西向管线，管径在DN500和DN600之间变化，且间隔距离短，频繁的管径变化在增加管线种类，加大管理难度的同时，也在一定程度上影响了管线的供水可靠性。

储水的应急能力评价指数为0.45。由于济南市的主要水源是黄河水，黄河水水量季节性变化大在一定程度上影响了供水的安全可靠性。除开发利用其他水源外，储水设施也是解决地表水资源季节性分布不均匀的重要途径之一。但对于济南的几个水库而言，缺乏相关的水质保障措施，水库中的水极易受到污染而增加后续处理工艺的难度。储水设施突发事件应急预案不够完整，在有突发事件时响应时间较长，解决问题的效率较低。

住区供水的应急能力评价指数为0.78。住区供水是城市供水系统的末端，城市供水系统采取的一切保障措施，目的都是为了保证居民的正常生活、生产用水。对于济南市的供水系统而言，其水量、水压和水质的保障率都较高。

其他的应急能力评价指数为0.12。在济南的城市供水系统中尚未建设应急指挥中心，应急响应时间较长，说明目前的供水系统任何一个环节的崩溃都将使整个城市面临巨大的供水威胁。因此，应建立应急指挥中心，完善人员应急疏散与安置的相应方案，从而缩短应急响应时间。

针对济南市的供水现状及供水全过程中各环节存在的问题，基于从水源—供水厂—管网的供水全过程优化，为提高城市供水系统的应急能力和安全保障水平，从规划的角度构建供水安全保障体系。供水安全保障体系包括：构建多水源互备的供水系统，强化水质预警监控，加速水源生态修复，增强供水厂净化处理和应急处理能力，提高管网安全输配能力、积极应对突发污染应急处理等规划对策。具体内容如下：

①规划建议各类型水源的比例，见表3-20。

水源配置表　　　　　　　　　　　　　　　　　表3-20

序号	水源	供水量（万m³/d）	供水比例（%）
1	客水	120	56.60
2	南部山区的水库水	12	5.66
3	地下水	50	23.59
4	再生水	30	14.15
	合计	212	100

市供水行政主管部门和市水利部门等相协调，开展赵官水源地和济西二期水源地的相关工作和工程建设；随着城市供水设施的日益完善，逐渐采用地下水自

备供水厂，保护地下水资源的可持续利用；同时扩大公共供水的统一管理范围，有利于提高供水水质和安全可靠性；保留现有市区范围内的以地下水为水源的供水厂，作为城市应急备用水源，应急水源的规模约80万 m^3/d。

②加强水源的生态修复和水质的预警监控

济南市属于典型的多水源供水城市，市区80%的原水来自黄河，其余来自地下水和其他地表水。目前济南市环保局网站公示的济南市2009年饮用水源水质的监测结果显示多个水源均为地表水Ⅱ类水体。但济南市水源的水质仍存在一定问题，如：有机物、溴化物、TN、TP超标，以及存在嗅味等，此外阶段性爆发藻类（蓝藻、绿藻、硅藻）也给供水厂沉淀和过滤等设施带来很多问题。因此济南市涉及的水源保护问题比较严重，需要多方位、多手段地确保水源安全。严格执行《水污染防治法》和《饮用水水源保护区污染防治管理规定》，落实饮用水水源地保护区保护措施。实施一级保护区封闭管理，建设隔离护栏、围网、挡墙及种植防护林等；清理保护区内与水资源保护无关的生产经营活动；清理或拆除保护区内的违法建设项目；逐步搬迁保护区内村落。清理二级保护区内一切与水资源保护无关的建设、开发项目，以及排污口，加强餐饮废水管理，实施餐饮废水集中收集处理；加强准保护区内工业污染源的监管，确保其稳定达标排放，取缔保护区内所有的电镀企业，防范环境风险。实施卧虎山水库、锦绣川水库和狼猫山水库饮用水源保护区环境综合整治工程和地表饮用水源地准保护区污染防治工程。具体内容如下：

河流水系：应尽量减少上游工业企业带来的有机物污染，严禁排污。淘汰或关停"十五小""新五小"等"小（土）"企业，加强对排放重金属及其他有毒物质企业的监管，对特征污染物实施自动监测，完善针对突发事件的应急预案，加大工业废水治理和工业水资源循环利用力度。

引黄水库（指鹊山水库、玉清湖水库）：建议严格执行《济南市人民政府关于加强鹊山水库和玉清湖水库管理的通告》。对采伐树木、捕鱼钓鱼、损坏围栏、盗窃水库设施等行为进行惩罚，此外，根据《济南市环境保护"十一五"规划》中划定的水源保护区，明确制定相关措施保护引黄水库的沉沙条渠，严禁附近村庄居民随意丢放垃圾，避免河道受人为污染。

南部山区（指卧虎山水库、锦绣川水库）：开展南部山区重要水源涵养生态功能区建设，退耕还林、封山绿化，恢复或重建水源涵养林、水土保持林，涵养水源；减少农药化肥使用量，控制面源污染，改善饮用水水源地水质。卧虎山水库和锦绣川水库的原水采用自流方式进入供水厂，该过程难以避免二次污染、突发事件的发生，以及汛期的冲击。山区内有农业面源污染，同时由于山区旅游项目的开发，饭店、农家乐等旅游配套设施大量存在，导致水库内TN超标，对水源的水质造成威胁。建议有关部门尽快商讨改建措施，变输水明渠为暗涵，另外，应严格执行《济南市环境保护"十一五"规划》中的有关规定，尽快取缔库区内的各种农家乐、养鹅基地等。此外应密切关注狼猫山水库溴化物经常超标的问题。

地下水和泉水：严格控制地下水的开采量，保证地下水的补给，恢复地下水的径流、排泄条件，避免由于污水排放、垃圾露天堆放与化肥农药的大量使用导致的地下水水质恶化。密切关注七里河加压站四氯化碳超标，龙洞加压站放射性物质超标的问题。

此外，还应该开展水源地风险源识别研究，制定风险源应急处置方案，建设应急处置设施，形成应对突发事故应急处理处置能力。

③构建统一调度的联网供水系统

根据济南城市未来的发展规划，并结合济南特殊的地形等特点，规划采用联网的区块化供水系统模式，并且在发生水污染事故等特殊情况下，能通过连接各供水厂的主干管，实现供水厂之间的联合调度，提高整个供水系统的安全保障水平。

建议启动东联水厂及东湖水厂的建设；加快现有供水厂工艺的升级改造及应急处理能力建设；供水厂及各级加压站用地应尽快纳入政府控制性用地规划范围，并在控制性用地规划及相关规划中预留设施用地；加强主干管网及整个管网的建设，各主供水管线应与道路同步规划、同步实施；由供水行政主管部门对城市供水进行统一协调，保证各区联网供水、统筹协调和统一调度，加强互为应急备用水源的安全保障措施。

④构建城市供水突发事件应急处理体系

在城市供水中，可能遇到各种突发事件，包括城市水源或供水水质遭受地震等自然灾害，造成供水设备损毁，供水设施设备发生火灾、爆炸等严重事故；城市主要输配水管网发生重大事故、供水调度及自控系统遭受破坏、战争及恐怖活动破坏等。针对以上突发事件，结合本地区的特点及发生各类突发事件的可能性，应制定完善的城市供水系统应急预案，主要内容应包括突发性水源污染应急供水预案，以及重要供水厂或管道发生故障时的应急处理预案等。

3.1.4.5　常州市供水系统风险识别与应急能力评估

常州市是城市设施配套齐全的综合性多功能工业城市，在城市建设过程中河道水质污染加剧，近年来当地政府投入了大量人力物力开展河道治理，河网水质总体情况有所改善。长江取水量在200万m^3/d时枯水流量保证率为100%，总体水质属于地表水Ⅲ类水质，是目前的集中式饮用水水源地；滆湖作为备用水源地，取水建设规模达50万m^3/d，目前装机量为30万m^3/d。

供水由常州通用自来水有限公司及江河港武水务（常州）有限公司两家单位负责，服务范围大致以京杭大运河为界，分别负责运河北片和运河南片。目前拥有6座地表水供水厂，总供水能力为152万 m^3/d，其中湖滨水厂处于应急备用状态；区域性增压站6座，大部分位于运河北片区。2010年市区建成区用水总量约为3.47亿 m^3，人均综合生活用水量为167L/d。

（1）供水安全存在的问题

《常州市城市供水应急系统建设规划》（2008—2020年）从风险识别及事故影响预测、应急供水规模、应急水源选择、制水工艺和供水方案、应急预案及体系建设都进行了大量的分析论证，将漏湖、京杭运河、德胜河列为城市应急水源，应急供水规模为44万 m^3/d，约为日常供水规模的1/3。其中，常州通用自来水有限公司服务范围内供水规模约为28万 m^3/d，江河港武水务（常州）有限公司服务范围内供水规模约为16万 m^3/d。由于当时的规划编制缺乏明确的法规、规范指引，应急水源选择、应急供水规模等均由相关科研单位、规划和设计单位及国内资深专家集体研究确定。但近几年随着《太湖流域管理条例》《江苏省城乡供水管理条例》《江苏省城市供水安全保障评价考核标准》《江苏省城乡供水"十二五"规划》等一系列法规政策、标准、规划文件的出台，常州市城市供水随着供水范围不断增加，供水规模逐年扩大，供水厂、供水管网及调节构筑物的新建或改造需求增加，该规划在应急供水规模、应急时长这两方面已不能适应新形势、新要求，暴露出不足之处，主要表现在：

1）以长江作为唯一水源地的通用自来水有限公司服务范围内的运河北片面临极大的供水安全威胁，供水水源结构单一，应急供水调度能力低，供水安全存在较大隐患。

2）面对日趋复杂的原水水质，特别是突发性的污染事件，对某些特殊有机污染物尚缺乏有效的去除技术和措施，针对原水水质污染特点的强化常规处理工艺、预处理和深度处理等技术研究和应用有待提高。

3）尽管目前常武地区已实现了局部供水管网的互通，但常州通用自来水有限公司和江河港武水务（常州）有限公司的供水规模、供水方式、压力标准等方面存在较大的区别，尚未形成协调、高效的安全保障体制和机制，实际应急互备效果仍存在不确定风险。

（2）风险识别评估

城市供水系统面临的突发性风险一般来自以下三类：事故灾难，如水源地重大污染事故、供水设施和设备事故等；刑事案件，如恐怖袭击、人为投毒、计算机系统遭受入侵等；自然灾害，主要包括特大洪涝干旱灾害、地震灾害等。

根据常州市区的实情判断，城市供水系统抵御和防范洪涝干旱、地震等自然灾害的能力较强，对城市供水系统安全构成较大威胁的突发性事件主要包括下列四种情况：

1）城市水源地或主要供水设施遭受化学、生物、毒剂、病毒、油污、放射性物质等污染导致供水中断。

2）供水厂或区域性增压站消毒事故，输配电，净化构筑物等设施设备发生火灾、爆炸、投毒、倒塌、严重泄漏事故。

3）城市主要单根输、配水干管发生爆管事故且不能短期修复导致区域性供水中断。

4）调度、自动控制、营业等计算机系统遭受入侵、失控、毁坏。

对常州市供水水源面临人为风险的脆弱性进行分析研究，由于缺少人为风险的相关历史资料，现根据国外研究现状及供水系统的特点、运行规律、安全设施、社会经济等因素设定其面临以下几种典型的人为风险，见表3-21，在对供水系统进行分析时，举例说明脆弱性分析过程。

供水系统人为风险表　　　　　　　　　　　表3-21

子系统	人为风险	
水源地	设施破坏	内部人员破坏
供水厂	投毒	内部人员破坏
泵站	设施破坏	内部人员破坏
输配水管网	投毒	内部人员破坏
调度系统	设施破坏	内部人员破坏

采用与合川区案例相同的赋值、计算方法及过程，对常州市供水系统的部分设施，采用极大似然性（MLE）方法进行风险计算，计算结果见表3-22。

人为风险水平计算结果　　　　　　　　　　表3-22

攻击可能性	A	A′	B	B′	C	C′	D	D′	E	E′
系统有效性	0.659	0.732	0.272	0.602	0.589	0.703	0.328	0.386	0.585	0.711
风险水平	0.125	0.054	0.586	0.563	0.094	0.127	0.294	0.223	0.083	0.112

注：A-输水干管设施破坏，A′-内部人员破坏输水干管设施；B-储水设施破坏，B′-内部人员破坏储水设施；C-泵站设施破坏，C′-内部人员破坏储水设施；D-配水管网设施破坏，D′-内部人员破坏配水管网；E-电力系统设施破坏，E′-内部人员破坏电力系统设施。

（3）风险应对

根据供水系统风险评估及规划研究，对常州市供水系统做出如下风险应对方案。

1）水源建设。现有魏村长江引水工程及利港第一水厂取水规模合计为140万m³/d，滆湖备用水源地取水规模为50万m³/d，可满足近期和中期城市供水需要，远期取水总缺口约30万m³/d；至2030年时，为应对城市发展的供水规模需求，此时滆湖取水及装机规模须达60万m³/d。

在江河港武水务（常州）有限公司扩建滆湖取水泵站后，从合理配置水资源角度，常州通用自来水有限公司可从魏村长江引水工程取水泵站获得70万m³/d的原水，并结合1.15的校核系数，可满足该区域中期内的制水需求。至2030年时，随着30万m³/d规模的新孟河水厂建设完成，魏村长江引水工程取水规模应同步达到120万m³/d，校核系数不低于1.10。

2）供水厂建设。根据风险研究分析，维持第一水厂36万m³/d的供水规模。维持魏村水厂60万m³/d的供水规模，最大供水能力为70万m³/d。新建新孟河水厂，2025年建成一期工程（规模为10万m³/d）；至2030年时，规模达30万m³/d。维持武进水厂22万m³/d的供水规模，最大供水能力为30万m³/d。维持礼河水厂20万m³/d的供水规模，最大供水能力为30万m³/d。扩建湖滨水厂，短期内供水规模达20万m³/d，未来供水规模达30万m³/d。

3）供水管网互通。位于河虹路的常州通用自来水有限公司DN1200常金输水管与江河港武水务（常州）有限公司礼河水厂东侧河虹路DN1800管互通；位于长江路的常州通用自来水有限公司DN600管与江河港武水务（常州）有限公司DN600管互通；晋陵南路的常州通用自来水有限公司DN800管与江河港武水务（常州）有限公司DN800管互通。

（4）极端风险案例分析

城市水源地遭受突发性污染事件将可能对供水安全产生灾难性、全局性破坏，作为本次风险应对的案例分析。随着滆湖50万m³/d取水工程及输往武进水厂的DN1800原水管的顺利建成，江河港武水务（常州）有限公司服务范围内的运河南片形成了长江、滆湖为互备水源的安全供水格局；而以长江作为唯一水源地的常州通用自来水有限公司服务范围内的运河北片则面临极大的供水安全威胁。

当长江魏村取水口附近发生特大污染事件时，魏村水厂及下游的西石桥水厂、礼河水厂停止运行，此时整个市区的运河北片及金坛区处于断水状态，受影响人口约160万人；当滆湖发生大面积内源污染事件时，礼河水厂、武进水厂仍可最大限度地接收长江原水（46万m³/d）进行制水，对运河南片供水影响极小。因此，本书以长江突发性污染事件的应急处理为例进行风险评估。

根据《常州市城市水源地突发性污染事件环境影响评价报告书》确定预测范围为自魏村水厂取水口上游2000m断面起至第一水厂利港取水口下游1000m断面止，共计15km的长江段，对长江突发性污染事件的影响假设三种情景，采用平面二维水力模型及污染扩散模型预测事故对取水口水质的影响（图3-8）。

情景1：魏村水厂取水口附近油类事故排放。

情景2：江边污水处理厂尾水排口事故排放。

情景3：滨江化工区甲苯类有机化学药品事故排放。

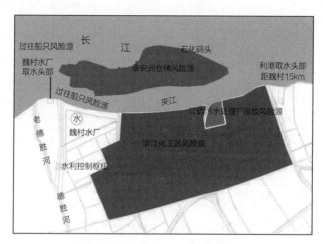

图3-8　长江常州段环境风险源识别

结果表明（表3-23）：由于长江流量大、流速快，水体纳污能力较强、净污速度较快，遇到风险时，其处理的速度也快（3d左右）。即使潮汐条件发生异常，其影响也可控制在4d以内。

典型污染事故影响预测结果汇总　　表3-23

事故类型	油类泄漏事故	污水处理厂事故	滨江化工区事故
到达魏村水厂的时长	18min	—	—
到达西石桥水厂的时长	6h	—	5h
源强持续时间	2.5h	24h	3h
影响时长	48h	影响较小	48h
两供水厂均可恢复供水时长	60h	影响较小	60h

3.1.4.6 验证结论

按照环境技术验证的原则，初步对供水系统风险要素合理性、风险水平计算方法和应急能力评估指标体系进行验证，并根据验证结果对原有技术作出相应的调整。与原有技术相比，技术验证后维持的结论、验证后进行的偏差纠正和补充结果见表3-24。

技术验证前后对比一览表　　　　　　　表3-24

编号	技术点	维持结论	偏差纠正	深化成果
1	供水系统风险要素合理性验证	基本维持了原有技术高危风险要素识别结果	原研究报告中交叉识别得到的规划阶段水源风险为水量评估和水质评估，主要服务于供水系统中的水量安全和制水工艺合理选择，未能突出规划阶段已有和潜在的污染识别对供水系统安全的影响，作出相应调整	补充了：汇水区潜在污染源识别、潜在污染源数量与类型、城市土壤地质条件分析、管材建设年代分析、水质富营养化风险、危险品运输通道管控、二次供水管理方式、二次供水改造比例；局部校正了：适用于东南部的台风因素，以及在普通城市内已弱化的战争要素
2	风险水平计算方法验证	基本维持了原有技术风险水平计算框架	根据社会、经济、环境及技术等因素变化和实际调查进行风险水平因子和权重的调整	增加了：反映程序因子权重、应对时间权重、物理安全权重、警报系统权重、在线监视权重；取消了：攻击者人数因子并压缩公共监视指标
3	应急能力评估指标体系验证	基本维持了原有技术应急能力评估指标体系因子及权重	根据国家、地方及行业应急相关的政策及预案要求，结合环境技术验证原则进行应急能力评估指标调整	根据风险要素优化了评估指标，增加了：水源地植被覆盖度、水源地地质条件、供水厂所在地地质条件、储水设施突发事件应急预案、人员应急疏散与安置等指标因子

　　应急能力评估指标验证结果表明，应急能力评估模型结果与城市供水系统建设重点相一致，该方法基本反映了城市供水系统的实际状况。

3.1.5　技术评价

3.1.5.1　评价数据

（1）一级指标权重

　　通过专家打分法确定各一级指标的权重，如图3-9所示。创新与先进程度的权重为0.16，安全可靠性的权重为0.25，经济效益的权重为0.16，稳定性及成熟度的权重为0.22，社会效益的权重为0.21。

（2）二级指标权重

　　通过专家打分法确定各二级指标的权重。关键二级指标有就绪度、可靠度等12项，各指标及权重详见表3-25。

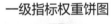

一级指标权重饼图

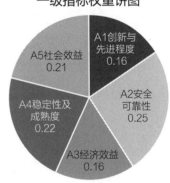

图3-9　一级指标权重图

指标权重设置 表3-25

一级指标	二级指标	权重
A1创新与先进程度	A11创新程度	0.28
	A12技术经济指标的先进程度	0.33
	A13技术的有效性	0.39
A2安全可靠性	A21安全性	0.45
	A22可靠度	0.55
A3经济效益	A31单位投入产出效率	0.41
	A32技术推广预期经济效益	0.59
A4稳定性及成熟度	A41稳定性	0.4
	A42技术就绪度	0.6
A5社会效益	A51技术创新对推动科技进步和提高市场竞争能力的作用	0.23
	A52提高人民生活质量和健康水平	0.38
	A53生态环境效益	0.39

3.1.5.2 评价结果

通过技术评价，城市供水系统风险识别与应急能力评估技术总得分为87.4（表3-26），表明总体较为成熟，是国际标准方法的引进调整再利用，适当提升后可实现标准化。

评价得分表 表3-26

评价指标				评价等级	打分标准	得分	二级指标得分	一级指标得分	合计
一级指标	权重	二级指标	权重						
A1创新与先进程度	0.16	A11创新程度	0.28	有明显突破或创新，多项技术自主创新	60~89	86	24.1	14.0	87.5
		A12技术经济指标的先进程度	0.33	达到同类技术领先水平	90~100	90	29.7		
		A13技术的有效性	0.38	关键指标提升明显	60~89	88	33.4		
A2安全可靠性	0.25	A21安全性	0.45	低风险、风险完全可控	90~100	92	41.4	22.2	
		A22可靠度	0.55	可靠度较高或提升幅度明显	60~89	86	47.3		
A3经济效益	0.16	A31单位投入产出效率	0.41	单位投入的产出效率明显	60~89	82	33.6	13.3	
		A32技术推广预期经济效益	0.59	经济效益明显	60~89	84	49.6		

评价指标				评价等级	打分标准	得分	二级指标得分	一级指标得分	合计
一级指标	权重	二级指标	权重						
A4稳定性及成熟度	0.22	A41稳定性	0.4	已实现规模化应用，成果的转化程度高（边界条件明确、稳定性高）	90~100	92	36.8	19.7	87.5
		A42技术就绪度	0.6	TRL7~TRL9	60~89	88	52.8		
A5社会效益	0.21	A51技术创新对推动科技进步和提高市场竞争能力的作用	0.23	推动行业科技进步作用明显，市场需求度高，具有国内市场竞争优势	60~89	85	19.6	18.3	

由图3-10和图3-11所示的一级、二级指标评价雷达图可以看出，技术创新类型属于优化提升类，得分接近"优"，达到国内先进水平。通过简化技术操作，优化基础数据，提高推广的实用性。本方法的核心为国际上通用的技术，总体达到国际水平。

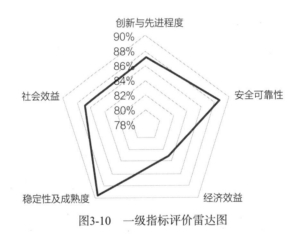

图3-10　一级指标评价雷达图

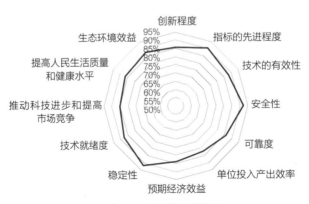

图3-11　二级指标评价雷达

3.1.5.3　主要结论

城市供水系统风险识别评估技术建立了识别及分类方法，识别规划层面影响系统安全的高危要素，研究并建立了相应指标体系，实现城市供水应急能力的综合评估并支撑相关技术标准文件。

本关键技术的创新属于集成创新和应用提升创新，一方面对供水系统各规划层次、全流程进行高危要素的识别，对高危要素进行定量化计算，得到风险水平，以此为基础对高危要素进行分类，从而构建规划调控矩阵模型；另一方面基于高危要素的识别，提出关联的应急能力评估的指标体系，通过对城市应急能力的评估，优化供水设施布局，制定应急供水规划，提高城市供水安全保障水平。

通过关键技术验证和评价，表明该技术总体较为成熟，适当提升后可实现标准化。技术创新类型属于优化提升类，达到国内先进水平；简化技术操作、提高推广的实用性。该技术适用于全国范围的供水系统风险评价和应急能力评估。

本关键技术适用于分析不同地区影响城市供水安全的危险要素及其差异的识别，风险识别方法适用于城市级以及各种类型和规模的供水企业，可指导从源头到龙头的运行、设备、化学品的风险评估，包括取水，制水，输配水和二次供水四个子系统，企业以外的其他主体可参考执行。城市供水系统应急能力评估方法针对识别出的风险，评估城市供水系统在应对风险时的能力和水平，并建立城市供水应急预案编制大纲。城市供水系统风险规划调控措施主要应用于城市供水规划（总体规划、专项规划）对城市供水风险的宏观管控和应对，通过对城市应急能力的评估，优化供水设施布局，制定应急供水规划，提高城市供水安全保障水平。

该技术参考EPA标准，识别规划层面影响供水系统安全的高危要素，构建对应供水系统各规划层次的、全流程的高危要素关联矩阵表。利用MLE计算其威胁水平，通过参考美国桑迪亚国家实验室向EPA提供报告、现场调研、咨询专家的方法对所有直接影响因子赋值。

技术适用于全国范围的供水系统风险评价和应急能力评估，评价效果较好，在关键技术指标和参数选择上，结合国内实际做了适当优化调整，更能反应国内供水系统风险识别和应急能力的实际。以技术为核心（非管理类）的国内替代技术基本不存在，或者说其他可能的替代技术与本技术无可比性。本关键技术的创新属于集成创新和应用提升创新。

3.1.5.4　应用前景

城市供水系统风险识别与应急能力评估关键技术在评估验证之前，处于广泛征求意见或通过技术示范/工程示范验证阶段，获得了多个城市的示范应用证明，总体上处于TRL6～TRL7的水平。通过本次评估验证工作，将供水系统风险识别评估的关键技术点纳入到《城市水系统综合规划技术规程》T/CECA 20007—2021、《城市饮用水安全保障技术导则》等标准化文件，技术就绪度达到TRL8的水平。

本关键技术建立了识别及分类方法，识别规划层面影响系统安全的高危要素，研究并建立相关指标体系，综合评估城市供水系统的应急能力。通过关键技术验证和评价，表明该技术总体较为成熟，是国际标准方法的引进调整再利用，适当提升后可实现标准化。技术创新类型属于优化提升类，得分接近"优"，达到国内先进水平；本方法的核心为国际上通用的技术，总体达到国际水平。

3.2

多水源供水系统优化技术

3.2.1 技术概述

随着南水北调等重大水源工程的实施城市供水的多水源将改变城市原有水源配置格局。供水水源格局的改变对原有供水系统影响较大，尤其是多水源的供水厂和管网建设对原有供水系统布局的影响，以及多水源切换模式下水源、供水厂以及管网系统呈现出的复杂的水质安全问题与水质风险控制问题。

针对我国多数城市多水源供水现状，结合典型城市发展战略与空间布局方案，明确不同类型城市多水源供水布局模式，提出供水厂和供水管网系统布局的优化建议，完善水源保障能力、供水系统布局、供水厂应急联合调度、管网联网互通等系统化建设。

3.2.2 相关研究进展

（1）基于模型的管网优化运行控制技术

针对供水厂多水源切换条件下的管网水质变化特征，研究管网化学稳定性评估与控制技术，分析确定多水源切换条件下管网水质化学稳定性判别指标；提出多水源切换条件下控制管网化学稳定性技术方案。

以管网现状及历史信息数据库为基础，监测评估管网系统的水质稳定性情况，进行管网水力、水质工况模拟，研究管网优化改造技术，为管网系统改造工程提供技术支持。

建立了模型优化的评价方法、算法、模型与集成平台，并开展示范应用；构建基于水质保障的供水管网微观仿真模型，自主开发了"供水系统分析平台"；建立济南示范区供水管网模拟分析平台；针对层次分析法和网络分析法两种不同的计算方法，自主研发了2套模糊综合评价计算系统；研发出多水源供水系统用水量预测及优化调度技术，并自主开发出软件"城市供水优化运行系统"。

（2）供水系统规划调控技术

针对济南市供水水源组成复杂且严重依赖黄河水、现状供水管网耗能高、应急能力薄弱等问题，应用协同供水和多级调度等技术，确定了分区连片的供水模式，优化了多水源条件下城市供水设施布局（图3-12）。

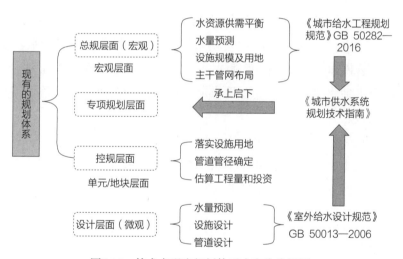

图3-12　技术在现有规划体系中定位分析图

针对东莞市供水厂几乎全部依赖东江水的水源单一问题，为提高水源应急能力，应用应急能力评估技术，建立了莲花山水库等库群与东江水源联合调度的规划模式，并提出了咸潮入侵水源及江、库各水源污染情况下的水源调度方案。

针对北京市密云区快速发展但水源供需不平衡这一问题，运用供水系统规划方案的综合评估方法，构建了地下水源、水库引水和再生水组成的多水源系统，并提出了供水厂扩建和管网分区建设的合理时序，促进了该地区再生水利用。

相关技术成果作为《城市供水系统规划技术指南》（建议稿）的重要组成部分；建立了以城市空间协调、系统优化、应急多级调控、区域协同供水为核心的城市供水系统规划调控技术体系；在规划层面研究建立定量化分析手段，实现对不同方案多工况多参数的模拟和综合评估，为多目标规划优化提供技术支撑。

（3）多水源供水系统优化技术

对保定市城市供水系统的研究表明，保定市的配套工程布局方案总体合理，方案优化的重点是将现状地表水水源供水厂改造为引江供水厂，充分利用现有输配水设施，较好地解决了南水北调通水后与现有供水管网的衔接问题，可作为该类型城市的推荐模式。对邢台市的研究表明，邢台市现状配水系统"末端管"成为"起端管"，管径不满足要求，原有配套工程会造成62%的配水管存在"逆流"现象。

建立了多水源优化技术的方法、评价体系、指标体系，并开展示范应用；构建了南水北调受水区城市供水安全保障技术体系；已编制完成《南水北调受水区城市供水系统适应性综合评估报告》《南水北调受水区城市供水安全保障技术指南》，相关指南已正式发布，并通过专家评审；获得计算机软件著作权1项，平原城市供水厂选址方法专利申请1项。

（4）南水北调受水区城市水源优化配置技术

在保定市建立供水管道适应性实验基地，然后在8个城市进行典型管段的采集，同步采集管网水、管沟和生物膜，采集后的管段运输至保定市试验基地，先用受水区城市本地水进行养护至水质稳定，再切换为由丹江口运输而来的丹江口自来水开展试验。

建立了水源优化配置技术的方法、评价体系，编制了评价报告，并开展示范应用；构建了南水北调受水区城市供水安全保障技术体系；在保定市分别建设了水处理工艺适应性评估实验基地和供水管网适应性评估实验基地。

3.2.3 技术评估

3.2.3.1 技术需求

多水源供水系统优化关键技术，是指城镇以饮用水水质全面达标为目标，结合具备多水源供水条件的城市开展空间布局方案研究，提出符合城市发展的多水源供水安全节能降耗的关键技术，包括水源保障、系统布局、应急调度、管网互通等系统化建设的供水系统规划技术。

在给水系统中，城市用水水源以及供水厂产水规模对水质、水量和水压有着非常直接的影响。如何实现经济效益、社会效益和环境效益，是供水系统优化调度应该关注的问题。多水源供水系统优化关键技术，以饮用水水质全面达标为目标，结合典型城市发展战略与空间布局方案，提出不同类型城市多水源供水布局模式节能降耗的关键技术，提出城市供水工程实施后城市供水厂和供水管网系统布局的优化建议，完善水源保障能力、供水系统布局、供水厂应急联合调度、管网联网互通等系统化建设。

研究的多水源包括当地地表水、地下水、处理回用水、外调水等，城市供水用户类型包括城市生活、工业、火电、环境、农业等，是一个典型且复杂的多水源多用户系统。以区域水资源的可持续发展为目标，强调区域经济、环境与社会的协调。

3.2.3.2　相关产出

随着城市的发展，城市供水水源结构与水源优化配置可能面临动态调整，按照城市空间发展与供水系统布局相适应的要求，对城市供水配套工程布局方案进行综合评估，建立城市形态与供水系统的供水模式示意图（图3-13），提出城市多水源供水配套工程布局优化调整方案或建议，降低受水区城市供水系统能耗，充分发挥配套工程经济社会效益。建立供水系统区域共享和城乡统筹的规划模式，形成水源切换、清水互联和用水管控等多级应急供水调度的供水系统多目标情景分析规划方法。

城市空间形态 土地使用模式	团块状	带状	组团状
同心圆	统一供水	×	×
扇形	分区供水 分质供水	×	×
多核心	分区供水 分压供水 分质供水	分区供水 分压供水	分区供水 分质供水

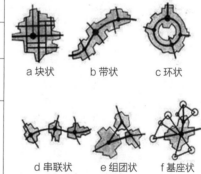

a 块状　　b 带状　　c 环状

d 串联状　　e 组团状　　f 基座状

图3-13　城市形态与供水系统的供水模式示意图

技术创新点：水资源水量和水质的优化配置，纳入非传统水资源的利用；研究城市布局与供水设施的关系，提出了多目标下的综合评估方法，突破传统的经济型单一指标的评价方法，针对供水规划层面的需求，综合了技术、经济、安全、可操作等多目标参数；对供水模式、设施布局等重大问题强调应采用定量化方法进行多方案比选；提出了适用的评价模型，不同评价指标采用不同的评价模型，根据标准服务性能曲线和隶属度函数进行评价打分，评判技术合理性。

多水源供水系统优化技术提出了《城市供水系统规划技术指南》（建议稿），该指南已通过专家评审，为《城市给水工程规划规范》GB 50282—1998的修订提供了参考和补充，在供水规划行业得到推广应用。

3.2.3.3 技术评估

采用技术就绪度评价的方法开展多水源供水系统优化技术的评估工作,结合技术的应用、适用范围以及研究层级进行分析,以技术就绪度作为评估指标。

建立了包含指标体系和评价方法的多水源优化技术,并开展示范应用;构建了南水北调受水区城市供水安全保障技术体系。利用多水源供水系统优化技术编制完成保定市、石家庄市、沧州市、衡水市等城市的供水配套工程布局优化方案,已编制完成相关研究报告和技术指南,并正式实施,获计算机软件著作权和专利各一项,技术就绪度评价为TRL8。

3.2.4 技术验证

3.2.4.1 验证方法

结合多水源供水系统优化技术的实际情况,对于多水源供水系统适用条件、多水源配置、供水厂优化布局和管网完善等方法性结论,采用实例验证法验证结论的适用性;对于水量预测型指标、设施指标、安全指标、供水指标、能耗经济指标等定量型结论,采用定标比超法验证参数合理性,如图3-14所示。

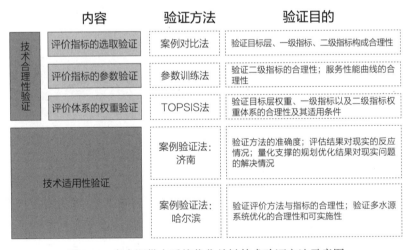

图3-14 多水源供水系统优化关键技术验证方法示意图

为了能够对技术和验证城市进行定性和定量的综合分析,针对多水源供水系统优化,采用层次分析法,对各指标进行专家打分评定。图3-15所示是多水源供水系统优化关键技术指标研究层级框架,在指标的确定上,将多水源供水系统优化关键技术的关键指标进行分解,分为目标层、要素层和指标层,从资源与能

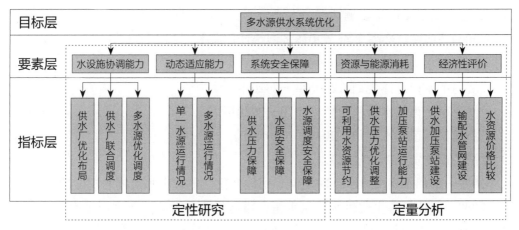

图3-15　多水源供水系统优化关键技术指标研究层级框架图

源消耗、水设施协调能力、动态适应能力、经济性、安全性等环节入手，结合
"十二五"课题成果，建立多水源城市供水系统配合度评估的指标体系框架，进
行定性和定量的研究。

3.2.4.2　验证数据采集

多水源供水系统优化技术通过验证点实施效果评估和模拟仿真分析对各项关键
技术的应用效果进行验证分析。"十一五""十二五"水专项研究过程中已将东莞市、
济南市、哈尔滨市、郑州市、保定市等城市作为示范城市，对技术进行示范推广。

水专项应用情况：针对济南市、东莞市、保定市、郑州市等城市开展多水源供
水系统配置的研究；针对哈尔滨市、北京市密云区等开展多水源补充利用方式评估
方法的研究；其中，针对哈尔滨市松花江水源污染风险大、系统应急能力不足的特
征，提出了磨盘山、松花江多水源供水规划调控方案。因此选取济南市作为实施效
果验证城市、哈尔滨市作为补充验证城市（表3-27）。验证的技术路线为指标的建
立、城市数据获取、系统分析、专家打分、优化建议，再到技术标准形成和反馈。

多水源供水系统优化关键技术验证城市表　表3-27

验证技术	验证内容	验证点		主要指标
		实施效果验证	补充验证	
多水源供水系统优化	水资源优化配置多水源优化布局	济南市	哈尔滨市	水资源保障能力、人均综合用水量水平

（1）济南市

济南市的验证数据主要取自政府统计数据、已经批复或通过专家评审的相关

规划，各相关供水设施实测数据，主要包括：

《2009济南统计年鉴》至《2018济南统计年鉴》。

《济南市水资源公报》（2009—2018年）。

《济南市城市总体规划（2006年—2020年）》。

《济南市城市供水专项规划（2010—2020年）》。

《济南市城市排水规划（2011—2020年）》。

《济南市水资源综合规划》。

2009—2018年相关供水厂的规模、用地变化、重大供水设施的建设情况。

2009—2018年各主要供水厂供水量，市区供水普及率、供水保证率、供水合格率等相关数据。

2009—2018年城市逐日用水量、工业用水量、生活用水量、常住人口、工业生产总值。

现状供水设施的分布与规模。

2009—2018年供水系统综合运行费用、吨水能耗、吨水药耗、吨水制水成本。

中心城区周边乡镇的常住人口、供水量、供水方式。

（2）哈尔滨市

哈尔滨市的验证数据主要取自政府统计数据、已经批复或通过专家评审的相关规划，各相关供水设施实测数据，主要包括：

《哈尔滨统计年鉴2009》至《哈尔滨统计年鉴2018》。

《哈尔滨市水资源公报》（2009—2017年）。

《哈尔滨市城市总体规划（2011—2020年）》。

《哈尔滨市城市供水专项规划（2011—2020年）》。

《哈尔滨市城市排水专项规划（2011—2020年）》。

《哈尔滨市水务发展"十二五"规划》。

《哈尔滨市水务发展"十三五"规划》。

2009—2018年相关供水厂的规模、用地变化、重大供水设施的建设情况。

2009—2018年各主要供水厂供水量，市区供水普及率、供水保证率、供水合格率等相关数据。

2009—2018年城市逐日用水量、工业用水量、生活用水量、常住人口、工业生产总值。

现状供水设施的分布与规模。

2009—2018年供水系统综合运行费用、吨水能耗、吨水药耗、吨水制水成本。

中心城区周边乡镇的常住人口及供水量、供水方式。

3.2.4.3 济南市技术验证

（1）示范地现状供水概况

济南市面积为8154km²，市区面积为3257km²。包括历下区、市中区、槐荫区、天桥区、历城区、长清区和平阴县、济阳县、商河县、章丘区。中心城区规划范围东至东巨野河，西至南大沙河以东（归德镇界），南至双尖山、兴隆山一带山体及规划的济莱高速公路，北至黄河及济青高速公路，面积为1022km²。

1）水源及水源地

济南市地下水丰富，是济南区传统的主要供水水源，济南市地下水源现状见表3-28。

地下水水源地一览表

表3-28

序号	水源名称	供水厂名称	设计供水能力（万m³/d）	管理机构	备注
1	古城	济西水源	8.0	玉清湖水库管理处	应急备用水源
2	冷庄		4.0		
3	桥子李		8.0		
4	峨眉山	西郊水厂	10.36	西郊水源管理处	做为源水供应的备用
5	大杨		11.4		
6	腊山		6		
7	白泉	东郊水厂	12.3	东郊水源管理处	实际供水量为3万~3.5万m³/d
8	中里庄		5.0		
9	宿家		5.0		
10	华能路		2.0		
11	解放桥水厂	市区水厂	8.0	前景水源管理处	现有8个水源地，供水能力8万m³左右

2）供水厂

济南市规划区分为主城区、东部城区、西部城区，供水企业主要有济南水务集团有限公司、济南水务集团长清有限公司、东源水厂3家单位，济南水务集团有限公司占总供水量的97%，济南市市政公用事业局为供水行业主管部门。目前济南水务集团有限公司有东郊水厂、西郊水厂、市区水厂、鹊华水厂、南郊水厂、分水岭水厂、雪山水厂、玉清水厂等水厂和自备水源地。供水总设计能力截至目前为157.0万m³/d，济南水务集团长清有限公司供水能力5万m³/d；东源水厂设计供水能力为5万m³/d；名泉区内单位自备水源供水量为16.5万m³/d，合计183.5万m³/d，2010年由于禁止各单位进行自备水源的开采，实际可利用量为167万m³/d。各水源供水能力见表3-29。

现有城市供水能力一览表　　　　　　　　表3-29

供水厂名称	水源名称	水源类型	供水能力（万m³/d）		备注
			2005年	2010年	
鹊华水厂	鹊山水库	黄河水	40.0	40.0	—
玉清水厂	玉清水库	黄河水	40.0	40.0	—
东郊水厂（即工业北路水厂）	白泉水厂	地下水	10.0	10.0	—
	中里庄水厂	地下水	5.0	5.0	—
	宿家水厂	地下水	5.0	5.0	—
	华能路水厂	地下水	2.0	2.0	—
西郊水厂（即八里桥水厂）	大杨水厂	地下水	8.0	8.0	—
	峨眉山水厂	地下水	10.0	10.0	—
	腊山水厂	地下水	5.0	5.0	—
南郊水厂	卧虎山水库	水库水	5.0	5.0	—
分水岭水厂	锦绣川水库	水库水	5.0	5.0	—
市区水厂	解放桥水厂	地下水	8.0	8.0	—
	饮虎池水厂	地下水	2.5	2.5	备用
	泉城路水厂	地下水	3.0	3.0	备用
	普利门水厂	地下水	5.0	5.0	—
	历南水源	地下水	1.5	1.5	备用
雪山水厂	狼猫山水库	水库水	2.0	2.0	—
东源水厂	牛旺庄水源地	地下水	5.0	5.0	—
长清水司	—	地下水	5.0	5.0	—
自备水	—	地下水	16.5	—	—
	合计	—	183.5	167	

备用水源为地下水和水库水，应急可供水量达到48.5万m³/d，占总用水量的47.55%，人均应急可供水量为183L/人。

3）供水管网

济南水务集团有限公司现有输配水管网管径从DN100至DN1600的管长约1500km，供水范围东至309国道旁的孙村镇，西至长清大学城，南至十六里河，北至黄河。由于济南市供水区域东南高西北低，标高差最大为90m左右，形成多水源分区供水的格局。济南水务集团长清有限公司管网覆盖长清区，东源水厂管网仅限于济南市经济开发区内，且均与济南水务集团管网连接。济南水务集团设有调度室，该部门使用SCADA系统实时监控济南中心城区各供水厂及40个管网测压点的水压和水源地水位的数据。当出现水压数据不正常的情况，电话通知相关负责人（并上报市供水领导办公室），通过开闭阀门来实现供水调度。目前该调度室仅能监控水压，且只能通过监控人员的工作经验判断出现的问题及其解决方案。

4）水质

根据多年的监测结果，以《地表水环境质量标准》GB 3838—2002中Ⅲ类水质标准为根据，济南市原水水质常年超标，尤其是各地表水水源中的总氮含量常年超标，夏季还会出现高藻期，供水安全压力大。其中引黄水库由于黄河上游的有机物污染经常存在氨氮、有机物，以及季节性亚硝酸盐氮、锰超标现象。由于水库的形状等特点也经常出现高藻和嗅味等问题。南部山区的水库水质相对较好，但南部地区由于存在农业污染，水库水中的总氮含量常年超标。地下水水质良好。综合来看，玉清湖水库夏季汞含量超标、卧虎山水库总氮含量常年超标，水质较差，锦绣川水库和鹊山水库水质相对较好。

5）供用水现状

2003—2008年济南市中心城区总供水量、公共供水量和自建设施供水量。可以看出，从2003年到2008年总供水量为28116万～40311万m³（即平均日供水量77.0万～110.4万m³），供水量呈先上升后下降趋势，2006年最高，供水总量达到40311万m³。按供水量比例计，公共供水量占总供水量的比例在71.4%～82.5%。

2008年济南市中心城区供水量为31777.7万m³（即平均日供水量为87.1万m³），其中公共供水量为25201.7万m³（即平均日供水量为69.1万m³），占总供水量的79.3%；自建设施供水量为6576万m³（即平均日供水量为18.0万m³），占总供水量的20.7%。

从地表水和地下水的比例来看，地表水源所占比例呈显著上升趋势，地表供水水源和地下供水水源比例从1992年的6.48∶93.52提高到2010年的95.85∶4.15，主要原因是济南市近年来推行的"保泉限采地下水"政策。

2010年3月，城区公共供水量为61.3万m³/d，东区公共供水量为2.6万m³/d，总公共供水量为63.9万m³/d。其中，地表水源供水量为61.3万m³/d，地下水源供水量为2.6万m³/d，分别占总供水量的95.9%、4.1%。

6）用水结构分析

2003—2008年济南市中心城区用水构成见表3-30：

2003—2008年济南市中心城区用水结构表（单位：万m³） 表3-30

年份	全社会用水情况							
	售水量					免费供水量	漏损水量	合计
	生产运营用水	公共服务用水	居民家庭用水	其他用水	小计			
2003	11733	2299	14055	29	28116	51	—	28167
2004	14109	1316	17736	22	33183	46	—	33229

续表

全社会用水情况								
年份	售水量					免费供水量	漏损水量	合计
	生产运营用水	公共服务用水	居民家庭用水	其他用水	小计			
2005	10539	1279	20501	2530	34849	50	—	34899
2006	9613	835	21819	18	32285	2941	5085	40311
2007	8414.5	1979.95	19472	207.98	30074.43	6500	1110	37684.43
2008	14136.76	2043.88	11934.08	141.98	28256.7	222	3299	31777.7
公共用水情况								
年份	售水量					免费供水量	漏损水量	合计
	生产运营用水	公共服务用水	居民家庭用水	其他用水	小计			
2003	7449	1665	10947	19	20080	35	—	20115
2004	10139	1101	13831	12	25083	30	—	25113
2005	6549	1054	16554	2515	26672	32	—	26704
2007	3237.5	1759.95	18288	207.98	23493.43	6500	1110	31103.4
2008	8963.76	1822.88	10752.1	141.98	21680.72	222	3299	25201.7

　　2008年全社会用水总量为31777.7万m^3，按不同的供水来源分，公共供水量为25201.7m^3，占总供水量的79.3%；其他自建设施供水量为6576万m^3，占总供水量的20.7%。公共用水部分的用水比例构成与全社会用水比例构成相似，公共用水和全社会用水两种统计口径下，各类用水的比例构成如图3-16所示，具体如下：生产运营用水分别占全社会用水总量和公共用水总量的36%和45%，公共服务用水分别占全社会用水总量和公共用水总量的7%和6%，居民家庭用水分别占全社会用水总量和公共用水总量的43%和38%，免费供水量分别占全社会用水总量和公共用水总量的1%和1%，漏损水量分别占全社会用水总量和公共用水总量的13%和10%。

　　7）供水压力

　　济南市位于千佛山山区和小清河之间，地形起伏大，因此城区供水存在多级加压的状况。从再加压水所占比值来看，基本呈现波动上升趋势（图3-17），再加压水所占供水总量的比例从低于40%增加到目前的70%以上。此外，8月的再加压水比例明显高于同年3月的加压水比例。

　　8）供水能耗

　　1992—2010年的电耗趋势如图3-18所示。由图可知，电耗整体呈逐年下降趋势。从339.4kWh/km^3降到179.9kWh/km^3。2010年耗电量为195.9kWh/km^3，主城区千吨水耗电量为183.2kWh/km^3。

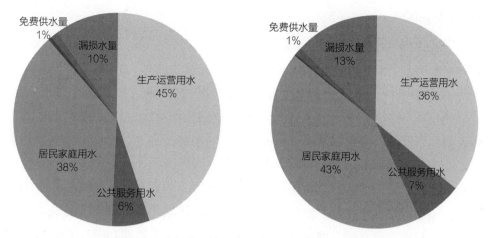

图3-16 2008年中心城区全社会用水和公共用水结构图

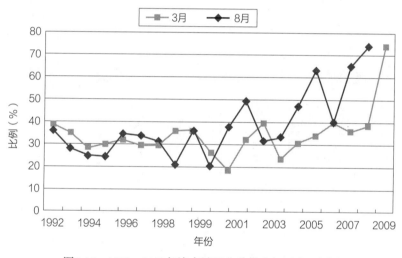

图3-17 1992—2009年济南城区公共供水加压水比例图

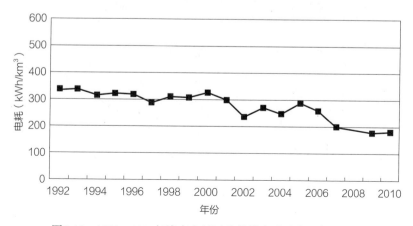

图3-18 1992—2010年济南主城区公共供水千吨水电耗趋势图

（2）示范地供水系统规划

1）规划技术路线

　　研究城市水资源可持续及高效利用策略，分析黄河水、长江水、地下水、再生水等多水源条件下的水资源优化配置；划分供水分区，估算供水与再生水总量，分析水资源供需平衡；优化城市供水系统的空间布局，协调供水设施与城市总体规划的一致性，确定各供水厂和再生水厂的水源、数量、分布、规模、用地面积，以及服务范围；确定供水与再生水管道的走向、管径、流量和水头等参数；研究集水源保护、管网优化、应急供水、水质安全等多要素为一体的城市供水安全保障措施；编制近期实施规划，指导城市供水设施的近期建设；根据城市未来发展的可能性，进行城市供水的发展远景设想。规划研究的技术路线如图3-19所示。

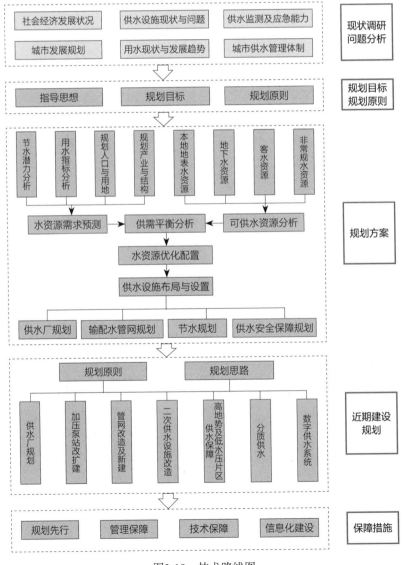

图3-19　技术路线图

2）水资源优化配置及水源规划

城市层面应采用大区域分质供水模式，按照优水优用、就近供给的原则供水，是实现优水优用和水资源优化配置的主要途径。

在各类用水需求中，生活用水的水质和供水保证率要求最高，因此生活用水应优先选择水质优良的地下水水源，不足部分可由水质较好的当地地表水、长江水和黄河水作为补充；工业用水普遍水质要求不高，而供水保证率要求较高，应以黄河水、长江水为主要水源，水质要求比较低的冷却水等应积极选用再生水；绿地和道路浇洒用水、环境用水和农业的用水水质和供水保证率要求都比较低，应以水质一般的再生水和供水保证率较低的当地地表水为主要水源，不足部分可由黄河水作为补充。生活片区（置换现状的工业自备井用水）主要由地下水水源供给，东部生产片区用水主要由地表水水源提供。2020年济南市可供水量和地下水可供水量详见表3-31和表3-32。

2020年济南可供水量一览表　　表3-31

	水源	可供水量（万m³/d）	备注
1	黄河水	80.0	黄河干流的配额为156万m³/d，两个引黄水库的设计供水能力80万m³/d
2	长江水	20.0	2013年为11.1万m³/d，2020年为20.0万m³/d
3	南部山区的水库水	9.7	95%保证率下
4	地下水	37	保泉前提下地下水可供中心城区水量为46万m³/d
5	再生水	30	—
	小计	176.7	—

2020年济南地下水可供水量一览表　　表3-32

序号	水源地名称	供水厂名称	设计供水能力（万m³/d）	规划供水量（万m³/d）	使用情况	储备地下水源（万m³/d）	备注
1	曹楼	长孝	10	10	常规水源	0	新建
2	古城	济西一期	8	2	限采备用水源	18	保留现状规模
3	冷庄		4				
4	桥子李		8				
5	峨眉山	西郊水厂	8	0	应急备用水源	23	保留现状规模
6	大杨		10				
7	腊山		5				
8	白泉	东郊水厂	10	10	限采备用水源	10	保留现状规模
9	中里庄		5				
10	宿家		5				

续表

序号	水源地名称	供水厂名称	设计供水能力（万m³/d）	规划供水量（万m³/d）	使用情况	储备地下水源（万m³/d）	备注
11	解放桥	市区水厂	4	0	应急备用水源	10	保留现状规模
12	普利门		4				
13	历南		2				
14	牛旺庄	东源水厂	5	5	常规水源	0	保留现状规模
15	武将山	东泉水厂	5	5	常规水源	0	保留现状规模
16	长清	长清水厂	5	5	常规水源	0	保留现状规模
合计	—	—	98	37	—	61	—

济南市西部城区优质地下水水源可集中开采能力有限，在满足区内生活用水的基础上，地下水可供余量不大，西水东调主要考虑城市应急供水或者供水调度时，济南市西部地下水沿经十路西延长线和刘长山路西段向济南市主城区供水，充分利用西八里庄、七贤、新辛庄等加压站，供给济南市主城区西南部和经十路两侧的用水。

东联水厂供水即利用鹊山水库至王舍人片区的DN1600管道，将原水输送至济钢集团有限公司和黄台发电厂附近，配套建设地表水处理厂1座（东区水厂），供给东二环和东绕城之间片区的用水，采用鹊山水库水作为主要水源。

以长江水作为主要水源，在长江水自济南城区向东输送的过程中，供给济南市东、西部城区用水。其中济南市西部的分水口将水调至卧虎山水库，一方面补充卧虎山水库水量，同时进行西部地下水的补充。济南市东部的分水口由东湖水库调节后，供给东绕城高速以东的产业带及部分章丘企业，主要用于市区北部和东部产业带及章丘的工业用水。

3）供水厂布局

规划济南中心城区供水厂15座，总供水能力169万m³/d，见表3-33。其中鹊华水厂、玉清水厂、东区水厂以黄河水为水源，供水能力为100万m³/d；南康、分水岭和雪山水厂以山区水库水作为水源，供水能力为12万m³/d；东湖水厂以南水北调水作为水源，供水能力为20万m³/d；其余供水厂均以地下水为水源，供水能力为37万m³/d。规划西郊水厂、市区水厂和东郊水厂部分供水能力作为城区供水的储备，用作应急备用，储备地下水供水能力为71万m³/d。

济南市规划供水厂一览表   表3-33

序号	供水厂名称	水源类型	水源地名称	设计日供水能力（万m³/d）	常规日供水能力（万m³/d）	储备地下水供水能力（万m³/d）
1	鹊华水厂	黄河水	鹊山水库	40	40	—

序号	供水厂名称	水源类型	水源地名称	设计日供水能力（万m³/d）	常规日供水能力（万m³/d）	储备地下水供水能力（万m³/d）
2	玉清水厂	黄河水	玉清湖水库	40	40	0
3	济西一期水厂	地下水	济西水源地	20	2	18
4	东郊水厂	地下水	白泉水源地	10	10	10
		地下水	中里庄水源地	5		
		地下水	宿家水源地	5		
5	西郊水厂	地下水	大杨水源地	10	0	23
		地下水	峨眉山水源地	8		
		地下水	腊山水源地	5		
6	南康水厂	水库水	卧虎山水库	5	5	0
7	分水岭水厂	水库水	锦绣川水库	5	5	0
8	市区水厂	地下水	解放桥水源地	8	0	20
		地下水	饮虎池水源地	2.5		
		地下水	泉城路水源地	3		
		地下水	普利门水源地	5		
		地下水	历南水源地	1.5		
9	雪山水厂	水库水	狼猫山水库	2	2	0
10	东源水厂	地下水	牛旺水源地	5	5	0
11	东泉水厂	地下水	武将山水源地	5	5	0
12	长清水厂	地下水	长清水源地	5	5	0
13	长孝水厂	地下水	曹楼水源地	10	10	0
14	东区水厂	黄河水	鹊山水库	20	20	0
15	东湖水厂	南水北调	东湖水库	20	20	0
总计	—	—	—	240	169	71

按照济南市分区平衡、就近供给、优水优用的原则，进行济南市各供水厂位置的布置，如图3-24所示。增加东部城区的供给，东部新建东区水厂和东湖水厂，西部建设长孝（即济西二期）供水工程。保留山区高地势区的供水厂，包括南康水厂、分水岭水厂和雪山水厂，主供高地势片区用水。

4）供水管网规划

管网的前期整理分为GIS数据导入，CAD的DXF文件导出，管网的简化整理（包含了管径的标识），DXF文件重新导入，供水厂、泵站、大用户节点和阀门节点的输入核对，大用户水量的分配，剩余水量的分配，管材和摩阻的设定，埋深的设定，供水厂、泵站的设置，连通性校核，以及最后的试算。经过上述整理后形成济南市中心城区现状主干管网模型图，如图3-20所示。经简化后现状管网计

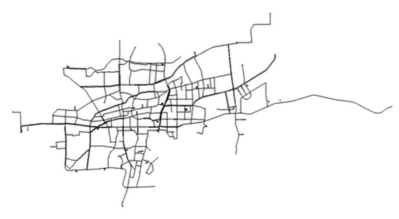

图3-20　济南现状主干管网模型图

算管段数为798段，节点数为516个。最高日最高时工况下管网计算流量为8650L/s。

根据济南市地形及区域特征，以原有的城市供水自然经营区域为基础，将规划管网划分为西部地区、主城区、东联片区及东部地区四个供水分区，如图3-21所示。以供水厂出口和各区域间转供水为计量点，通过各区域转供水计量点进出平衡的原则核算各区域水量。

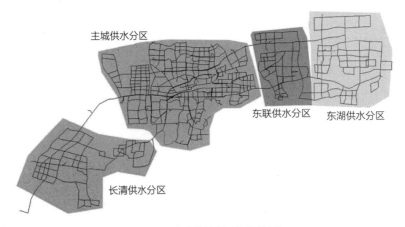

图3-21　规划管网拓扑结构图

输水管线的走向、位置应符合城市总体规划的要求，并尽量沿现有道路和规划道路敷设，以便于施工和维修。输水管线尽量做到线路短、起伏小、土方量小，少占或不占用农田，尽量减少拆迁量，降低工程投资。综合考虑供水的安全性和近、远期工程结合的可实施性及经济合理性。尽量避免穿越公路、铁路及难于施工的地段和特殊地质构造地区。

5）管网运行工况

规划管网最大自由水压为76.96m，最小自由水压为15.40m，供水管网平均自由水压为37.97m，管网自由水压标准偏差为11.49m。通过管网水力计算可知，供水管网最不利点自由水压为15.40m，最不利点地面高程为135m。管网中节点自由水压大于70m的节点位于加压泵站出站口附近，由于地形起伏较大，为满足加压泵站供水区域内最不利点供水需求而导致加压泵站出站口附近地形较低点节点自由水压较大。

管网西北部地区供水压力分布比较均匀，供水压力较现状管网有所降低，为30～40m；虽然南部山区、东联片区、东湖片区地形起伏较大，地形高差达到100m以上，但通过对规划供水管网内中途加压泵站运行的优化设计及新建中途加压泵站选址的位置调整，管网中节点自由水压标准偏差有所降低，管网压力分布更加均匀。

规划管网中玉清水厂供水范围基本覆盖主城区西部和南部，并且向东部东联片区、东部地区输送部分水量；鹊华水厂供水范围主要集中在主城区北部地区，并且与玉清水厂联合向该地区进行供水。

分水岭水厂、南康水厂、雪山水厂采用重力流配水，不计电耗和能耗。单位水量电耗为309kWh/km³，规划管网中现状管网服务区域内单位水量电耗为210kWh/km³，详见表3-34。

规划管网最高日最高时各供水厂运行能耗（不含重力流供水厂） 表3-34

供水厂名称	计算流量Q_j（L/s）	计算压力P_j（m）	供水能耗（kWh/d）
东郊水厂	1393.80	48.62	19907.10
长清水厂	760.53	41.47	9264.95
长孝水厂	1427.49	36.62	15356.21
东湖水厂	2753.25	42.29	34203.93
东区水厂	2844.11	38.42	32099.36
东泉水厂	719.09	45.16	9539.59
东源水厂	722.95	45	9556.82
济西一期	305.38	37.48	3362.27
鹊华水厂	4508.62	46.37	61414.85
雪山水厂	237.57	20.77	1449.51
玉清水厂	4616.46	37.45	50787.12
合计	20289.25	—	246941.71

（3）规划实施效果

2017年济南市各供水厂供水正常，完成结算供水量（不包括分水岭公司、不包括八里桥供水厂加压水量，财务结算量）2.35亿m³，公司电耗量为171.43kWh/km³，氯耗量为1.61kg/km^3（玉清水厂、鹊华水厂），药耗量为12.05kg/km^3。出厂水水质合格率为100%，不间断供水率为100%，设备、仪表完好率为99.5%，无安全责任事故发生。

1）水量分析

2017年济南泓泉制水有限公司进考核的供水厂有玉清水厂、鹊华水厂、八里桥水厂、东郊水厂、分水岭公司，合计完成供水量为2.35亿m^3，较2017年（预算2.32亿m^3），增加274万m^3，较去年同期增加581万m^3，见表3-35。

各供水厂供水量情况统计表 表3-35

供水厂名称	2017年预算供水量（万m^3）	2017年实际供水量（万m^3）	差异
玉清水厂	12500	12442	−57
鹊华水厂	8700	8401	−299
八里桥水厂	0	607	607
东郊水厂	70	375	305
南郊水厂	540	245	−295
分水岭公司	1460	1470	10
合计（济南泓泉制水有限公司）	23270	23544	274

2）能耗分析

2017全年累计电耗量为171.43kWh，与去年同期的174.73kWh相比，下降3.3kWh。

其中，玉清水厂全年累计电耗量为162.51kWh，与去年同期的158.39kWh相比，升高4.12kWh，完成年计划（163kWh）的99.05%；鹊华水厂全年累计电耗量为217.17kWh，完成年计划（218kWh）的99.62%，与去年同期的216.69kWh相比，升高0.48kWh；东郊水厂全年累计电耗量为222.36kWh，完成年计划（210kWh）的105.89%，与去年同期的175.75kWh相比，上升46.61kWh。

3）千吨水氯耗量

玉清水厂全年累计氯耗量为1.44kg，完成年计划（1.6kg）的96%，与去年同期的1.36kg相比，升高0.08kg；鹊华水厂全年累计氯耗量为1.58kg，完成年计划（1.53kg）的103.27%，与去年同期的1.49kg相比，升高0.09kg；2017年4~12月累计消耗盐量（氯化钠）为4317.33kg，平均每月耗盐量为479.7kg，千吨水耗盐量为1.74kg；出厂余氯基本控制在0.3~0.6mg/L，同时二氧化氯数值保持在0.1mg/L以上，截至目前系统运行正常。

4）水质分析

2017年各供水厂进水较为稳定，各供水厂出水均符合当时执行的《生活饮用水卫生标准》GB 5749—2006规定，主要供水厂的具体情况分析如图3-25所示。

①玉清水厂：采用玉清湖水库水作为原水，出水符合当时执行的《生活饮用水卫生标准》GB 5749—2006规定。

由图3-22可知，2017年原水平均浊度为4.43NTU，较去年同期略有升高，1～4月原水平均浊度为2.43NTU，5～10月逐渐升高，最高达15.0NTU，5～9月平均浊度为5.38NTU，10月平均浊度为8.04NTU，11月开始原水浊度逐渐降低，11月平均浊度为5.89NTU，12月平均浊度为2.44NTU。

②鹊华水厂：采用鹊山水库水作为原水，出水符合当时执行的《生活饮用水卫生标准》GB 5749—2006规定。主要水质指标如图3-26所示。

由图3-23可知，2017年原水平均浊度为3.06NTU，较去年平均值有所升高，7月底开始浊度逐步升高且波动较大，最高达到14.6NTU，11月下旬逐步降低。耗氧量平均值较去年有所下降。原因为藻类较去年平均值大幅上升，9月份达最高5400万个/L，平均值为3130万个/L，10月份开始逐渐降低，到12月底达到30万个/L左右。

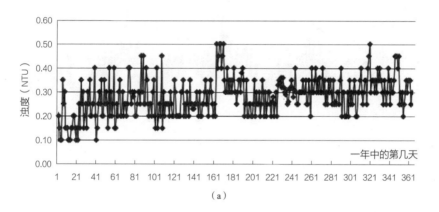

（a）

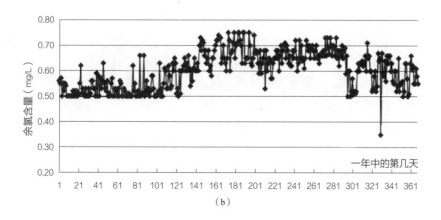

（b）

图3-22　玉清水厂出水浊度、余氯及耗氧量折线图

（a）出水浊度；（b）出水余氯

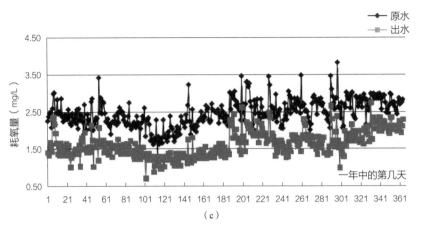

图3-22　玉清水厂出水浊度、余氯及耗氧量折线图（续）

（c）原水、出水耗氧量

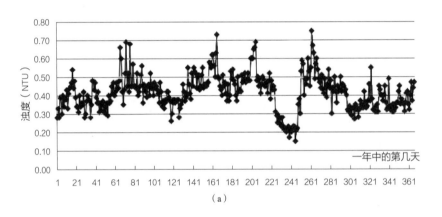

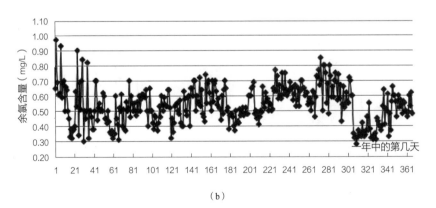

图3-23　鹊华水厂出水浊度、余氯及耗氧量折线图

（a）出水浊度；（b）出水余氯

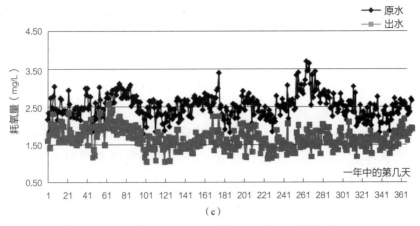

图3-23　鹊华水厂出水浊度、余氯及耗氧量折线图（续）
（c）原水、出水耗氧量

3.2.4.4 哈尔滨市技术验证

（1）城市概况

哈尔滨市是黑龙江省省会，地处我国东北北部，黑龙江省中南部，松嫩平原东端，松花江两岸。市域总面积为5.31万km²，其中市区面积为7086km²。根据《2010年哈尔滨市第六次全国人口普查主要数据公报》，哈尔滨市全市常住人口为1063.6万人，其中市区常住人口为587.9万人。

（2）城市供水系统规划

1）规划目标

通过区域水资源合理优化配置与高效利用，实现水资源可持续开发利用，保障城镇经济社会可持续发展。进一步发展公共供水，提高公共供水普及率。近期主城区公共供水普及率达到95%，其他城区达到90%；远期市区公共供水普及率达到100%，实现城区公共供水全覆盖，并逐步实现城乡一体化供水目标。进一步优化供水设施系统，城市供水水质达到当时执行的《生活饮用水卫生标准》GB 5749—2006要求，确保居民饮水安全；减少管网漏损，满足城市最不利点供水水压要求，提高供水安全性。加强城市供水设施的统一运行与管理，推进供水设施共建共享，提高城市水资源利用水平和供水设施利用效率。建立和完善应对突发性水污染事故的城市供水应急处理技术体系和应急处理系统，提高城市应急供水能力，确保应急状态时的城市供水安全。

2）供水水源规划

磨盘山水库：是以城市供水为主，兼顾下游防洪、农田灌溉、环境用水等综合利用的大（Ⅱ）型水利枢纽工程。磨盘山水库总库容为5.23亿m³，设计正常蓄水位达318.0m，相应库容为3.56亿m³，调节库容为3.23亿m³。设计灌溉面积为2.8万hm²。磨盘山水库自然地形与水源保护条件十分优越，水质状况较好，目前通过2根管径为DN2200，长约180km的PCCP输水管道向哈尔滨市主城区供水，最高日供水量约85万m³。西泉眼水库位于哈尔滨市东南部尚志市、五常市和哈尔滨市阿城区交界处的平山镇，阿什河中上游西泉眼村附近，距阿城区主城区50.7km，距哈尔滨市市中心93km，控制流域面积为1151km²，占阿什河流域总面积的32%。

西泉眼水库：原设计工程任务是以防洪除涝和农田灌溉为主，兼顾水力发电、水产养殖、城市备用水源等综合利用功能的大（Ⅱ）型水利枢纽工程。水库总库容为4.78亿m³，正常蓄水位达209.9m，相应库容为2.89亿m³，调节库容为2.45亿m³。原设计灌溉水田面积近期为16466.7hm²，远期通过节水改造增加到20333.3hm²。2007年9月哈尔滨市政府第四次市长办公会议确定西泉眼水库为哈尔滨市城市供水的补充水源。根据哈尔滨市环境监测中心站2001—2011年的水质监测数据，目前西泉眼水库水质类别为地表水Ⅲ类水质，主要污染指标为总氮、总磷和高锰酸盐指数，水体存在一定程度的富营养化现象。

松花江水源：松花江干流流经哈尔滨市四区八县（市），区段总长466km，其中流经市区江段长约70km。哈尔滨水文站近年平均径流量约为390亿m³，最大径流量为846.7亿m³，最小径流量为122.5亿m³，水量较为丰富。松花江干流哈尔滨段共有朱顺屯、阿什河口下、呼兰河口下和大顶子山四个监测断面，其中朱顺屯为哈尔滨市城市供水水源地。参照《哈尔滨市环境质量概要》，2011年松花江干流哈尔滨江段水质类别为地表水Ⅲ类水质，主要污染物指标为高锰酸盐指数和氨氮。从近年来的水质监测数据分析结果来看，氨氮指标近六年来略有下降，而高锰酸盐指数近六年来呈现明显的下降趋势。松花江水质近年来已呈现明显转好趋势（图3-24），随着松花江水污染治理工作的继续深入，松花江流域水环境必将得到进一步的改善，原水水质达标率将进一步提高。近期哈尔滨供水集团有限责

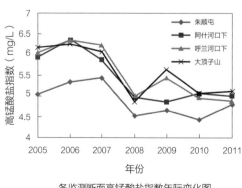

各监测断面高锰酸盐指数年际变化图

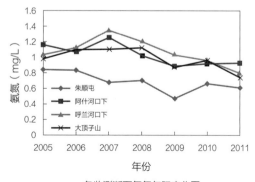

各监测断面氨氮年际变化图

图3-24　松花江水质状况分析图（2010年）

任公司和哈尔滨排水集团有限责任公司会同哈尔滨工业大学等科研院校对松花江原水进行深度处理试验研究，结果表明松花江原水经深度处理后，出水水质可以达到生活饮用水水质标准。

地下水源：鉴于目前哈尔滨市市区大部分地区地下水已经超采，规划对于地下水的开发利用原则上以资源涵养、战略储备和应急备用为主。由于地下水资源的区域特性，本次城镇用水地下水资源规划利用，均以各区域已建项目或项目可行性研究提出的可利用方案为依据。2009年11月磨盘山水库供水工程全部建成投产后，哈尔滨市江南主城区（指松花江南部主城区）原有的公共地下水源井已全部停用报废，规划江南主城区以地表水作为城市供水水源，原有地下水源井全部封存，作为城市应急备用水源考虑。目前，松北区地下深井水基本可以达到地表水 I 类水质标准，水质较好，经除铁、锰后可作为城镇生活饮用水。由于缺乏地下水详勘资料，参照《哈尔滨城市总体规划（2011—2020）》及相关资料，确定松北区地下水资源可开采量为3000万~4000万m^3/年，地下水资源量相对较为丰富，近期城市供水水源主要考虑本地地下水。呼兰区地表水源条件较差，城区和利民经济技术开发区现状城镇用水水源全部为地下水，根据《呼兰区（老城区）第三水厂供水工程可行性研究报告》及利民经济技术开发区现场调研资料，呼兰区（老城区）及利民经济技术开发区地下水可开采潜力约为12万m^3/d，规划考虑以本地地下水和松花江水作为未来城市发展供水水源。阿城区中心城区现状城镇用水水源全部为地下水，共有51座水源井。目前，阿城第一水厂水源出现季节性枯竭现象，阿城第二水厂地下水源井出水相对较为稳定，根据相关资料分析，城区地下水可开采潜力为7万m^3/d，规划考虑以本地地下水和西泉眼水库水作为未来城市发展供水水源。

再生水源：规划城市再生水水源为污水处理厂出水，哈尔滨市市区现有及规划城市污水处理厂情况见表3-36。根据现场调研及相关规划资料，2010年底哈尔滨市市区污水处理设施总规模应达到131万m^3/d，远期将达到190万m^3/d，为城市再生水利用提供了充足的水源保证。在文昌和太平污水处理厂升级改造工程完成后，主城区污水处理厂出水基本都达到了城镇污水处理厂污染物排放标准规定的一级B排放标准，出水基本满足城市绿化用水要求，但还达不到景观环境用水和工业用水回用要求，需经进一步深度处理达到相关回用标准后回用。

哈尔滨市现有及规划城市污水处理厂情况表

表3-36

类别	污水处理厂名称	处理规模（万m^3/d）	出水水质	备注
已建城市污水处理厂	文昌污水处理厂	32.5	二级	江南主城区
	太平污水处理厂	32.5	二级	江南主城区
	集乐污水处理厂	2	一级A	松北区

续表

类别	污水处理厂名称	处理规模（万m³/d）		出水水质	备注
已建城市污水处理厂	利林污水处理厂	2		二级	利民经济技术开发区
	阿城区污水处理厂	5		一级B	阿城区
	污水处理厂名称	处理规模（万m³/d）		出水水质	备注
		近期	远期		
规划城市污水处理厂	文昌、太平污水处理厂升级改造工程	60		一级B	使文昌和太平污水处理厂出水达到一级B，2010年11月竣工
	平房污水处理厂	15	54	一级B	2010年10月通水调试
	群力污水处理厂	15	20	一级B	2010年6月通水调试
	信义污水处理厂	10	25	一级B	2010年10月通水调试
	松浦污水处理厂	10		一级B	2010年11月通水调试
	呼兰区污水处理厂	5		一级B	2010年10月通水调试
	呼兰老城区污水处理厂	2		一级B	2010年12月通水调试
合计		131	190	—	

3）水源优化配置

根据上述对哈尔滨市市区各类可供利用的城市用水水源进行可供水量、水质状况以及取用水条件的综合评价分析，并在充分听取哈尔滨市相关部门和业内专家们的意见与建议基础上，规划提出哈尔滨市城市供水水源优化配置目标定位，以磨盘山水库水、松花江水为城市主要水源，西泉眼水库水为补充水源，地下水为补充及应急水源，再生水为辅助水源。

同时，针对不同具体区域的水资源禀赋条件，提出各区域的城市供水水源利用优先顺序，其中：

江南主城区：磨盘山水库水、松花江水、再生水

松北区：地下水、磨盘山水库水、松花江水、再生水

呼兰区：地下水、松花江水、再生水

阿城区：西泉眼水库水、地下水、再生水

关于城市地下水资源的开发利用，首先应切实加强规划区内地下水资源的涵养与保护，削减公共供水覆盖范围内的自备水源使用量，严格控制超采地区地下水资源的开采使用。同时，应对退出正常供水任务的现有集中地下水源井群进行封存管护，而不是完全废弃，以备应急状况下能够迅速启用，充分发挥其作为城市应急备用供水水源的功能。松北区地下水资源量相对较丰富，经除铁、锰后可作为城市供水水源，应优先考虑使用；江南主城区近年来地下水位逐步回升，但规划原则上仍以资源涵养、战略储备和应急备用为主；阿城区地下水目前已处于较为严重的超采状态，必须严格控制使用。

再生水主要考虑用于城市河道景观环境用水、城市杂用水以及工业回用等用途，考虑哈尔滨市气候特点，以及再生水使用的安全性、经济性和工程实施条件等因素，仅作为城镇辅助用水水源。

根据上述各区域不同规划时期的用水需求情况及水资源供需平衡分析结果，提出规划近、远期各区域城市供水水源优化配置方案（表3-37和表3-38），各片区水源结构如下：

江南主城区：以磨盘山水库水为主水源，松花江水为补充及应急水源、再生水为辅助水源。

松北区、呼兰区：以地下水为主水源，松花江水为补充水源，再生水为辅助水源。

阿城区：以西泉眼水库水为主水源，地下水为补充水源，再生水为辅助水源。

2015年规划区城市供水水源优化配置方案　（单位：亿m³）　表3-37

规划区	总需水量	水源优化配置方案		
		地表水源	地下水源	再生水源
主城区	4.29	磨盘山水库：2.92 松花江水源：0.94	0.27	0.16
呼兰区	0.31	—	0.28	0.03
阿城区	0.31	西泉眼水库：0.14	0.15	0.02

2020年规划区城市供水水源优化配置方案　（单位：亿m³）　表3-38

规划区	总需水量	水源优化配置方案		
		地表水源	地下水源	再生水源
主城区	4.96	磨盘山水库：3.00 松花江水源：1.18	0.40	0.38
呼兰区	0.62	松花江水源：0.27	0.28	0.07
阿城区	0.39	西泉眼水库：0.19	0.15	0.05

4）供水厂规划

城市地表水水源供水厂位置选择应根据供水系统的布局确定，供水厂厂址选择主要考虑以下几个方面的因素：①靠近主要用水区域，利于缩短输水距离，减小管径和供水厂压力，且便于日常运行维护管理；②供水厂设在交通方便、电力供应充沛的地方；③供水厂不受洪水威胁，供水厂生产废水处置方便的地方；④有利于供水厂的卫生防护和环境保护。规划新建供水厂的布局不仅要考虑提高供水能力，还要考虑保证供水管道的供水压力。供水厂采用联网供水。二次泵站出水采用变频控制技术，尽可能不设高位水池或水塔等供水调节构筑物。

根据规划区不同规划时期的城市用水需求量预测结果，在充分考虑现有供水厂利用基础上，提出规划近、远期城市公共供水厂总体规划布局方案（表3-39）。

主城区在保留现有磨盘山供水厂、供水七厂（工业用水）和松北前进水厂，以及近期规划启用第三水厂"九三"系统和江北水厂（一期）工程基础上，进一步考虑升级改造并启用江南城区（指松花江南部城区）现有供水第三水厂"九六"系统（供水能力22.5万m³/d），同时规划新建江北水厂（二期）工程（供水能力达到10.0万m³/d）；实施松花江南部、松花江北部统一供水工程，规划建设江南水厂清水过江输水工程（总供水量20.0万m³/d，松北区、呼兰区各供给10.0万m³/d）。呼兰区（含利民经济技术开发区）在保留现有呼兰第二水厂、利民一水厂、利民二水厂，以及近期规划呼兰第三水厂、利民三水厂的基础上，实施主城区与呼兰区统一供水工程（由主城区第三水厂"九六"系统提供10.0万m³/d清水）。阿城区在保留现有阿城第二水厂和近期规划阿城第三水厂的基础上，实施阿城第三水厂水源替换工程，以及规划新建阿城第四水厂（以西泉眼水库水为水源，供水能力3.0万m³/d）。

远期城市公共供水厂规划方案　　　　表3-39

规划区	公共供水需求量（万m³/d）	供水厂规划方案			备注
		供水厂名称	供水能力（万m³/d）	供水水源	
主城区	148.6	磨盘山供水厂	85.0	磨盘山水库水	现状保留
		第三水厂	52.5	松花江水	启用"九六"系统，并进行升级改造
		第七水厂	7.0	松花江水	工业用水，现状保留
		前进水厂	4.0	地下水	现状保留
		江北水厂（二期）	10.0	地下水/地表水	扩建
		合计	158.5	—	供给呼兰区10.0万m³/d
呼兰区	19.6	呼兰第二水厂	1.8	地下水	现状保留
		呼兰第三水厂	3.0	地下水	近期规划
		利民一水厂	0.8	地下水	现状保留
		利民二水厂	2.0	地下水	现状保留
		利民三水厂	3.0	—	近期规划
		主城区供水系统统一供给	10.0	松花江	规划新建
		合计	20.6	—	—

续表

规划区	公共供水需求量（万m³/d）	供水厂规划方案			备 注
		供水厂名称	供水能力（万m³/d）	供水水源	
阿城区	13.1	阿城第二水厂	6.0	地下水	近期规划
		阿城第三水厂（改造）	5.0	西泉眼水库水	水源替换
		阿城第四水厂	3.0	西泉眼水库水	规划新建
		合计	14.0	—	—

同时，根据前述供水厂规划方案，在当前主城区供水设施供水能力闲置状况下，为满足规划近、远期城市用水增长需求，应对现有主城区供水第三水厂及相配套的松花江水源一厂、水源二厂进行良好的维护管理。

5）供水厂优化调度

应急期间城市供水首先确保居民生活用水需要，公共服务用水（包括机关、学校、医院、部队、重点宾馆等用水），采用与居民生活用水相同的比例进行压缩控制，城市消防及其他用水如洗浴、洗车行业停止用水，生产运营用水按照《哈尔滨市突发停水工业应急方案》执行。应急期间供水厂优化调度，规划期内哈尔滨市区将形成多水源供水格局，即磨盘山水库水、松花江水、西泉眼水库水和地下水。通过各供水厂互通的配水管网系统，在突发污染等应急事故时，以松花江水为水源的供水厂、以磨盘山水库水为水源的供水厂和以西泉眼水库水为水源的供水厂、地下水为水源的供水厂可以互为应急使用，即在应急期间，通过调整供水系统的运行工况，使相关供水厂出厂压力和流量能够满足城市应急用水量和供水压力的基本需求。

供水厂优化调度具体方案可通过经验法和模型法模拟计算得到。经验法是根据日常供水系统的运行工况经验，确定应急供水期间的运行工况；而模型法需要建立数学模型，优化调度模型的建立和求解是优化调度的核心。

6）输配水管网规划

哈尔滨市主城区现状供水管网压力在0.15～0.25MPa。参照《室外给水设计规范》GB 50013—2006及相关行业规定，并综合考虑城市性质、地形特点、供水设施高效经济运行需要，规划确定城市最高日最大时供水时，供水管网最不利点压力不低于0.16MPa；最高日最大时发生消防时，管网最不利点供水压力不低于0.1MPa。部分地势较高区域考虑通过设置加压泵站的方式满足城市用水需求。

规划给水干管沿道路敷设，并尽可能布置在用水量较大的道路上，力求以最短的距离敷设，减少配水干管的数量，平行干管的间距为500～800m，连通管间距800～1000m。

为满足消防用水需求，规划市政街道上的供水管道最小管径不小于DN150。现有管径小于DN150的供水管道，逐步改造成街区内部管道或取消。供水管道按规范要求，按不大于120m间距设置消火栓。

针对哈尔滨市南高北低总体地形分布趋势及地貌特征，分为供水5个一级分区和11个二级分区（图3-25）。一级分区：松北分区、道里道外分区、群力分区、南岗太平分区、平房分区。在一级分区基础上，按照管网区块化理念，为进一步提高系统运行安全、高效节能，划分二级分区11个：万宝分区、前进分区、群力分区、道里道外分区、南岗太平分区、学府分区、香坊分区、进乡分区、哈西分区、平房分区、平南分区。

采用多水源分区的优点：提高系统运行安全性，便于对区内

图3-25　供水多水源分区示意图

的水量及水压进行合理控制，在满足供水的前提下有效降低整体能耗，同时减少漏损。改善管网水质，分区后的管网水平均水龄小于分区前，明显提高管网水水质，分区后还有利于增加中途加氯等设施，改善管网水的水质。有利于供水企业提高管理水平，便于城市供水企业提高管理效率和水平，如实施无收益水量的控制策略，供水服务区内压力及水质的控制等。

7）供水系统优化及工况分析

通过建立管网模型进行管网平差计算，得到科学合理地规划管网管径，使得大多数节点的压力位于合理范围、管段流速位于经济范围。供水系统管网模型搭建流程如图3-26所示。

供水管网平均自由水头为33.77m，60%以上节点自由水头在28～42m。最大为60.93m，最小为18.21m。供水管网平均流速为0.76m/s，最大流速为1.62m/s，最小为0.01m/s，流速标准偏差为0.44m/s。综合电耗为367kWh/（km³·MPa），低于《城市供水行业2010年技术进步发展规划》中提出的一类供水企业综合电耗小于400kWh/（km³·MPa）的目标。事故校核、消防校核满足规范要求。

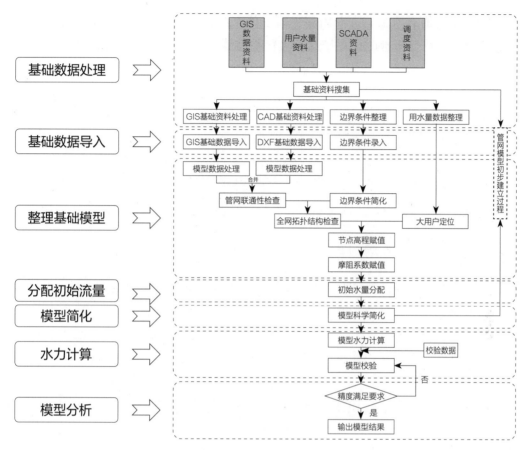

图3-26 供水系统管网模型搭建流程示意图

（3）实施效果

1）供水水源

目前，主城区在松花江设有四方台和朱顺屯两处城市供水水源集中取水口。目前松花江干流哈尔滨江段水质为优，干流哈尔滨江段6个断面均符合地表水Ⅲ类水质标准，且整个江段水质处于相对稳定状态。与2007年相比，2017年哈尔滨江段高锰酸盐指数年均值降低了23.5%、氨氮降低了51.0%，水质改善成效显著。

2009年11月，磨盘山二期供水工程建成通水后，松花江水源暂停向城市供应生活用水。一水源经改造后于2018年7月开始向江北地区（指松花江北部地区）的哈尔滨新区供水厂供水，过江管线为3根DN800管道，输水能力为18万m^3/d；二水源向群力新区、何家沟及马家沟提供景观用水；新一工业供水厂向信义沟片区、大炼油企业和热电厂提供工业用水。

磨盘山水库流域控制范围内无工业污染源，总体水质状况较好，出口断面符合地表水Ⅲ类水质标准。近年来，水库水质高锰酸盐指数年均值逐渐下降，氨氮、总氮年均值有所上升，总磷年均值总体下降，如图3-27所示。磨盘山水库的营养综合指数绝大多数时段小于富营养化临界值（50），处于中营养状态。

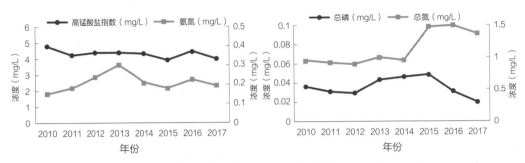

图3-27　磨盘山水库高锰酸盐指数、氨氮、总氮、总磷年际变化图

地下水变化：自磨盘山水库向哈尔滨供水后，江南城区绝大部分地下水井停用，地下水位逐步回升。江北城区（指松花江北部城区）地下水降落漏斗中心位于利民二水厂、前进水厂附近，地下水位基本稳定。

2）供水厂

规划区范围内现有城镇公共供水厂12座，总供水能力达到161.8万m³/d。具体见5.2.2节。

3）供水管网

哈尔滨市主城区现已形成多水源供水、环状布置，居民生活与生产用水统一供给的网状布局供水管网系统。具体见5.2.3.1节。

3.2.4.5　验证结论

根据济南市和哈尔滨市的技术验证结果，多水源供水系统优化技术中多水源优化配置、多水源供水厂优化布局、多水源处理工艺匹配度、城市供水管网压力均衡、城市供水水量及能耗分析、供水余氯和水质改善情况等结论的应用情况较好。

3.2.5　技术评价

根据多水源供水系统优化技术的实际情况，技术评价采用综合评价法。综合评价法采用专家评价法和层次分析法的组合，通过专家打分法确定各级指标权重，通过层次分析法对技术进行整体评价。

3.2.5.1　评价结果

多水源供水系统优化技术的技术评价通过专家打分法确定各一级指标的权重。分别邀请该领域10位专家对一级指标的权重进行打分，各专家打分情况及统计结果见表3-40。

一级指标权重打分统计表　　　　　　　　　　表3-40

一级指标	权重打分										加权平均
	专家1	专家2	专家3	专家4	专家5	专家6	专家7	专家8	专家9	专家10	
A1创新与先进程度	0.15	0.12	0.16	0.11	0.15	0.14	0.17	0.14	0.20	0.15	0.15
A2安全可靠性	0.25	0.29	0.31	0.31	0.26	0.22	0.22	0.30	0.28	0.30	0.27
A3经济效益	0.14	0.17	0.13	0.20	0.18	0.20	0.15	0.11	0.14	0.22	0.16
A4稳定性及成熟度	0.27	0.20	0.22	0.23	0.15	0.25	0.23	0.24	0.17	0.21	0.22
A5社会效益	0.19	0.22	0.18	0.15	0.26	0.19	0.23	0.21	0.21	0.12	0.20
合计	1.00	1.00	1.00	1.00	1.00	1.00	1.00	1.00	1.00	1.00	1.00

根据统计结果，一级指标中，创新与先进程度的权重为0.20，安全可靠性指标的权重为0.28，经济效益的权重为0.12，稳定性及成熟度的权重为0.24，社会效益的权重为0.16，如图3-28所示。

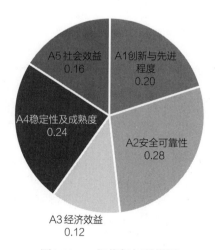

图3-28　一级指标权重饼图

由10位专家分别对二级指标的权重进行打分，各专家打分情况及统计结果见表3-41。

二级指标权重打分统计表　　　　　　　　表3-41

一级指标	二级指标	权重打分										加权平均
		专家1	专家2	专家3	专家4	专家5	专家6	专家7	专家8	专家9	专家10	
A1创新与先进程度	A11创新程度	0.3	0.2	0.3	0.2	0.2	0.4	0.3	0.3	0.2	0.3	0.27
	A12技术经济指标的先进程度	0.3	0.4	0.4	0.4	0.3	0.3	0.3	0.3	0.5	0.4	0.36
	A13技术的有效性	0.4	0.4	0.3	0.4	0.5	0.3	0.4	0.4	0.3	0.3	0.37
A2安全可靠性	A21安全性	0.6	0.5	0.7	0.4	0.3	0.4	0.5	0.4	0.3	0.4	0.45
	A22可靠度	0.4	0.5	0.3	0.6	0.7	0.6	0.5	0.6	0.7	0.6	0.55
A3经济效益	A31单位投入产出效率	0.3	0.3	0.4	0.3	0.6	0.4	0.4	0.2	0.5	0.4	0.38
	A32技术推广预期经济效益	0.7	0.7	0.6	0.7	0.4	0.6	0.6	0.8	0.5	0.6	0.62
A4稳定性及成熟度	A41稳定性	0.4	0.6	0.7	0.5	0.6	0.6	0.3	0.2	0.5	0.7	0.51
	A42技术就绪度	0.6	0.4	0.3	0.5	0.4	0.4	0.7	0.8	0.5	0.3	0.49
A5社会效益	A51技术创新对推动科技进步和提高市场竞争能力的作用	0.2	0.3	0.2	0.3	0.3	0.2	0.4	0.4	0.4	0.2	0.27
	A52提高人民生活质量和健康水平	0.5	0.4	0.4	0.5	0.6	0.5	0.4	0.5	0.4	0.4	0.47
	A53生态环境效益	0.3	0.3	0.4	0.2	0.1	0.3	0.2	0.1	0.3	0.26	

　　确定一级指标和二级指标权重后，由10位专家分别根据城乡统筹联合调度供水技术的实际情况，对二级指标的得分进行打分，各项各级指标的实际得分取10位专家打分的平均分，并通过权重计算得出一级指标得分。各级指标得分情况见表3-42。

指标得分情况统计表　　　　　　　　表3-42

评价指标				评价等级	打分标准	得分	二级指标得分	一级指标得分	合计
一级指标	权重	二级指标	权重						
A1创新与先进程度	0.15	A11创新程度	0.27	有重大突破或创新，且完全自主创新	90~100	75	20.3	12.6	87.7
				有明显突破或创新，多项技术自主创新	60~89				
				创新程度一般，单项技术有创新	<60				
		A12技术经济指标的先进程度	0.36	达到同类技术领先水平	90~100	85	30.6		
				达到同类技术先进水平	60~89				
				接近同类技术先进水平	<60				
		A13技术的有效性	0.37	关键指标提升显著	90~100	90	33.3		
				关键指标提升明显	60~89				
				关键指标提升一般	<60				

续表

评价指标				评价等级	打分标准	得分	二级指标得分	一级指标得分	合计
一级指标	权重	二级指标	权重						
A2安全可靠性	0.27	A21安全性	0.45	低风险、风险完全可控	90~100	96	43.2	25.3	87.7
				中度风险、风险易控	60~89				
				高风险、风险难以控制	<60				
		A22可靠度	0.55	可靠度高或提升幅度显著	90~100	92	50.6		
				可靠度较高或提升幅度明显	60~89				
				可靠度一般或提升幅度一般	<60				
A3经济效益	0.16	A31单位投入产出效率	0.38	单位投入的产出效率显著	90~100	75	28.5	12.5	
				单位投入的产出效率明显	60~89				
				单位投入的产出效率一般	<60				
		A32技术推广预期经济效益	0.62	经济效益显著	90~100	80	49.6		
				经济效益明显	60~89				
				经济效益一般	<60				
A4稳定性及成熟度	0.22	A41稳定性	0.51	已实现规模化应用，成果的转化程度高（边界条件明确、稳定性高）	90~100	91	46.4	19.9	
				已实际应用，成果的转化程度较高（重现性好）	60~89				
				技术基本成熟完备（一致性好）	<60				
		A42技术就绪度	0.49	TRL9，且为全国性标准、广泛推广应用	90~100	90	44.1		
				TRL7~TRL9	60~89				
				TRL6及以下	<60				
A5社会效益	0.2	A51技术创新对推动科技进步和提高市场竞争能力的作用	0.27	显著促进行业科技进步，市场需求度高，具有国际市场竞争优势	90~100	82	22.1	17.3	
				推动行业科技进步作用明显，市场需求度高，具有国内市场竞争优势	60~89				
				对行业推动作用一般，有一定市场需求与竞争能力	<60				
		A52提高人民生活质量和健康水平	0.47	受益人口多、提升显著	90~100	90	42.3		
				受益人口较多、提升明显	60~89				
				受益人口一般、提升一般	<60				
		A53生态环境效益	0.26	生态环境效益显著	90~100	85	22.1		
				生态环境效益明显	60~89				
				生态环境效益一般	<60				

　　根据各二级指标得分情况，通过权重计算，多水源供水系统优化技术的总得分为87.7，表明该技术总体较为成熟，接近"优"。适当提升后预计可实现标准化。

3.2.5.2 主要结论

根据上述技术评价的论证结果，多水源供水系统优化技术的总得分为87.7，表明该技术总体较为成熟，接近"优"。适当提升后预计可实现标准化。

从一级指标的得分情况来看（图3-29），多水源供水系统优化技术在稳定性及成熟度、经济效益等方面有待进一步加强。

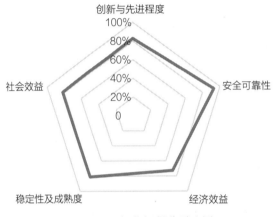

图3-29   一级指标得分雷达图

从二级指标的得分情况来看（图3-30），该技术在技术就绪度、创新程度、单位投入产出效率、安全性等方面存在提升空间。

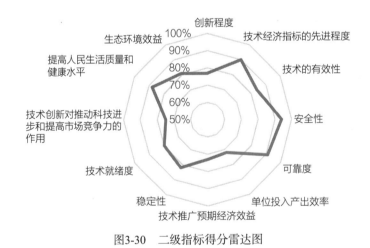

图3-30   二级指标得分雷达图

3.2.5.3 效益分析

（1）经济效益

本技术主要用于多水源供水系统的优化，从而提高供水系统的稳定性和安全性，提高供水系统水质和受众满意度。本技术的经济效益体现在供水系统单位能耗的降低。供水系统运行能耗的降低，对于提高城市供水系统效率，降低碳排放，具有积极的效益。因此，课题研究成果的经济效益显著。

（2）社会效益

本技术的社会效益体现在将进一步完善城市多水源供水系统规划层次的标准，为国家及各级地方政府制定相关规划管理政策提供技术支持，为城镇供水系统规划调控提供指导，将对避免和减轻突发污染事故对城市供水系统和城市正常生产生活的影响具有重大现实意义，并在保障群众的饮用水安全、维持城镇社会经济的可持续发展、维护社会稳定等方面发挥不可替代的作用，对于改善人民群众生活质量具有重要的社会效益。

3.2.5.4　应用前景

多水源供水系统优化技术在用水量需求预测、多水源优化配置、供水厂布局优化调整等方面有很好的适用条件，多水源配置与厂网布局契合性好，在增加供水保证率、提高供水安全保障、维护厂网稳定等方面，通过与验证城市的应用情况比对，情况较好，基本通过验证。

通过多水源供水系统优化，能够有效指导城市水源配置和利用，合理分配水资源，优化城市供水厂布局，完善供水管网布置，提高城市供水应急保障能力，建立从水源到供水厂的互联互通关系，构建稳定安全的城市供水系统。

3.3

城乡统筹联合调度供水技术

3.3.1　技术概述

早在20世纪60年代，欧洲就考虑了按区域供水进行的概念，提出按区域统一规划、统一水源、统一管理的模式。日本关东地区，为防止地下水抽升引起的地面下沉，东京都地区7县109个市、町、村提出地下水区域供水方案；美国洛杉矶市的水源大部分来自市区以外500余公里的内华达山区，沿线地区供水面积达1200km²，服务人口320万人。法国巴黎供水量的60%取自距该市140km的自然水源。法国巴黎的供水系统更庞大，是欧洲第三大供水系统，包括14个地方供水企业，为400万人供水，巴黎市的纳伊水厂为48个地区的150万人供水。

区域供水理念、方法、布局是城乡供水理论与实践的丰富和完善，在重大水源地开辟与保护、区域供水厂整合与建设、区域供水管网敷设、跨行政区供水协调等方面有所创新。结合城乡统筹供水的需要，以"城乡统筹联合调度技术"为核心，吸纳其他相关技术中的成熟内容，进行总结、凝练，形成"城乡统筹联合调度供水技术"。

城乡统筹联合调度供水技术是指在城镇体系规划和城市总体规划层面，以保障安全供水、优化供水系统和管控污染事故为重点，协调供水系统与城镇体系、产业布局、交通等重大基础设施的空间规划布局，建立供水系统区域共享和城乡统筹的规划方法。针对城市供水系统存在的主要问题和面临的新形势，结合供水行业及规划层面的实际需求，完善规划理念方法，构建以城市空间协调、系统优化、应急多级调控、区域协同供水为核心的城乡统筹联合调度供水方法。

3.3.2 相关研究进展

3.3.2.1 区域用水量预测

需水量受人口发展状况、经济发展水平、人均水资源占有量、水资源开发利用程度、节水水平、生态环境建设水平等因素影响，是一个随时间变化的复杂系统。区域供水的用户及用途相对于传统供水系统更为复杂。区域用水包括生活、工业、农业、生态等，生活和工业用水量的预测，目前常采用指标法。其中生活用水可先确定城市用水指标，再按一定比例确定村镇用水指标，然后计算用水量。工业用水可以万元国内生产总值用水量进行预测。

而对于农业用水量和生态环境用水量来说，其现有统计数据更为宏观，难以用特定指标对其未来需水量进行预测。若直接根据该类别历年用水总量，以趋势法预测未来需水量，往往又因为掌握数据年份较短，而使预测数据失真，得到的预测结果与实际偏差较大。因此对于这两类用水的预测，应在现状基础上，结合当地未来水资源供需及国家宏观政策，综合预测出相对合理的数值。

3.3.2.2 区域水资源的优化配置及联合调度

区域水资源优化配置是在探讨区域水资源发展演化过程一般规律的基础上，把握区域水资源利用方向，使区域水资源利用向着可持续利用的方向发展，最终达到水资源的重复利用和社会、经济及生态环境的最优发展。

水资源合理配置中的"合理"反映在水资源分配中，是解决水资源供需矛盾、各类用水竞争、上游和下游及左右岸协调、不同水利工程投资关系、经济与生态环境用水效益等各种水源相互转化关系中相对公平的、可接受的水资源分配方案。"合理配置"是人们在对稀缺资源进行分配时的目标和愿望，而"优化配置"则是人们在寻找合理配置方案中所利用的方法和手段。区域水资源优化配置的主要目标就是协调资源、经济和生态环境的动态关系，追求可持续发展的水资源配置。其实质就是进一步提高水资源的配置效率，合理解决各部门和各行业（包括环境和生态用水）之间的竞争用水问题。

针对区域水资源的优化配置及联合调度，比较可行的措施有：根据区域用水的实际情况，对水量、水质的分配进行优化。在不同的水工程开发模式和区域经济开发模式下进行水资源供需平衡分析，确定水工程的供水范围和可供水量，以及各用水单位的供水量、供水保证率、供水水源构成、缺水量、缺水过程及缺水破坏程度等。结合区域水源的水质、水量以及分布情况，合理地将地表水、地下水以及各种回用再生水联合运用，分层次的将不同的水质、水量分配到不同的用水点。在经济及其他条件允许的情况下，可以将区域外的水源引入该区域，作为区域的长久水源，但是在操作和实施时一定要做到不破坏生态平衡，不影响生态修复。

3.3.2.3 区域供水厂

（1）区域供水厂选址及布局研究

由于区域供水使供水范围增大，用水量增加，因此需新建供水厂。对于现状地理位置较好、规模较大，但出水水质欠佳，考虑供水厂升级改造。现状规模较小，地理位置相对偏远，水源条件较差的供水厂考虑关闭或改为加压泵站。

（2）区域供水厂处理规模及经济性参数确定

在进行供水厂建设规划之前，需首先对两个基本问题加以明确：一是直接供水的供水厂的经济规模；二是延伸供水（即远距离输水）的适宜距离及供水规模。

（3）供水厂建设的经济规模

通常供水厂建设、运行均具有规模经济效应，即单位费用与规模呈负相关关系，因此一般大型供水厂在经济上占有优势。直接供水的供水厂的经济规模需根据多方面因素确定。首先，通过建立供水系统费用模型，按照年成本法求得供水厂建设规模与单位费用之间的关系。其中，供水系统费用模型根据供水系统的实际情况可包括供水厂建设费用、厂网运行费用、供水厂征地费用、输水管道建设及运行费用等。如图3-36所示，为根据《全国市政工程投资估算指标》（2007年）、典型供水厂运行资料及供水厂征地费用资料建立的供水厂单位规模年费用曲线。

由图3-31可知供水厂建设的规模经济效应，可以看出供水厂建设规模达到Q_2时即呈现出较好的规模经济，规模越大，单位年费用将进一步降低；而当供水规模小于Q_1时，单位年费用明显增加，规模越小，单位年费用增加速度越快。其次，在确定区域供水系统内供水厂的经济规模和数量时，除了考虑供水厂规模经营外，还应结合供水系统的总体规模和特点、水量分布特点、厂网建设水平、供水安全等多方面因素，经优化计算后合理确定。

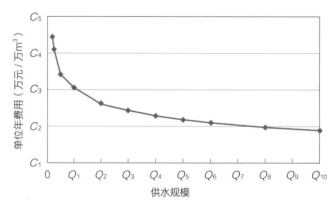

图3-31   供水厂单位规模年费用曲线图

（4）供水厂延伸供水的经济规模

当新建区域需要供水，但该区尚未建设供水厂时，需要合理选择供水方式。通过对供水厂规模经济效应的研究可知，供水厂建设规模过小并不经济。因此，在区域建设初期需水量不大时，采用延伸供水方式较为经济，即从区域外输送净水至本区域以保证正常的城市发展需求。但是，当该区域需水量不断增加时，就需要对在当地建设供水厂与远距离输送净水两种供水方式进行经济比较，确定在多大用水规模范围内，延伸供水较为经济，而超过此规模则在当地新建供水厂更为适合。

根据《城市供水行业2010年技术进步发展规划及2020年远景目标》中输配水系统技术参数、《全国市政工程投资估算指标》（2007年）费用资料数据建立费用模型，采用现值比较法对供水厂延伸供水和新建供水厂两种方案进行经济比较，得到不同输水距离下的延伸供水流量。其中，费用模型根据实际情况可包括远距离输送原水、净水的管线建设与运行费用，配水厂、供水厂建设与运行费用，以及供水厂建设、管线敷设的征地费与拆迁费等。如图3-32所示为供水厂与用水区相距35km时，区外供水厂延伸供水和当地新建供水厂两种方案的输水规模与输水折现费用关系曲线。如图3-32所示，输送水量小于Q_5时，新建供水厂费用高于延伸供水费用，此时采用延伸供水较为经济；超过此流量时，延伸供水费用高于新建供水厂费用，此时适宜在该地新建供水厂进行供水。

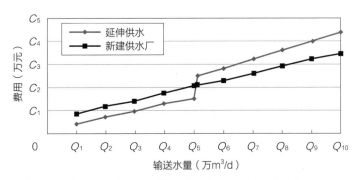

图3-32　延伸供水与新建供水厂费用比较示例

对不同输水距离对应的最大适宜输水规模的研究表明，输水距离越短，其允许的最大经济输水流量越大。如图3-33所示。当用水区需水量超过最大经济输水流量时，宜在该地新建供水厂为区域供水。综上所述，区域供水系统中直接供水与延伸供水方式的选择、延伸供水的供水距离与供水规模的合理确定，均需根据实际供需情况、用水规律、结合远期和近期规划，以及供水安全保障等多方面因素，经多方案计算比较后，确定最佳方案。

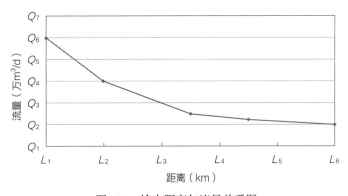

图3-33　输水距离与流量关系图

3.3.2.4　区域输配水管网

（1）区域主干管线走向及定线

管网是给水系统的重要组成部分，管道的布置及选线是管网设计的初始步骤，它直接关系到加压泵站的设计、工程的投资以及管网的运行、维护情况。管网建成以后，若要再更改管线，不但会耗费大量的人力和物力，而且会给当地居民用水带来极大的不便。因此，在管网设计初期，合理地进行规划选线是十分必要的。

（2）区域泵站

区域大型泵站在跨流域调水，抗御洪、涝、旱等自然灾害，保障城乡居民用水，改善水资源的有效供给等方面起到了不可估量的作用。

区域各级泵站往往是一个梯级控制枢纽。在泵站选址和布局上，过去只考虑工程条件、水力条件等因素，随着时代的发展，由治洪、涝、旱的治水路线变成全面的水资源建设，今后还应当考虑水质、地质条件，水资源优化配置要求，治污、水土保持、水环境治理，交通、航运、管理、旅游、生态环境等组合功能，把大型泵站枢纽建成一个布局合理、安全可靠、高效节能、功能齐全、调度优化、控制方便、效益显著、管理高效、环境优美、服务优质，以抽水为主、功能齐全的现代化水利工程。

3.3.2.5 用户配水

区域供水布局模式与传统的环状管网供水布局模式相比有很大的差异，传统的环状管网布局模式要求供水管网尽可能连接成环状，而区块化供水布局则根据地面标高和平面位置把供水管网分成相对独立而又相互连接的若干大区块，再根据实际情况将大区块分为若干小区块，乃至更多层级。如日本横滨市供水管网分为大区块、中区块和小区块三个层级。与环状管网供水布局模式相比，区块化供水布局具有更有利于监测、更有利于维护和管理、更有利于控制管网压力和降耗、一次性投资更低等优势。

小区块是水量和水质管理的最小单位，这意味着在这一基本单元内压力可以被控制，流量可以被测定，分配的水量可以调整。小区块内管网，原则上有环状管网和两个配水点；小区块边界划定则建议以既有河流、铁路、道路和管网为参照。

配水管网是区域供水系统的重要组成部分，也是直接与用户发生联系的部分。配水管网本身是一个庞大、高度复杂的系统。城镇供水安全性十分重要，一般情况下宜将配水管网布置成环状。考虑到某些中、小城镇等特殊情况，一时不能形成环网，可按枝状管网设计，但是应考虑将来连成环状管网的可能。

为选择安全可靠的配水系统和确定配水管网的管径、水泵扬程及高地水池的标高等，必须进行配水管网的水力平差计算。为确保管网在任何情况下均能满足用水要求，配水管网除按最高日最高时的水量及控制点的设计水压进行计算外，还应按发生火灾时的消防水量和消防水压要求；最不利管段发生故障时的事故用水量和设计水压要求；最大传输时的流量和水压的要求三种情况进行校核；如校核结果不能满足要求，则需要调整某些管段的管径。

管网的优化设计是在保证城市所需水量、水压和水质安全可靠的条件下，选择最经济的供水方案及最优的管径或水头损失。管网是一个很复杂的供水系统，管网的布置、调节水池及加压泵站设置和运行都会影响管网的经济指标。因此，要对管网主要干管及控制出厂压力的沿线管道校核其流速的技术经济合理性；对供水距离较长或地形起伏较大的管网进行设置加压泵站的比选；对昼夜用水量变幅较大供水距离较远的管网比较设置调节水池泵站的合理性。

3.3.2.6　区域供水安全保障

区域供水突破行政区划界限，大范围整合供水资源，分片联网供水提高供水可靠性。区域供水使区域内各城镇组团的管网连通形成一个整体供水区域，区域不再分散封闭供水，而是分片联网，由所属的骨干供水厂集中供水。区域联网供水的水源为多水源，且联网区域内用户一般可以得到两个供水厂的保障，个别地区虽只有一个供水厂，但可以在供水厂发生事故时通过联网调度实现跨区域供水。

通过规划区域联络干管建立起各个供水分区之间的联系。现状和规划管线形成区域内的多个环路，从整体上提高了供水的安全性。

按照供水安全性的高低可以将区域依次划分为两个等级：有多水源供水并能进行区域联网调度供水的区域；单水源供水，但具备地下水等备用水源的区域。

按照上文的供水安全性等级划分，对供水区域进行安全性评价。有多水源供水并可以在供水厂发生事故时进行区域联网调水的区域供水安全性最高。联网调水区域外的地区虽然供水安全性等级有所降低，但均有备用水源，也能够保障该地区的生活、生产用水安全。

3.3.3　技术评估

3.3.3.1　技术需求

针对目前我国城市空间布局不协调、缺乏对应急供水的考虑、缺乏对区域供水的考虑等城市规划中的问题，建立相关的技术方法体系，在区域协调、经济补偿、利益共享的基础上统筹规划水资源配置、水源选取与保护以及供水设施的统一布设等，为地方政府组织和科学编制城市供水系统规划提供技术指导。

因此，通过对"十一五""十二五"以及国内其他常用的城乡统筹联合调度供水技术进行评估，以形成适应于新时代城乡供水的城乡统筹联合调度供水技术，完善城市水系统规划技术体系，为我国饮用水安全保障系列目标的实现和《水污染防治行动计划》相关工作的落实提供规划技术支撑。

3.3.3.2 相关产出

多点水源联片供水管网管理技术。在城乡供水一体化过程中，多个独立供水的乡镇管网往往联片形成较大的供水管网，这类管网一般供水距离长，节点水量小，管网基础数据不完整。由清华大学承担的"十一五"水专项"县镇联片管网安全供水技术"，研究多点水源联片供水管网管理技术采用EPANET开源代码，建立了管网水力学模型，模型参数采用遗传算法率定，以水力学模型为基础，建立了多点水源联片供水管网管理平台，具备支持管网规划、爆管管理、水龄分析等日常管网管理功能。

多点水源联片供水管网水质保障方案。通过自主研发的水质模型，模拟管网中余氯的降解过程，确定管网中水质薄弱点，并以此为基础，确定二次加氯节点，以末梢水质达标为目标，优化加氯量，管网余氯浓度、亚氯酸盐和氯酸盐浓度等符合当时执行的《生活饮用水卫生标准》GB 5749—2006规定。

城市间协同供水联合调度技术。针对现有城市供水片内供水水源单一、供水厂缺乏应付突发水质污染的应急处理措施、区域供水干管环度不够和供水片间联络程度有限的现状，为实现"原水互补，清水联通"的区域应急联合供水系统，苏州水务投资发展有限公司牵头的"十一五"水专项"城市间协同供水联合调度技术研究"，以供水GIS、SCADA和水力水质模型为工具，通过城市间协同供水系统优化布局、突发事故情况下城市间供水联合调度，建立区域联网供水与应急调度决策支持平台，形成具有城市连绵区特色的协同供水与联合调度技术。

3.3.3.3 技术评估

根据《城镇供水系统规划技术评估指南》T/CECA 20006—2021，城镇供水系统规划技术就绪度分为TRL1～TRL9九个级别，不同级别的等级描述、等级评价标准和成果形式见表2-3。城乡统筹联合调度供水关键技术较为完善，在济南市、郑州市、东莞市、北京市密云区等地取得了较好的应用，此外，还形成了《城市供水系统规划技术指南》和《城市供水系统规划指标体系》两本技术指南，对《城市给水规划规范》提出了修改建议，满足技术就绪度量表中TRL8实现规范化/标准化的相关要求，认定该技术的技术就绪度为TRL8。

3.3.4 技术验证

3.3.4.1 验证方法

城乡统筹联合调度供水技术包括方法型结论、定性型结论、定量型结论，其中，对于区域供水模式适用条件、区域用水量预测方法、区域水资源优化配置方法等方法型结论，采用实例验证法验证结论的适用性；对于供水厂单位费用与规模呈负相关关系、延伸供水与新建供水厂费用关系、输水距离与经济流量的关系等定性型结论，采用样本率定法；对于水量预测型指标、设施指标、安全指标、城乡供水指标、能耗经济指标等定量型结论，采用定标比超法验证参数合理性，如图3-34 ~ 图3-37所示。

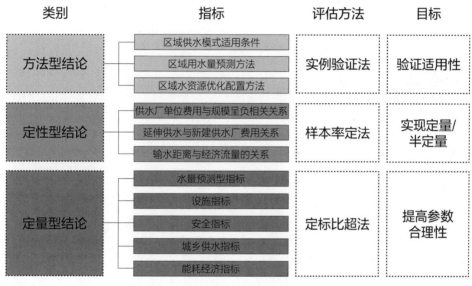

图3-34　验证方法选择技术路线图

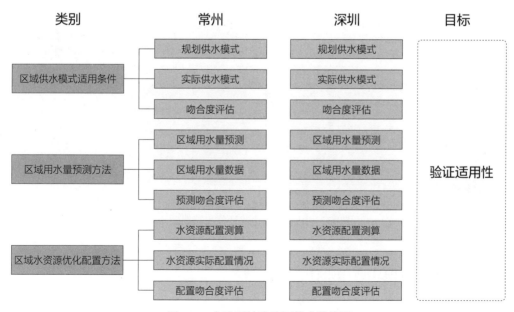

图3-35　方法型结论验证技术路线图

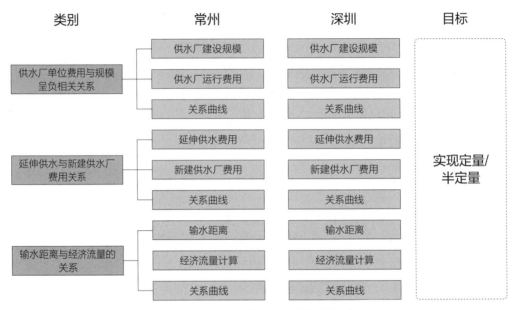

图3-36 定性型结论验证技术路线图

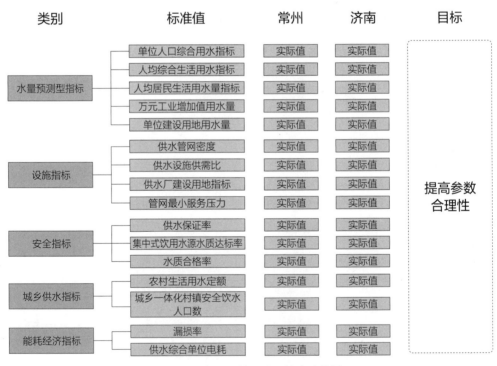

图3-37 定量型结论验证技术路线图

3.3.4.2 区域供水模式适用条件

城乡统筹联合调度供水技术中对于区域供水模式适用条件的具体要求主要

为：开展区域供水的地区一般为经济较为发达地区；供水至少为双水源，以达到互备互用的目的，降低系统供水风险；地势较为平坦；乡镇、农村距城市较近。

根据关键技术要求，对常州市和深圳市的经济状况、供水水源、地形地势、城市发展情况等进行分析和比对，见表3-43。综上可知，城乡统筹联合调度供水关键技术中的区域供水模式适用条件在常州市、深圳市得到较好的验证。

区域供水模式适用条件验证表 表3-43

序号	关键技术要求	常州市		深圳市	
		具体情况	符合度	具体情况	符合度
1	一般为经济较为发达地区	人均国内生产总值（GDP）超过2万美元，已达到发达国家标准	符合	人均国内生产总值（GDP）达到2.8万美元，已达到发达国家标准	符合
2	供水至少为双水源	包括本地水源工程和外地调水工程，满足双水源条件	符合	包括本地水源工程和外地调水工程，满足双水源条件	符合
3	地势较为平坦	地貌类型属冲积平原，整体地势较为平缓	符合	以平原和台地地形为主，约占总面积的78%，城乡建设用地多分布在南部沿海较为平缓的区域	符合
4	乡镇、农村距城市较近	常州市城镇化率已经超过了70%，基本形成了城市与村镇交融、连片发展的格局	符合	深圳城镇化率已经达到了100%，形成了城市连片发展的格局	符合

3.3.4.3 用水指标预测

（1）区域用水量预测方法

城乡统筹联合调度供水技术中对于区域用水量预测方法的具体要求主要为：需水量受人口发展状况、经济发展水平、人均水资源占有量、水资源开发利用程度、节水水平、生态环境建设水平等因素影响，是一个随时间变化的复杂系统。区域供水的用户及用途相对于传统供水系统更为复杂。传统的水量预测方法大多针对于城市建成区，有分类用水预测法、单位用地面积法、人均综合指标法、年递增率法、城市发展增量法、线性回归法、生长曲线法等。这些预测方法大多建立在对历史用水数据分析的基础上，因此对于缺乏用水统计数据，在用水量变化较大的村镇地区应用具有局限性。

按照城乡统筹联合调度供水技术中的区域用水量预测方法，按照分区域、分类型进行预测，计算结果为常州市当前需水量为131.2万m^3/d，2018年常州市实际用水量为122.9万m^3/d（表3-44），与需水量预测的差距约为6.7%；预测深圳市当前需水量为51220万m^3/年，2018年深圳市实际用水量为50017.78万m^3/d，与需水量预测的差距约为2.4%。总体上，两个城市采用该方法预测的需水量与实际用水量相比误差均较小。综上可以认定，城乡统筹联合调度供水关键技术中的区域用水量预测方法在常州市、深圳市得到较好的验证。

区域用水量预测方法验证表

表3-44

序号	类别	常州市	深圳市
1	预测需水量（万m³/d）	131.2	51220
2	实际需水量（万m³/d）	122.9	59917.78
3	误差（%）	6.7	2.4

（2）单位人口综合用水指标

城乡统筹联合调度供水技术中对于单位人口综合用水指标的具体要求主要为：每一万人的平均综合用水量指标。综合用水量指由城市给水工程统一供给的居民生活用水、工业用水、公共设施用水、其他用水水量和管网漏失水量的总和。分别统计近些年常州市、深圳市单位人口综合用水量数据，并与关键技术中的给定指标进行对比，结果见表3-45。

单位人口综合用水指标验证表 ［单位：万m³/（万人·d）］

表3-45

关键技术指标	常州市 （2009—2018年）			深圳市 （1995—2017年）		
	最大值	最小值	吻合度	最大值	最小值	吻合度
0.8~1.2	0.93	0.74	现状值低于下限	0.778	0.444	均低于下限

可以看出，随着节水器具的推广和节水城市的创建，常州市现状的单位人口综合用水量呈现连续下降趋势，深圳市自1995年以来单位人口综合用水量指标一直低于下限。综上可知，单位人口综合用水指标需根据城市用水发展情况进行适当修正。

（3）人均综合生活用水指标

城乡统筹联合调度供水技术中对于人均综合生活用水指标的具体要求主要为：每个城市平均每人每日综合生活用水量指标。综合生活用水包括城市居民日常生活用水和公共建筑及设施用水两部分的总水量。公共建筑及设施用水包括娱乐场所、宾馆、浴室、商业、学校和机关办公楼等用水，但不包括城市浇洒道路用水、绿地和市政用水，以及管网漏失水量。

分别统计近些年常州市、深圳市人均综合生活用水量数据，并与关键技术中的给定指标进行对比，结果见表3-46。

人均综合生活用水指标验证表［单位：L/（人·d）］　　表3-46

关键技术指标	常州市 （2018 年）			深圳市 （1995—2017 年）		
	最大值	最小值	吻合度	最大值	最小值	吻合度
210～340	160	160	现状值低于 下限	364.22	291.55	符合

可以看出，随着节水器具的推广和节水城市的创建，常州市现状的人均综合生活用水量明显低于下限；深圳市的人均综合生活用水量指标呈现下降趋势，但满足相关要求。综上可知，人均综合生活用水指标需根据城市用水发展情况进行适当修正。

（4）人均居民生活用水指标

城乡统筹联合调度供水技术中对于人均居民生活用水指标的具体要求主要为：每个城市平均每人每日生活所用的水量。居民生活用水指城市中居民的饮用、烹调、洗涤、冲厕、洗澡等日常生活用水。

分别统计近些年常州市、深圳市人均居民生活用水量数据，并与关键技术中的给定指标进行对比，结果见表3-47。

人均居民生活用水指标验证表［单位：L/（人·d）］　　表3-47

关键技术指标	常州市 （2018 年）			深圳市 （1995—2017 年）		
	最大值	最小值	吻合度	最大值	最小值	吻合度
140～210	170	105	部分小区 低于下限	290.67	160.13	符合

可以看出，常州市部分小区现状的人均居民生活用水量明显低于下限；深圳市的人均居民生活用水量指标呈现下降趋势，但满足相关要求。综上可知，单位人口综合用水指标需根据城市用水发展情况进行适当修正。

（5）万元工业增加值用水量

城乡统筹联合调度供水技术中对于万元工业增加值用水量的具体要求主要为：万元工业增加值用水量（m^3/万元）＝工业用水量（m^3）/工业增加值（万元）。其中：工业用水量指工矿企业在生产过程中用于制造、加工、冷却（包括火电直流冷却）、空调、净化、洗涤等方面的用水，按新鲜水取用量计，不包括企业内部的重复利用水量。

城市产业结构、产业类型、经济发展水平、水资源禀赋等方面的差别决定了该数值的差异，但总体上近年来我国各地该指标呈降低态势。

表3-48分别统计常州市2018年不同区域的万元工业增加值用水量数据、深圳市1998年以来的万元工业增加值用水量数据，并与关键技术中的推荐指标进行比对，可以看出，不同区域由于工业类型不同，其万元工业增加值用水量数据差异较大，很难有统一的标准。

综上可知，万元工业增加值用水量指标需根据城市的工业类型进行分类型预测，采用万元工业增加值用水量预测的方法很难得出准确的结果，该方法需进行修正。

万元工业增加值用水量指标验证表（单位：m³/万元）   表3-48

关键技术指标	常州市 （2018年）			关键技术指标	深圳市 （1998—2018年）		
	最大值	最小值	吻合度		最大值	最小值	吻合度
139	31.4	10.3	远低于指标	80	39.02	5.62	远低于指标

（6）单位面积建设用地用水量

城乡统筹联合调度供水技术中对于单位建设用地用水量的具体要求主要为：每平方公里建设用地的平均用水量。用水量指由城市给水工程统一供给的居民生活用水、工业用水、公共设施用水、其他用水水量和管网漏失水量的总和。

分别统计近些年常州市、深圳市2009—2018年的单位建设用地用水量数据，并与关键技术中的给定指标进行对比，结果见表3-49。

单位建设用地用水量指标验证表［单位：万m³/（km²·d）］   表3-49

关键技术指标	常州市 （2009—2018年）			深圳市 （2009—2018年）		
	最大值	最小值	吻合度	最大值	最小值	吻合度
1.70~2.50	2.03	1.68	略低于下限	1.82	1.46	现状低于下限

可以看出，常州市、深圳市的单位居住用地用水量呈现连续下降趋势。对照城乡统筹联合调度供水技术中对于单位居住用地用水量指标的具体要求，2014年以来常州市单位面积居住用地用水量已经位于下限，2010年以来深圳市单位面积居住用地用水量已经位于下限。综上可知，单位建设用地用水量指标需根据城市用水发展情况进行适当修正。

（7）日变化系数

城乡统筹联合调度供水技术中对于日变化系数的具体要求主要为：进行城市

水资源供需平衡分析时，城市给水工程统一供水部分所要求的水资源供水量为城市最高日用水量除以日变化系数再乘上供水天数。城镇供水的日变化系数应根据城镇地理位置和气候、性质和规模、国民经济和社会发展、供水系统布局和居民生活习惯等分析确定，日变化系数随着城市规模的扩大而递减。在缺乏实际用水资料情况下，日变化系数宜采用1.1～1.5。

分别统计近些年常州市、深圳市2009—2018年的供水日变化系数，并与关键技术中的给定指标进行对比，结果见表3-50。

日变化系数指标验证表

表3-50

关键技术指标	常州市 （2009—2018年）			深圳市 （2009—2018年）		
	最大值	最小值	吻合度	最大值	最小值	吻合度
1.1～1.3	1.31	1.19	符合	1.25	1.15	符合

分别统计2009—2018年常州市、深圳市供水日变化系数，可以看出，除个别年外，其他年份的供水日变化系数均符合城乡统筹联合调度供水技术中对于日变化系数的相关要求。综上可知，日变化系数指标得到了较好的验证。

3.3.4.4 供水设施建设

（1）供水厂单位费用与规模呈负相关关系

城乡统筹联合调度供水技术中对于供水厂单位费用与规模呈负相关关系的具体要求主要为：通常供水厂建设、运行均具有规模经济效应，即单位费用与规模呈负相关关系，因此一般大型供水厂在经济上占有优势。

供水厂直接供水的经济规模需根据多方面因素确定。参照3.3.2.3节的方法建立供水系统费用模型和供水厂单位规模年费用曲线。根据2018年常州市各供水厂用水规模、单位年费统计情况，绘制常州市供水厂单位费用与规模关系曲线图，如图3-38所示。可以看出，其与城乡统筹联合调度供水技术中曲线线型基本一致。

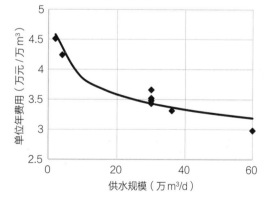

图3-38　常州市供水厂单位费用与规模关系曲线图

根据2018年深圳市主要供水厂用水规模、单位年费统计情况，绘制深圳市供水厂单位费用与规模关系曲线图，如图3-39所示。可以看出，其与城乡统筹联合调度供水技术中曲线线型基本一致。综上可知，供水厂单位费用与规模呈负相关关系的结论在常州市、深圳市得到了较好的验证。

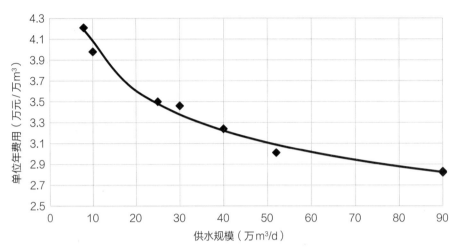

图3-39　深圳市供水厂单位费用与规模关系曲线图

（2）延伸供水与新建供水厂费用关系

城乡统筹联合调度供水技术中对于延伸供水与新建供水厂费用关系的具体要求主要为：当新建区域需要供水，但该区尚未建设供水厂时，需要合理选择供水方式。以常州市前黄镇为例，对延伸供水与新建供水厂费用关系结论进行验证。前黄镇人口约8.4万人，距离最近的武进水厂约35km。分别模拟计算，在不同供水量的情景下，采用新建供水厂和采用从武进水厂延伸供水的费用对比，如图3-40所示。

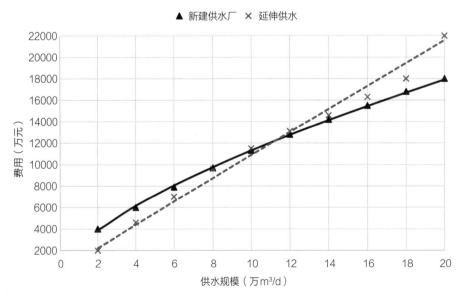

图3-40　常州市前黄镇延伸供水与新建供水厂费用比较图

以深圳市南澳镇为例，对延伸供水与新建供水厂费用关系结论进行验证。葵涌镇总面积为115.06km²，人口约2.1万人，距离最近的沙湖水厂约35km。分别模拟计算，在不同供水量的情景下，采用新建供水厂和采用从沙湖水厂延伸供水的费用对比，如图3-41所示。

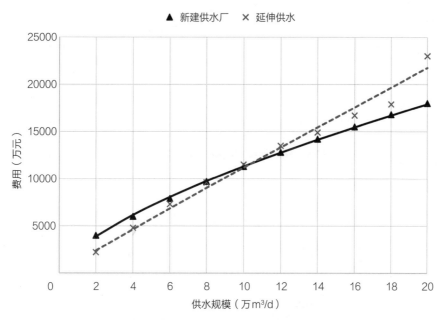

图3-41　深圳市南澳镇延伸供水与新建供水厂费用比较图

可以看出，验证曲线的趋势与城乡统筹联合调度供水技术的结论基本一致，但是线型为非线性。综上可知，延伸供水与新建供水厂费用关系在常州市、深圳市基本得到验证。

（3）输水距离与经济流量关系

城乡统筹联合调度供水技术中对于输水距离与经济流量关系的具体要求主要为：对不同输水距离对应的最大适宜输水规模的研究表明，输水距离越短，其允许的最大经济输水流量越大。如图3-47所示。当用水区需水量超过最大经济输水流量时，宜在该地新建供水厂为区域供水。

根据2018年常州市给水管网模型进行模拟计算，得出常州市输水距离与经济流量关系图，如图3-42所示。

根据2018年深圳市给水管网模型进行模拟计算，得出深圳市输水距离与经济流量关系图，如图3-43所示。

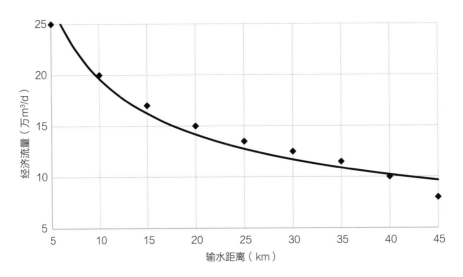

图3-42　常州市输水距离与经济流量关系图

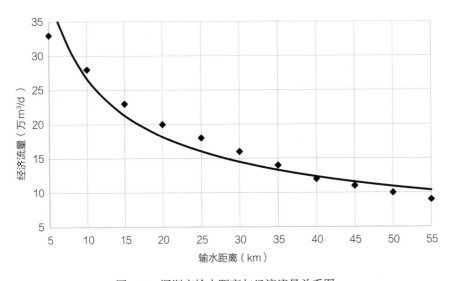

图3-43　深圳市输水距离与经济流量关系图

　　可以看出，其与城乡统筹联合调度供水技术中曲线线型基本一致。综上可知，输水距离与经济流量关系的结论在常州市得到较好的验证。

　　（4）供水厂建设用地指标

　　城乡统筹联合调度供水技术中对于供水厂建设用地指标的具体要求主要为：供（配）水厂围墙内所有设施的用地面积指标。包括主要生产设施、辅助生产设施、行政办公与生活服务设施，以及厂区内绿化、道路用地。

　　分别统计常州市、深圳市主要供水厂的供水规模、占地面积和用地指标情况，见表3-51，可以看出，除个别供水厂存在特殊情况，其他供水厂的用地指标均符合城乡统筹联合调度供水技术中用地指标的相关要求。

供水厂建设用地指标验证表 表3-51

城市	序号	供水厂名称	供水规模（万m³/d）	占地面积（hm²）	用地指标（m²·d/m³）	关键技术指标要求（m²·d/m³）
常州市	1	小河水厂	2	1.6	0.80	—
	2	第二水厂	4	1.3	0.33	—
	3	新孟河水厂	30	8	0.27	0.50~0.30
	4	湖滨水厂	30	9.5	0.32	0.50~0.30
	5	武进水厂	30	14.3	0.48	0.50~0.30
	6	礼河水厂	30	9.7	0.32	0.50~0.30
	7	第一水厂	36	4.3	0.12	0.30~0.10
	8	魏村水厂	60	30	0.50	—
深圳市	9	东湖水厂	40	5.55	0.14	0.30~0.10
	10	笔架山水厂	52	13.45	0.26	—
	11	梅林水厂	90	23.3	0.26	—
	12	大冲水厂	30	8.04	0.27	0.30~0.10
	13	南山水厂	90	26.77	0.30	—
	14	西丽市场	25	6.78	0.27	0.50~0.30
	15	东滨水厂（备用水厂）	10	1.78	0.18	0.50~0.30
	16	蛇口水厂（备用水厂）	8	3.64	0.46	0.70~0.50

根据常州市、深圳市技术验证结果，城乡统筹联合调度供水技术中区域供水模式适用条件、区域用水量预测方法、区域水资源优化配置方法、供水厂单位费用与规模呈负相关关系、输水距离与经济流量关系、日变化系数、供水厂建设用地指标、农村生活用水定额等结论与两个验证城市的应用情况较好，基本通过验证。

延伸供水与新建供水厂费用关系、万元工业增加值用水量等结论与城市实际情况有关，各个城市之间存在一定的差异，在现有结论的技术上很难进一步提升优化。随着城市的发展以及节水城市工作的推进，单位人口综合用水指标、人均综合生活用水指标、人均居民生活用水指标、单位建设用地用水量等结论与目前城市用水情况存在一定的误差。

3.3.4.5 区域水资源优化配置方法

城乡统筹联合调度供水技术中对于区域水资源优化配置方法的具体要求主要为：根据区域用水的实际情况，对水量、水质的分配进行优化。在不同的水工程开发模式和区域经济开发模式下进行水资源供需平衡分析，确定水工程的供水范围和可供水量，以及各用水单位的供水量、供水保证率、供水水源构成、缺水量、缺水过程及缺水破坏程度等。

常州市目前有5个水源，分别为长江水、长荡湖水、新孟河水、滆湖水、德胜河水。根据水源地水质情况和工程难易程度，长江水、长荡湖水、新孟河水为常用水源，滆湖水为备用水源，德胜河水为紧急备用水源，见表3-52。常州市的水资源配置方法与本关键技术中的区域水资源优化配置方法中的原则基本一致。

常州市水源配置详表   表3-52

区域	地表水水质类别	工程难易程度	评价	用途
长江	Ⅱ～Ⅲ类	易	水质优，水量大	水源
长荡湖	Ⅲ～Ⅳ类	易	水质良好，水量大	水源
新孟河	Ⅱ～Ⅲ类	中	水质优，水量大	水源
滆湖	Ⅲ～Ⅴ类	易	水质一般，水量大	备用水源
德胜河	Ⅲ类	中	水质良好，水量较小	紧急备用水源

深圳市目前的水源分成4个层次进行配置，其中，外地引水、水源水库水作为优质饮用水水源，供水对象为生活性用水、高品质工业用水等；再生水、部分小水源水库水、海水直接利用作为低品质用水水源，供水对象为低品质工业用水、城市杂用水等；城区雨洪资源、非水源水库水、河流雨洪资源、再生水作为环境用水（农业用水）水源，供水对象为河流水体用水、城市生态环境用水、农业用水等；地下水、海水淡化水为应急备用和应急水源。深圳市的水资源配置方法与本关键技术中的区域水资源优化配置方法中的原则基本一致（表3-53）。

深圳市水源配置详情表   表3-53

序号	供水系统	供水水源	供水对象
1	优质饮用水	外地引水、水源水库水	生活性用水（居民、行政、商业、服务业）、高品质工业用水等
2	低品质用水	再生水、部分小水源水库雨洪资源、海水直接利用	低品质工业用水、城市杂用水等
3	环境用水（农业用水）	城区雨洪资源、非水源水库水、河流雨洪资源、再生水	河流水体用水、城市生态环境用水、农业用水等
4	应急备用水源系统	地下水、海水淡化水	备用水源和应急水源

综上可知，城乡统筹联合调度供水关键技术中的区域水资源优化配置方法在常州市、深圳市得到较好的验证。

3.3.5　技术评价

3.3.5.1　评价结果

城乡统筹联合调度供水技术的技术评价通过专家打分法确定各一级指标的权重。邀请该领域10位专家对一级指标的权重进行打分，各专家打分情况及统计结果见表3-54。

一级指标权重打分统计表　　　　　　　　　　表3-54

一级指标	权重打分										加权平均
	专家1	专家2	专家3	专家4	专家5	专家6	专家7	专家8	专家9	专家10	
A1创新与先进程度	0.16	0.12	0.14	0.11	0.15	0.13	0.11	0.10	0.12	0.14	0.13
A2安全可靠性	0.21	0.28	0.31	0.17	0.26	0.25	0.19	0.30	0.28	0.32	0.26
A3经济效益	0.14	0.14	0.12	0.20	0.18	0.20	0.12	0.10	0.13	0.12	0.15
A4稳定性及成熟度	0.20	0.15	0.08	0.30	0.15	0.23	0.29	0.22	0.17	0.14	0.19
A5社会效益	0.29	0.31	0.35	0.22	0.26	0.19	0.29	0.28	0.30	0.28	0.28
合计	1.00	1.00	1.00	1.00	1.00	1.00	1.00	1.00	1.00	1.00	1.00

根据统计结果，一级指标中，创新与先进程度的权重为0.13，安全可靠性指标的权重为0.26，经济效益的权重为0.15，稳定性及成熟度的权重为0.19，社会效益的权重为0.28，如图3-44所示。

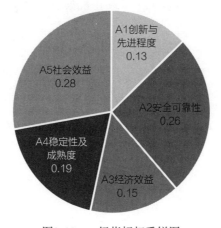

图3-44　一级指标权重饼图

由10位专家分别对二级指标的权重进行打分，各专家打分情况及统计结果见表3-55。

二级指标权重打分统计表　　　　　　　　表3-55

一级指标	二级指标	权重打分										加权平均
		专家1	专家2	专家3	专家4	专家5	专家6	专家7	专家8	专家9	专家10	
A1创新与先进程度	A11创新程度	0.3	0.2	0.3	0.2	0.2	0.4	0.3	0.3	0.2	0.3	0.27
	A12技术经济指标的先进程度	0.3	0.4	0.4	0.4	0.3	0.3	0.3	0.3	0.5	0.4	0.36
	A13技术的有效性	0.4	0.4	0.3	0.4	0.5	0.3	0.4	0.4	0.3	0.3	0.37
A2安全可靠性	A21安全性	0.6	0.5	0.7	0.4	0.3	0.4	0.5	0.4	0.3	0.4	0.45
	A22可靠度	0.4	0.5	0.3	0.6	0.7	0.6	0.5	0.6	0.7	0.6	0.55
A3经济效益	A31单位投入产出效率	0.3	0.3	0.4	0.3	0.6	0.4	0.4	0.2	0.5	0.4	0.38
	A32技术推广预期经济效益	0.7	0.7	0.6	0.7	0.4	0.6	0.6	0.8	0.5	0.6	0.62
A4稳定性及成熟度	A41稳定性	0.4	0.6	0.7	0.5	0.6	0.6	0.3	0.2	0.5	0.7	0.51
	A42技术就绪度	0.6	0.4	0.3	0.5	0.4	0.4	0.7	0.8	0.5	0.4	0.49
A5社会效益	A51技术创新对推动科技进步和提高市场竞争能力的作用	0.2	0.3	0.2	0.3	0.3	0.2	0.4	0.4	0.2	0.2	0.27
	A52提高人民生活质量和健康水平	0.5	0.4	0.4	0.5	0.6	0.5	0.4	0.5	0.5	0.4	0.47
	A53生态环境效益	0.3	0.3	0.4	0.2	0.1	0.3	0.2	0.1	0.3	0.4	0.26

确定一级指标和二级指标权重后，由10位专家分别根据城乡统筹联合调度供水技术的实际情况，对二级指标的得分进行打分，各项各级指标的实际得分取10位专家打分的平均分，并通过权重计算得出一级指标得分。各级指标得分情况见表3-56。

指标得分情况统计表　　　　　　　　表3-56

评价指标				评价等级	打分标准	得分	二级指标得分	一级指标得分	合计
一级指标	权重	二级指标	权重						
A1创新与先进程度	0.13	A11创新程度	0.27	有重大突破或创新，且完全自主创新	90~100	75	20.3	11.6	85.6
				有明显突破或创新，多项技术自主创新	60~89				
				创新程度一般，单项技术有创新	<60				

续表

评价指标				评价等级	打分标准	得分	二级指标得分	一级指标得分	合计
一级指标	权重	二级指标	权重						
A1创新与先进程度	0.13	A12技术经济指标的先进程度	0.36	达到同类技术领先水平	90～100	95	34.2	11.6	85.6
				达到同类技术先进水平	60～89				
				接近同类技术先进水平	<60				
		A13技术的有效性	0.37	关键指标提升显著	90～100	93	34.4		
				关键指标提升明显	60～89				
				关键指标提升一般	<60				
A2安全可靠性	0.26	A21安全性	0.45	低风险、风险完全可控	90～100	85	38.3	22.8	
				中度风险、风险易控	60～89				
				高风险、风险难以控制	<60				
		A22可靠度	0.55	可靠度高或提升幅度显著	90～100	90	49.5		
				可靠度较高或提升幅度明显	60～89				
				可靠度一般或提升幅度一般	<60				
A3经济效益	0.15	A31单位投入产出效率	0.38	单位投入的产出效率显著	90～100	75	28.5	11.7	
				单位投入的产出效率明显	60～89				
				单位投入的产出效率一般	<60				
		A32技术推广预期经济效益	0.62	经济效益显著	90～100	80	49.6		
				经济效益明显	60～89				
				经济效益一般	<60				
A4稳定性及成熟度	0.19	A41稳定性	0.51	已实现规模化应用，成果的转化程度高（边界条件明确、稳定性高）	90～100	80	40.8	14.7	
				已实际应用，成果的转化程度较高（重现性好）	60～89				
				技术基本成熟完备（一致性好）	<60				
		A42技术就绪度	0.49	TRL9，且为全国性标准、广泛推广应用	90～100	75	36.8		
				TRL7～TRL9	60～89				
				TRL6及以下	<60				
A5社会效益	0.28	A51技术创新对推动科技进步和提高市场竞争能力的作用	0.27	显著促进行业科技进步，市场需求度高，具有国际市场竞争优势	90～100	80	21.6	24.7	
				推动行业科技进步作用明显，市场需求度高，具有国内市场竞争优势	60～89				
				对行业推动作用一般，有一定市场需求与竞争能力	<60				

续表

评价指标				评价等级	打分标准	得分	二级指标得分	一级指标得分	合计
一级指标	权重	二级指标	权重						
A5社会效益	0.28	A52提高人民生活质量和健康水平	0.47	受益人口多、提升显著	90~100	95	44.7	24.7	85.6
				受益人口较多、提升明显	60~89				
				受益人口不多、提升一般	<60				
		A53生态环境效益	0.26	生态环境效益显著	90~100	85	22.1		
				生态环境效益明显	60~89				
				生态环境效益一般	<60				

根据各二级指标得分情况，通过权重计算，城乡统筹联合调度供水技术的总得分为85.6，表明该技术总体较为成熟，接近"优"。

3.3.5.2 主要结论

根据上述技术评价的论证结果，城乡统筹联合调度供水技术的总得分为85.6，表明该技术总体较为成熟，接近"优"。适当提升后预计可实现标准化。

从一级指标的得分情况来看（图3-45），城乡统筹联合调度供水技术在稳定性及成熟度、经济效益等方面有待进一步加强。

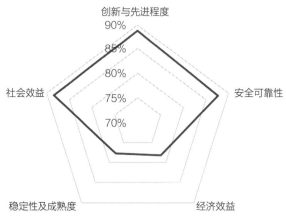

图3-45　一级指标得分雷达图

从二级指标的得分情况来看（图3-46），该技术在技术就绪度、创新程度、单位投入产出效率、安全性等方面存在提升空间。

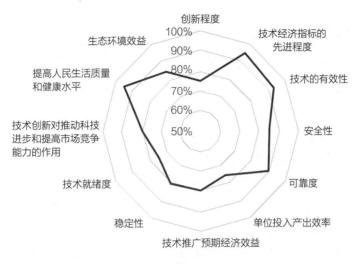

图3-46　二级指标得分雷达图

3.3.5.3 效益分析

（1）经济效益

本技术的经济效益体现在补充供水系统规划技术短板，对城市供水系统全过程的规划进行集成优化和标准化，完善从水源到水龙头全过程的供水系统规划技术体系，出台针对供水系统规划、工程设计层次的标准规范，更好地固定和推广水专项成果，为饮用水安全保障相关规划的实施和《水污染防治行动计划》相关工作的落实提供应用技术支撑。充分发挥基础设施的投资效益，最大限度地避免和减少突发水污染事故带来的经济损失，以便建立起适合我国现阶段发展情况并与今后的长期发展相衔接的城镇供水设施改造总体技术方案，避免高投资，从而创造巨大的经济效益。因此，本课题研究成果的经济效益显著。

（2）社会效益

本技术的社会效益体现在将进一步完善供水系统规划层次的标准规范，更好地固定和推广水专项成果。为国家及各级地方政府制定相关规划管理政策提供技术支持，为城镇供水系统规划调控提供指导，并在进一步保障群众的饮用水安全、维护社会公平稳定和基本公共服务的普及等方面发挥不可替代的作用。

（3）环境效益

本技术的环境效益体现在有利于实现规划设计对城市供水系统的科学指导，能改善水环境，有效避免突发性水污染事故对饮用水源的污染，促进城市水资源的集约利用和保护，节约资源保护环境。技术的环境效益显著，对于保障经济社会可持续发展具有积极意义。

3.3.5.4 应用前景

根据城乡统筹联合调度供水技术的技术内容和评价结果，结合我国城市发展趋势、规划体系改革、城乡供水系统发展需要等，该技术的应用前景主要包括以下方面：

（1）国土空间规划

在国土空间规划的资源环境承载能力分析评价过程中，可利用城乡统筹联合调度供水技术，分析区域或城市水资源的总量和可利用量，评价水资源承载能力，结合城乡供水的联合调度技术，支撑水资源承载力评价和区划分析。

（2）城乡供水相关规划

在城市水资源战略规划、城乡统筹供水规划、城市供水专项规划中，通过运用城乡统筹联合调度供水技术，促进水资源合理配置与高效可持续开发利用，预测城市用水需求，提高供水场站和供水管网系统布局合理性，支撑应急水源选择等。

（3）供水系统联合调度

在区域或城市层面供水系统联合调度时，通过应用城乡统筹联合调度供水技术，提高设施共享度，促进实现城乡供水一体化，减少管网漏损及运行能耗，提高城市应急供水能力。

3.4

供水规划决策支持技术

3.4.1 技术概述

供水规划决策支持是指借助常用的供水管网分析模型，进行供水系统规划方案比选与优化的技术方法，针对规划要解决的水源配置、设施布局和安全保障问题，优选技术性、经济性、安全性和可持续性高的规划方案。

供水规划决策支持（UWPDS）一般包括基础信息、现状评价、安全分析和应急保障等模块，其核心是评价指标体系的构建。评价指标体系包括评价指标的选取和评价模型的建立两部分。其中，指标选取是分层次实现的，它由目标层和指标层组成：目标层是由给水系统的技术性、安全性、经济性所组成的三个基本体系；指标层是在不同的评价体系下选定相关的评价指标，然后通过绘制标准服务性能曲线标定不同运行状态下评价指标的变化规律。建立模型则是将标定的指标变化规律用隶属度函数加以标识，并通过引入不同评价指标的权重系数，加权平均得到综合评价函数，从而可以利用计算机的函数运算功能对评价指标进行拓展，得到整个给水工程规划方案的综合评价指标值。UWPDS系统具体功能如下：

（1）综合信息管理模块

包括城市地形、供水事故、供水水源和供水设施多个基础数据库、历史数据库、数据库操作和统计模块等。通过GIS的强大功能，把城市基础地理信息、供水事故信息及供水安全涉及的内容和GIS平台融合到一起。通过操作模块进行数据添加、修改和查询等。其中包括地形、水源、水量、水压、管道、事故等的信息管理与查询分析。

（2）供水系统现状评价模块

水量、水压、设施布置、最不利点、管道分级等作为供水系统的基本要素，可以通过软件进行评价分析。根据现状供水设施建立数字模型，对现状供水系统的运行状况进行评价，找出系统存在的问题，为下一步规划提供参考。

（3）供水系统安全分析模块

从人、水源、供水厂、道路、管道、管理、环境等方面分析诱发供水事故的原因和规划调整的要素，分析相关因素之间的复杂关系，处理历年积累的数据，从中发现潜在的问题。对将来可能发生的事故和规划决策进行合理估计，分析供水事故发生的规律以及在现有条件下的发展趋势，为科学制定供水安全管理对策和规划调控技术措施提供理论依据。对影响供水事故的诸因素进行关联度分析，提出各种预测方法的适用性，使预测结果为供水事故的预防、科学合理规划和安全管理提供科学依据。

（4）供水系统规划决策支持模块

对供水系统的规划方案进行评价，从技术性、安全性、经济性等方面，综合分析不同规划方案的优劣，并通过评分的方式，得出规划方案的优劣。另外，对于管道改造、设施建设等问题，可以进行实时模拟。对于因为供水厂减产/停产、管道爆裂、水污染等应急供水状态，进行模拟分析，提出相应对策，减少损失。

UWPDS系统的核心是评价指标体系的建立。评价指标体系包括评价指标的选取和评价模型的建立两部分。评价指标选取的第一步是确定指标变量，即针对不同的评价体系选定相关的评价指标。已知不同规划方案的拓扑结构，在选定指标变量后需要通过给水系统动态仿真模拟计算（本研究采用WaterGEMS作为计算模型）来决定状态变量的数值。无论通过何种途径获得指标变量的数值，都不影响它参与规划方案的评价，但变量数值的精度问题将直接影响到评价的准确性。

第二步是在不同的评价体系中，针对相应的指标变量绘制标准服务性能曲线。所谓指标变量一般是指给水系统中的设施、节点或管段等在不同运行状态下的量值，因此标准服务性能曲线通常可以标定指标变量的变化规律。由于给水系统的指标变量的变化与其服务水平密切相关，因此在绘制服务性能曲线时需建立一个0~4的评价指标比尺（4、3、2、1、0分别代表优秀、充分、可接受、不可接受、没有五种服务状态）。随着指标变量值的改变则服务水平在"没有服务"和"最优服务"状态之间变化，这样就是利用评价指标比尺作为评价标准对不同规划方案的优化程度进行评价。

评价指标的选取见表3-57。

供水规划决策支持技术评价指标体系   表3-57

目标层	一级指标	二级指标
技术性	水力性能	节点压力水头（m）
		节点压力波动
		节点压力水头标准平方差（m）
		1、2、3级压力占比（%）
		管段流速（m/s）
	水质性能	节点水龄
经济性	基建费用	单水基建费用（元/m³）
	运行费用	单水电耗（kWh/m³）
安全性	水源地状况	水源水质类别
		枯水年水量保证率（%）
		取水能力（%）
	城市供输水状况	自来水普及率（%）
		管网漏损率（%）
		管网爆管率（%）
		管网水质合格率（%）
	供水管理状况	备用水源
		应急预案

综合评价的目标是在技术性、经济性及安全性上对供水系统规划方案进行优化。一级评价权重指评价是从技术性、经济性和安全性三个层面进行划分，由不同实际状态下三类指标在供水规划中的作用和地位决定。

二级评价权重子集的建立则渗透到各目标层下的单个指标元素中，而与单个指标层相关的元素包括节点、管段及泵站。所以，需要对节点、管段、泵站等基本元素分别建立二级评价权重子集。

供水系统节点重要程度根据节点流量与转输流量之和的比值来确定：

$$W_{ji} = \frac{Q_i}{\sum\limits_{i=1}^{n} Q_i} \qquad (3\text{-}1)$$

式中　W_{ji}——节点评价指标权重；

　　　Q_i——节点流量。

由式（3-1）可知，从节点上游流入节点的流量决定了节点在整个供水系统中的作用和地位，流入节点的流量越大，就表明该节点的所承担的输配水作用越大，在调度方案评价中就应赋予它相应的权重系数。

供水系统管段的重要程度根据各管段的体积来确定：

$$W_{gi} = \frac{\pi D_i^2 L_i / 4}{\sum\limits_{i=1}^{m} \pi D_i^2 L_i / 4} \qquad (3\text{-}2)$$

式中　W_{gi}——管段评价权重；

　　　D——管段管径；

　　　L_i——管段长度。

由式（3-2）可知，管段的体积决定了管段在供水系统中的地位和作用。管段体积越大，就表明该管段在供水系统的输配水能力越强，在评价中就应赋予相应的权重系数，而上述计算式就是确定评价子集的权重系数的理想的方法。

供水系统泵站的重要程度按各泵站供水量来确定：

$$W_{bi} = \frac{q_i}{\sum\limits_{i=1}^{k} q_i} \qquad (3\text{-}3)$$

式中　W_{bi}——泵站的评价权重；

　　　q_i——泵站的供水流量。

由式（3-3）可知，泵站的出水流量越大，计算得出的权重系数就越大，表明该泵站在供水系统中所承担的供水任务就越大，在供水系统中的地位就越高。在供水调度方案评价中，可以上式计算出的泵站供水费用评价子集的权重系数来进行评价工作。

"隶属度函数"指一个算子，在给水管网中该算子拓展了元素级的性能评价，产生了相对于整个给水管网的总性能指标值。根据0～4的评价指标比尺（4、3、2、1、0分别代表优秀、充分、可接受、不可接受、没有五种服务状态）建立各服务状态所对应的隶属度函数。设各评价指标实际参数值通过0～4的指标标尺规范后的值为z，那么规范后的值（z）对应于各服务状态的隶属度函数（E）分别为：

"不可接受"的服务状态对应的隶属度函数：

$$E = \begin{cases} 1, & 0 \leqslant z < 1 \\ 2-z, & 1 \leqslant z < 2 \\ 0, & 2 \leqslant z < 4 \end{cases}$$

"可接受"的服务状态对应的隶属度函数：

$$E = \begin{cases} z, & 0 \leqslant z < 1 \\ 1, & 1 \leqslant z < 2 \\ 3-z, & 2 \leqslant z < 3 \\ 0, & 3 \leqslant z < 4 \end{cases}$$

"充分"的服务状态对应的隶属度函数：

$$E = \begin{cases} 0, & 0 \leqslant z < 1 \\ z-1, & 1 \leqslant z < 2 \\ 1, & 2 \leqslant z < 3 \\ 4-z, & 3 \leqslant z < 4 \end{cases}$$

"优秀"的服务状态对应的隶属度函数：

$$E = \begin{cases} 0, & 0 \leqslant z < 2 \\ z-2, & 2 \leqslant z < 3 \\ 1, & 3 \leqslant z < 4 \end{cases}$$

3.4.2 相关研究进展

"十一五"期间我国曾开发供水规划决策支持系统，该系统基于城市供水动态仿真模型构建一套以"技术性、经济性、安全性、可操作性"四个目标层为核心的评价指标体系，来实现供水方案的比选与决策支持。该系统首次提出了供水规划评价标准，并在四川北川、北京密云区、济南等城市的供水规划中得到了较好的应用。新时期下，更高标准的供水服务质量要求与更复杂的供水环境也给城市供水规划带来了新的挑战，在规划设计与工程应用方面需要更加科学合理的评价方法与指标体系。

给水系统的信息化管理是我国供水科技进步的重要任务之一，是城市供水技术进步的重要组成部分。近年来，系统模拟被越来越广泛地应用在城市供水规划中。通过建立管网模型进行实时动态模拟计算，可以深入了解和掌握管网实时运行状态，克服由管网设施的隐蔽性而带来的管理盲目性。通过对不同工况的设计，能较好地识别压力过高造成的给水管网能量浪费、管道漏失，以及爆管现象。

系统模拟的量化输出结果也为供水方案的比选提供数据支撑。目前，国际上的给水排水系统评价指标常使用直接获得的指标（如人均水资源量），这些指标往往只能衡量某单一维度，并不能全面地反映系统的表现。

3.4.3　技术评估

3.4.3.1　技术需求

城市供水规划涉及一系列方案比选与决策，面对日益复杂的用户需求与供水环境，传统决策方式缺乏技术分析与数据支撑，论证模糊。在复杂管网的管理中，仅凭人工经验已无法预测准确问题。常见的衡量城市水系统的指标有水胁迫指数（Water Stress Index）或水匮乏指数（Water Poverty Index）等单指标，以及亚洲开发银行推荐的城市水安全（Urban Water Security Index）等复合指标。但迄今国际上没有统一的关于城市供水系统评价的指标体系。系统模拟的量化输出结果也为供水方案的比选提供数据支撑。系统模拟计算得到的各项指标，如管网压力、水龄的分布，系统的整体能耗等，则可以作为系统综合评价的有力依据。通过软件平台对系统模拟结果进行分析计算，并在软件平台内置的评价指标体系中直接展示，可以获得可视化强、多层次、有量化依据的评价结论，为规划方案的研究提供更科学直观的评价视角。

3.4.3.2　相关产出

城镇供水系统优化调控技术来源于"十一五"水专项课题"供水系统规划调控技术"，该技术构建了城市供水系统的动态仿真模型，包括城市供水水源优化配置模拟、应急状态下供水仿真模拟、输配水系统优化调度模拟等动态模型。主要可实现如下功能：

1）结合历史数据和安全调查数据，通过统计模型和数据挖掘（关联规则、决策树规则、数据挖掘等）的理论方法对事故成因机理进行深入分析，为城市供水系统管理者提出相应的事故预防对策和安全管理措施提供数据支撑，辅助城市供水系统管理者进行决策。

2）能够对事故进行预测，便于管理者根据不同的管理条件、管道环境和经济条件等制定科学合理的目标，同时对未来的供水稳定安全水平进行预测。

3）对城市供水安全有预警功能，提前发现安全隐患，减少事故和经济损失，对安全状况进行监控和事件管理，辅助管理者有效预防和管理供水事故。

4）满足供水管理部门评价主体的要求，提出客观合理的评价指标和评价方法，评价供水系统安全水平。同时也可以对各项具体改善措施进行评价，辅助管理者制定合理的管理措施。

5）根据城市供水设施安全特征，提出相应的安全对策，提出系统、综合的解决方式，辅助管理者提出对策，并对城市水源、供水厂和管道设施的安全问题重点研究，提出相应的改善措施。

6）对供水系统安全管理不同方案进行经济和决策分析，在满足约束条件下，辅助管理者对方案进行优选等。

本技术采用计算机网络技术、通信技术、地理信息（GIS）技术以及决策支持技术在建立管网基础信息库的基础上，紧密结合供水管理的业务流程，能处理以供水管网为核心内容的信息和其他相关信息，实现了VisualBasie6.0、MapInfo、Matlab、SQLserver2000等的高度集成，并将其应用于供水管网运行管理中，可以对供水规划、设计、调度、抢修以及供水管网运行管理提供强有力的科学决策支持，力求实现供水管网的科学化和自动化管理。

3.4.3.3 技术评估

城市供水规划层面，形成集数据库建立城市供水规划层面，形成集数据库建立、模型构建和优化的规范化技术流程和方法。相关技术成果作为《城市供水系统规划技术指南》（建议稿）的重要组成部分；补充和完善了《城市给水工程规划规范》GB 50282—2016。按照技术就绪度评级方法，现状技术就绪度处于TRL7级。

该关键技术适用于现状管网信息齐全，地理信息较为充分，有模型基础的规划项目。供水规划决策支持技术实现了对现状管网以及规划方案的模拟，其功能的实现是建立在大量的数据基础之上，包括节点编号及坐标、节点所处街道位置、地面高程、埋深、用户所需最低自由水压、管段编号、所处街道名称、位置、起止节点编号、管长、管径、管材、敷设年代、经济流速、比阻或阻力系数及防腐措施、水泵机组、型号、台数、管道系统布置、水池水位、各水泵的特性曲线（图形及曲线方程）及24h供水量、大用户属性（用户账号、名称、地点及类型）、用户水量（查表日期、记录及水表读数）和用户接水位置等。

3.4.4 技术验证

3.4.4.1 验证方法

决策支持技术验证方法主要包括技术合理性验证、技术可操作性验证与技术适用性验证，如图3-47所示。合理性验证部分主要验证决策支持体系中指标选取、指标运算逻辑以及权重的合理性。通过案例对比法来验证目标层、一级指标、二级指标构成合理性，即评价指标的选取验证；通过参数训练法验证二级指标中非直接量化获得的指标的合理性，以及服务性能曲线的合理性，即评价指标的参数验证；通过TOPSIS法来验证目标层权重、一级指标以及二级指标权重体系的合理性及其适用条件，即评价体系的权重验证。技术可操作性验证部分，对决策支持系统进行升级与调试，并且将决策支持系统评价指标体系补充进搭建好的平台上。在适用性验证部分，通过济南、郑州、雄安三个验证城市，验证模型的准确度、验证评价方法与指标的合理性、决策支持技术的稳定性与可操作性。并综合评估结果对现实的反应情况；量化支撑的规划优化结果对现实问题的解决情况，并且探索模型决策与经验决策互相补充的路径。

内容		验证方法	验证目的
技术合理性验证	评价指标选取验证	案例对比	验证目标层、一级指标、二级指标构成合理性
	评价指标参数验证	参数训练	验证二级指标中非直接量化获得的指标的合理性，以及服务性能曲线的合理性
	评价体系权重验证	TOPSIS法	验证目标层权重、一级指标以及二级指标权重体系的合理性及其适用条件
技术可操作性验证		平台测试	对软件平台进行更新，补充指标评价体系
技术适用性验证		案例验证法：济南	验证模型的准确度，评估结果对现实的反应情况；量化支撑的规划优化结果对现实问题的解决情况
		案例验证法：郑州	验证评价方法与指标的合理性，并且探索模型决策与经验决策互相补充的路径。验证决策支持技术的稳定性与可操作性
		案例验证法：雄安	对模型基础较好的城市进行验证，探究技术在国内不同区域的适用性

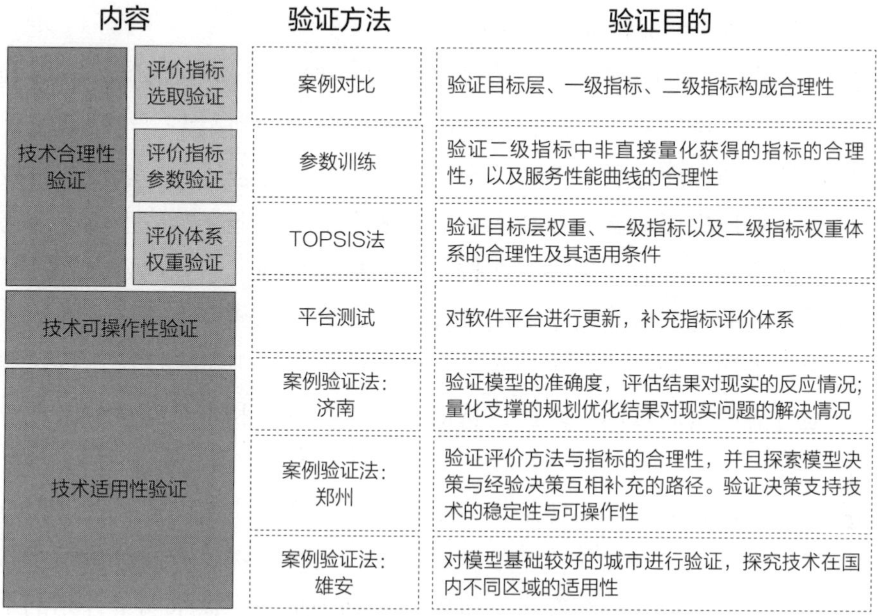

图3-47　供水规划决策支持技术验证方法

3.4.4.2 指标体系调整

（1）指标选取

在原有的决策支持体系中，给水工程规划方案主要从技术性、经济性、安全性和可操作性四个方面来评价（图3-48）。给水系统规划方案的评价遵循以技术性分析为前提、经济性分析为补充、安全性分析为主体的原则。

在原有的决策支持评价体系中，技术性是指给水系统能以足够压力向用户输送充足的水量，即水压、水量的保障性：①水压保障。为用户的用水提供符合标准的用水压力，使用户在任何时间都能取得充足的水量；②水量保障。向用水地点及时可靠地提供满足用户需求的用水量。它主要以流量和压力作为参数，从水

技术性
（Technic）
❖ 水力性能
❖ 水质性能

 经济性
（Economic）
❖ 基建费用
❖ 运行费用

 安全性
（Robust）
❖ 水源地情况
❖ 供、输水状况
❖ 管网管理状况

👥 可操作性
（Feasible）
❖ 专家打分

图3-48　原一级、二级评价指标体系

力观点评价给水系统的性能。在给定的规划方案的拓扑结构中管段流速与管段流量成正比，可以用管段流速来反映管段流量参数。而在压力指标的选取上需要综合反映单节点压力、同一节点不同工况下压力的波动及同一工况下不同节点压力的分散程度等多种情况。所以，选取节点压力、管段压力波动、节点压力标准差及管段流速作为技术性分析的评价指标。

经济性主要反映不同规划方案的基建费用和日常运行中对能量的有效利用能力，它主要是工程投资和水泵效率两方面来评价资源的利用率。给水系统工程规划方案的科学性和合理性是一个技术与经济可行性的综合体现，需要通过技术经济分析来确定最佳规划方案。在技术上可行的方案，可能在经济上不符合当时的投资能力，而投资最省的规划方案在技术上可能不合理。工程规划方案的经济性分析是在技术上满足工程建设目标的条件下，计算方案的经济费用。在给水系统规划中，通常采用工程基建费用和年运行费用来表达。因供水系统运行过程中主要是泵站运行能耗费用较高，因此，选取系统工程造价和水泵年运行电耗作为经济性评价指标。

原指标评价体系中的安全性是指给水管网在保证水质的前提下能够连续不间断地向用户输水，其主要是从给水系统各设施的可靠性保障方面评价给水管网的安全性。2004年世界卫生组织在世界水安全计划中提出：饮水安全计划的最高目标是在优质供水的管理实践中使得水源的污染最小化，通过净水工艺处理实现最大化减少或去除水中的各类污染物，在贮存、配水及用水时防止受到新的污染。要求供水机构以最大限度减少因为管理疏忽或系统故障导致的饮水故障或意外事故概率。保障饮用水安全的最佳管理方法是预防性管理，即充分考虑从集水区水源到饮用者用水的各个环节。目前的指标体系中关于安全性的指标设计主要参照国内外学者研究现状及国家的饮水安全评价指标体系，同时结合城市供水系统规划的规范要求，从城市供水的水源、供水和输水、使用、管理调度几个方面对影响城市供水安全的因素进行分析和指标选取。

由专家来评价该系统方案的可实施性与合理性。专家打分法是指通过匿名方式征询有关专家的意见，对专家意见进行统计、处理、分析和归纳，客观地综合多数专家经验与主观判断，对大量难以采用技术方法进行定量分析的因素做出合理估算，经过多轮意见征询、反馈和调整后，对规划方案的可实现程度进行分析的方法。

（2）指标体系修正

根据国内外2009—2018年城镇供水系统评价视角的变化与我国城镇供水系统的需求以及面临的风险发生的深刻变化。原有的城镇供水系统评价体系指标构成存在以下问题：

1）未能体现"可持续性"这一关键目标。

2）"安全性"这一目标层定义模糊，与"技术性"这一目标层有部分指标的重叠。

3）"安全性"这一目标层的指标构建未能较好地体现系统的韧性与可靠性。

4）"可操作性"已不足以单独构成目标层。

5）文本中设计的指标体系并未完全在应用中得到落实。

因而，对决策支持体系作出以下修正，调整后的指标体系见表3-58。

调整后的指标体系　　　　　　　　　　　　　　　　　表3-58

目标层	一级指标	二级指标	说明
技术性	水力性能	节点压力平均值	保留
		节点压力合格率	保留
		节点压力均衡性	保留，修改指标内容
		管段经济流速指数	保留，修改指标内容
	水质性能	管网水质合格率	新增，来自原"安全性"目标
		节点水龄合格率	保留
	供水效率	管网漏损率	新增，来自原"安全性"目标
		供水覆盖率	新增，来自原"安全性"目标
经济性	基建费用	单水基建费用	保留
	运行费用	单水运行费用	保留，修改指标内容
安全性	供给安全	枯水年水量保证率	保留
		水源水质类别	保留，修改指标内容，修改所属一级指标
		水源备用比例	保留，修改所属一级指标
		调蓄水量比率	新增，补充自文本
	管网保障	输配水管网爆管概率	新增
		事故时节点流量保证率	新增
		输配水管线备用系数	新增
	综合管理	应急调度预案	保留，修改所属一级指标

目标层	一级指标	二级指标	说明
可持续性	能耗利用	全生命周期能耗	新增
		单水温室气体排放	新增
	资源利用	再生水利用率	新增
		供水产销差	新增
		万元工业增加值用水量	新增
	系统生态	地表水开发利用率	新增
		地下水开采系数	新增

（3）技术性指标构成

将原有指标体系中安全性中关于供水管网基本性能的部分指标调整至技术性。技术性除原有的水力性能与水质性能之外，增加一级指标供水效率，衡量供水管网的覆盖率与管网的输送效率。部分指标调整、定义以及相关参数如下：

1）节点压力平均值

最小自由水压在国家及地方相关规范有控制性条款。《城市给水工程规划规范》GB 50282—1998规定：供水水压宜满足用户接管点处服务水头（28m）要求。《上海市供水调度、水质、贸易计量管理规定》中规定：确保城镇供水管网干管末梢压力≥0.16MPa，管网压力合格率≥97.0%。通常来说管网控制点多在边远区域，供水的安全可靠度要求较低，结合我国相关规定，建议控制点最小自由水压取14～20m，控制点以外的其他用水点都将大于该最小压力值。

允许的最大自由水压的控制方面，《建筑给水排水设计规范》GB 50015—2003（现已作废）中规定：卫生器具给水配件承受的最大工作压力，不得大于0.6MPa；各分区最低卫生器具配水点处的静水压不宜大于0.45MPa，特殊情况下不宜大于0.55MPa；水压大于0.35MPa的入户管（或配水横管），宜设减压阀或调压设施。其他给水设计规范中涉及最大自由水压的条款较少，需要从规划方案中所使用的管材及用户的用水器具的耐受能力方面考虑，同时还要兼顾管网漏损和爆管频率的影响。一般来说，根据目前常用给水管材，以及管网漏损和爆管的考虑，结合我国相关规范规定，建议管网中节点最大自由水压取45～60m。

2）节点压力均衡性

所有节点的自由水压与允许的最小自由水压之间差值的平均值。

$$X_4 = \sqrt{\frac{1}{N}\sum_{i=1}^{N}(H_i - H_a)^2} \tag{3-4}$$

式中　X_4——节点压力离优差，MPa；

H_i——节点i的压力，MPa；

H_a——允许的最小自由水压，MPa。

3）管段经济性流速

管段流速经济性指数由经济流速范围界定。本课题拟采用《给水排水设计手册》中提到的经验公式作为经济流速的评价依据，经验公式如下：

$$V_j = 0.1274D^{0.3} \tag{3-5}$$

式中　V_j——经流流速，m/s；

　　　D——管道直径，mm。

（4）经济性指标构成

经济性仍保留原体系中的基建费用与运行费用两个一级指标。

（5）安全性指标构成

安全性指标构成：新构建的安全性目标分别从水源的供给安全、管网的保障以及综合管理能力3个方面来评价。其中水源部分的考察包括水源的组成、各类水源的水质、水量的保证、水源备用的比例、调蓄水量比率等方面。管网部分包括管网爆管的概率、事故状态下节点流量的损耗率、输配水管线备用情况等。综合管理则保留原决策支持体系中的应急调度预案指标。

1）枯水年水质保证率

枯水流量保证率是指枯水年可供水量与设计综合生活供水量的比值。它反映的是城市供水水源在枯水年或连续枯水年份供水系统供水能力的指标。当水源为地表水时，由于天然来水变化的随机性和蓄水工程调蓄能力的限制，供水工程在枯水年或连续枯水年份由于供水量的加大、可供水量的降低而无法达到预期的供水量，从而未能满足用水户的用水要求，产生供水破坏现象。《城市给水工程规划规范》GB 50282—2016规定：城市给水水源的枯水流量保证率应根据城市性质和规模确定，可采用90%～97%。当水源的枯水流量不能满足上述要求时，应采取多水源调节或调蓄等措施。

2）输配水管网爆管概率

爆管概率作为一个经验指标，主要是从管材、管龄、压力/承压3个层面分析爆管发生的概率。通过专家评估赋值，分别赋予影响管段爆管的3个影响因素管材、管龄、管段压力的权重系数为0.3、0.3、0.4。

3）事故时节点流量保证率

事故流量保证率指供水系统在事故状态下能够保障的流量占正常工作时流量的百分比。《室外给水设计规范》GB 50013—2006（现已作废）规定：事故状态保障70%的供水量。根据规范要求，设定区间为$U \in （0，0.7）$，评价节点落入此区间范围的个数，即统计事故状态下节点流量保障率不足70%的节点数N_1，并与节点总数N的比值，记为节点流量事故率。

4）事故时节点流量保证率

输配水管线备用由输水管线备用率与配水管线备用率加权得到。备用系数是城市供水系统备用设施占总设施数的百分比。它反映了供水系统中备用设施所占的比例，在一定程度上体现了系统应对突发性事故的能力。输水方面，城市输水管线宜采用两条，并按设计流量的70%计算管段管径。选取备用输水管的设计流量占总流量的百分比，记为输水备用系数，作为输水备用方面的指标变量；配水方面，城市配水管网宜采用环状布置，保证供水稳定性；另外，其他供水设施需考虑备用预留，加强供水连续性。选取配水管线备用系数作为指标变量，具体是通过管网中环数占节点数的比例计算的。

（6）可持续性指标构成

可持续性为此次验证新增的目标层，主要衡量的是城市供水系统对环境的影响程度。可持续性主要由环保低碳、资源利用与系统生态3个一级指标构成，分别从能耗、资源与污染3个角度评价1个供水系统的生态可持续性。

1）全生命周期能耗分析

从全生命周期的视角去定量分析系统对资源和环境造成的总体影响。在全生命周期分析中，除运行能耗外，即供水管网、加压泵站能耗与供水厂运行能耗外，还需要考虑系统建造与回收过程的能耗与物材本身的耗能。本研究中主要应用Ecoinvent生命周期数据库中对于单水生产、输水和配水与运行中能耗的相关参数。计算公式如下：

$$E = \frac{C_1Q_1 + C_2Q_2 + C_3Q_3 + \dfrac{\sum B_jL_j}{H}}{Q} + E_0 \tag{3-6}$$

式中　E——单水全生命周期耗能；

Q——单位时间总供水量，m^3；

C_i——单位供水量（地表水、地下水、再生水）的全生命周期生产耗能，为Ecoinvent生命周期数据库参数；

Q_i——地表水、地下水、再生水供水量，m^3；

B_j——不同材质管网全生命周期耗能，为Ecoinvent生命周期数据库中参数；

L_j——不同材质管网的总长度，m；

H——管网服务周期；

E_0——泵站生产单水平均耗能，kWh/m^3。

通过以上方法计算，使用指定管径的管材（1m）产生的环境影响和生产$1m^3$不同类型的水产生的环境影响分别见表3-59和表3-60。

使用指定管径的管材（1m）产生的环境影响 表3-59

类型	单位	过程	钢管（300mm）	PE管（200mm）	混凝土、砼管（400mm）	球墨铸铁（400mm）	PVC（200mm）
GWP	kg CO$_2$	生产	105.00	25.50	28.40	128.00	21.10
		运输	3.23	3.76	4.39	3.25	3.76
		安装	8.73	8.83	15.00	8.73	8.83
温室气体	kg CO$_2$	合计	**175.44**	**38.09**	**95.58**	**279.96**	**33.69**
CED	MJ	生产	1400.00	898.00	7150.00	1680.00	577.00
		运输	53.20	61.80	72.30	53.50	61.80
		安装	135.00	137.00	200.00	135.00	137.00
能耗利用	kWh	合计	**661.75**	**304.67**	**4123.50**	**1038.06**	**215.50**

生产1m³不同类型的水产生的环境影响 表3-60

类型	kgCO$_2$	能耗（kWh）
地表水	1.3	0.3
地下水	1.5	0.4
再生水	2.19	0.5
泵站单水排放	0.4	自动

2）再生水利用率

再生水就是污水经过适当处理后，达到一定的水质指标，满足某种使用要求，可以再次利用的水。目前，不同部门或领域对此表述不完全一致，建筑物或建筑小区再生水利用多用"中水"进行表述。为避免歧义，本文统一使用再生水进行表述。《城市给水工程规划规范》GB 50282—2016规定，缺水城市应加强污水收集、处理，再生水利用率不应低于20%。"十三五"规划明确要求各地对再生水利用率至少达到15%，京津冀地区要求达到30%以上。

3）供水产销差

供水产销差率为产销差水占自来水总量的比例。供水企业提供给城市输水和配水系统的自来水总量与所有用户的用水量总量中收费部分的差值定义为产销差水。产销差水＝免费供水量＋物理漏水量＋账面漏水量，如图3-49所示。

4）万元工业增加值用水量

万元工业增加值用水量是工业用水量和工业增加值的比值，可有效反映水资源利用效率和效益。万元工业增加值是衡量城镇用水效率的关键指标之一，也是我国实现节水型社会的关键控制目标。"十三五"期间全国万元工业增加值用水量要下降30%。

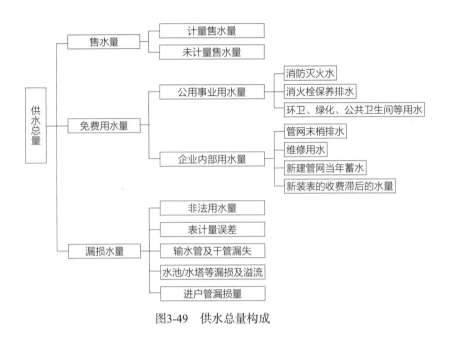

图3-49 供水总量构成

5）地表水开发利用率

水资源开发利用率（水资源利用率）是指流域或区域用水量占水资源总量的比例，体现的是水资源开发利用的程度。然而，我国的水资源开发利用常忽视生态的影响。国际上一般认为，对一条河流的开发利用不能超过其水资源量的40%，截至2015年的统计数据，黄河、海河、淮河水资源开发利用率都超过50%，分别为106%、82%和76%，远远超过国际公认的40%的水资源开发生态警戒线。

6）地下水开采系数

地下水开采系数是以采补平衡为基础，指实际或计划的地下水开采量与可开采资源量的比值。如果开采系数为1，说明达到平衡，这一地区的地下水潜力为零。根据这一概念，一般认为开采系数小于0.3，则为潜力巨大地区，开采系数大于1.2为严重超采区。

在我国华北平原与西北大部分地区，地下水超采情况十分严重。以新疆为例，全区水资源开发利用率为69.4%，总体上开发利用过度。其中地表水开发利用率达65.9%、地下水开发利用率达79.09%，在新疆东部与新疆南部地区，地下水超采现象严重。

3.4.4.3 指标参数验证

（1）待验证的参数

在原有的评价指标体系中，针对相应的指标变量绘制了标准服务性能曲线。

随着指标变量值的改变则服务水平在"没有服务"和"最优服务"状态之间变化，即利用评价指标比尺作为评价标准对不同规划方案的优化程度进行评价，供水技术性、经济性、安全性的评价指标体系与评价标准见表3-61~表3-63。

供水技术性评价指标体系与评价标准
表3-61

等级	指标					
	水力性能					水质性能
	节点压力水头（m）	节点压力波动	节点压力水头标准平方差（m）	1、2、3级压力比重（%）	管段流速（m/s）	节点水龄
1级	h_{min}	0	0	≥80	V_j	$<T_m$
2级	$0.75h_{min} \sim 1.5h_{min}$	0~0.5	$0 \sim 1.5h_{min}-0.75h_{min}$	≥75	$0.5V_j \sim V_j$	$T_m \sim T_{max}$
3级	$1.5h_{min} \sim 1h_{max}$	0.5~1	$1.5h_{min}-0.75h_{min} \sim h_{max}-0.75h_{min}$	≥70	$V_j \sim 2V_j$	$>T_{max}$
4级	$h_{max} \sim 1.5h_{max}$	1~2	$h_{max}-0.75h_{min} \sim 1.5h_{max}-0.75h_{min}$	≥65	$2V_j \sim 3V_j$	—
5级	$>1.5h_{max}$且$<0.75h_{min}$	>2	大于（$1.5h_{max}-0.75h_{min}$）	≥60	$>3V_j$且$<0.5V_j$	—

供水经济性评价指标体系与评价标准
表3-62

等级	指标	
	基建费用	运行费用
	单水基建费用（元/m³）	单水电耗（kWh/m³）
1级	0.10~0.15	0.20~0.25
2级	0.15~0.20	0.25~0.30
3级	0.20~0.25	0.30~0.32
4级	0.25~0.30	0.32~0.34
5级	0.30~0.35	0.34~0.36

供水安全性评价指标体系与评价标准
表3-63

等级	指标									
	水源地状况			城市供输水状况				用水状况	供水管理状况	
	水源水质类别	枯水年水量保证率（%）	取水能力（%）	自来水普及率（%）	管网漏损率（%）	管网爆管率（%）	管网水质合格率（%）	人均生活用水量[L/（人·d）]	备用水源	应急预案
1级	I	≥97	≥95	≥95	≤10	≤5	100	≥200	1	1
2级	II	≥95	≥90	≥92	≤12	≤8	≥97	≥160	2	2
3级	III	≥90	≥80	≥90	≤14	≤12	≥95	≥120	3	3
4级	IV	≥85	≥70	≥88	≤17	≤15	≥93	≥80	4	4
5级	IV	≥80	≥65	≥85	≤20	≤20	≥90	≥60	5	5

（2）参数验证方法

对需要设计定量化服务曲线的参数，在此采取黑箱模型参数优化。即用稳定情况下的时序数据和突发情况下的事故数据，在黑箱模型中进行参数优化，从而训练得出最优参数集。常见的参数训练法如下：

1）极大似然法（Maximum Likelihood）

极大似然法（Maximum Likelihood）就是在参数θ的可能取值范围内，选取使$L(\theta)$达到最大的参数值θ，作为参数θ的估计值。

当总体X为连续型随机变量时，设其分布密度为$f(x; \theta_1, \theta_2 \cdots \theta_m)$，其中$\theta_1, \theta_2 \cdots \theta_m$为未知参数。又设$x_1, x_2 \cdots x_n$为总体的一个样本，称

$$L(\theta_1, \theta_2 \cdots \theta_m) = \prod_{i=1}^{n} f(x_i; \theta_1, \theta_2 \cdots \theta_m)$$

为样本的似然函数，简记为L_n。

当总体X为离散型随机变量时，设其分布规律为$P\{X = x\} = p(x; \theta_1, \theta_2 \cdots \theta_m)$，则称

$$L(x_1, x_2 \cdots x_n; \theta_1, \theta_2 \cdots \theta_m) = \prod_{i=1}^{n} p(x_i; \theta_1, \theta_2 \cdots \theta_m)$$

为样本的似然函数。

若似然函数$L(x_1, x_2 \cdots x_n; \theta_1, \theta_2 \cdots \theta_m)$在$\hat{\theta}_1, \hat{\theta}_2 \cdots \hat{\theta}_m$处取到最大值，则称$\hat{\theta}_1, \hat{\theta}_2 \cdots \hat{\theta}_m$分别为$\theta_1, \theta_2 \cdots \theta_m$的最大似然估计值，相应的统计量称为最大似然估计量。

$$\frac{\partial \ln L_n}{\partial \theta_i}\bigg|_{\theta_i = \hat{\theta}_i} = 0, \ i = 1, 2 \cdots m$$

若$\hat{\theta}$为θ的极大似然估计，$g(x)$为单调函数，则$g(\hat{\theta})$为$g(\theta)$的极大似然估计。

求解步骤如下：由总体分布导出样本的联合概率密度函数；把样本联合概率密度函数中自变量看成已知常数，而把参数θ看作自变量，得到似然函数$L(\theta)$；求似然函数的最大值点（常转化为求对数似然函数的最大值点）；在最大值点的表达式中，用样本值代入即得到参数的极大似然估计值。

2）梯度下降法（Gradient Decent）

梯度下降是迭代法的一种，可以用于求解最小二乘问题（线性和非线性都可以）。在求解机器学习算法的模型参数，即无约束优化问题时，梯度下降（Gradient Descent）是最常采用的方法之一，另一种常用的方法是最小二乘法。在求解损失函数的最小值时，可以通过梯度下降法来一步步地迭代求解，得到最小化的损失函数和模型参数值。反过来，如果我们需要求解损失函数的最大值，这时就需要用梯度上升法来迭代了。在机器学习中，基于基本的梯度下降法发展

了两种梯度下降方法，分别为随机梯度下降法和批量梯度下降法。

梯度是一个向量，具有大小和方向。想象我们在爬山，从我所在的位置出发可以从很多方向上山，而最陡的那个方向就是梯度方向。对函数 $f(x_1, x_2 \cdots \cdots x_n)$ 来说，对于函数上的每一个点 $P(x_1, x_2 \cdots \cdots x_n)$，都可以定义一个向量 $\left\{ \dfrac{\partial f}{\partial x_1}, \dfrac{\partial f}{\partial x_2} \cdots \cdots \dfrac{\partial f}{\partial x_n} \right\}$，这个向量被称为函数 f 在点 F 的梯度（Gradient），记为 $\nabla f(x_1, x_2 \cdots \cdots x_n)$。函数 f 在点 P 沿着梯度方向最陡，也就是变化速率最快。

假设要求函数 $f(x_1, x_2)$ 的最小值，起始点为 $x^{(1)} = \left(x_1^{(1)}, x_2^{(1)} \right)$，则在 $x^{(1)}$ 点处的梯度为 $\nabla \left(f\left(x^{(1)} \right) \right) = \left(\dfrac{\partial f}{\partial x_1^{(1)}}, \dfrac{\partial f}{\partial x_2^{(1)}} \right)$，可以进行第一次梯度下降来更新 x：

$$x^{(2)} = x^{(1)} - \alpha * \nabla f(x^{(1)})$$

其中，α 被称为步长。这样就得到了下一个点 $x^{(2)}$，重复上面的步骤，直到函数收敛，此时可认为函数取得了最小值。在实际应用中，可以设置一个精度 ϵ，当函数在某一点的梯度的模小于 ϵ 时，就可以终止迭代。

3）最大化先验概率法（Maximum a Priori Probability）

先验概率（Prior Probability）是指根据以往经验和分析得到的概率，如全概率公式，它往往作为"由因求果"问题中的"因"出现的概率。在贝叶斯统计推断中，不确定数量的先验概率分布是在考虑一些因素之前表达对这一数量的置信程度的概率分布。

朴素贝叶斯法中的先验概率估计公式推导如下：

设输入空间为 n 维向量的集合，输出空间为类标记集合 $\{c_1, c_2 \cdots \cdots c_k\}$。输入为特征向量 x 属于输入空间，输出为类标记 y 属于输出空间。X 是定义在输入空间上的随机向量，Y 是定义在输出空间上的随机向量。$P(X, Y)$ 是 X 和 Y 的联合概率分布。训练数据集 $T = \{(x_1, y_1), (x_2, y_2) \cdots \cdots (x_N, y_N)\}$。

先验概率分布

$$P^{(Y = C_k)}, \ k = 1, \ 2 \cdots \cdots K$$

条件概率分布

$$P(X = x \mid Y = C_k) = P(X^{(1)} = x^1 \cdots \cdots x^{(n)} = x^m \mid Y = C_k), \ k = 1, \ 2 \cdots \cdots K$$

假设 $x^{(j)}$ 可取值有 S_j 个，$j = 1, \ 2 \cdots \cdots n$，$Y$ 可取值有 K 个，那么参数个数为 $K \prod_{j=1}^{n} S_j$。朴素贝叶斯法对条件概率分布做了条件独立性假设，将独立性假设代入得：

$$P\left(Y = C_k \mid X = x \right) = \frac{P\left(Y = C_k \right) \prod_{j=1}^{n} p\left(X^{(j)} = x^{(j)} \mid Y = C_k \right)}{\sum_{k=1}^{K} P\left(Y = C_k \right) \prod_{j=1}^{n} p\left(X^{(j)} = x^{(j)} \mid Y = C_k \right)}$$

分母对所有C_k都是相同的，所以：

$$y = arg_{max} CKP(Y = C_k)P\prod_{j=1}^{n} P\left(X^{(j)} = x^{(j)} \middle| Y = C_k\right)$$

运用极大似然估计法估计相应的概率，得出先验概率的极大似然估计是

$$P(Y = C_k) = \frac{\sum_{i=1}^{n} I(y_i = C_k)}{N}, \ k = 1, \ 2 \cdots\cdots K$$

设第j个特征$x^{(j)}$可能取值的集合为$\{a_{j1}, \ a_{j2}\cdots\cdots a_j S_j\}$，条件概率$P(X^{(j)} = a_{jl}|Y = C_k)$的极大似然估计是：

$$P(X^{(j)} = a_{jl} \middle| Y = C_k) = \frac{\sum_{i=1}^{N} I(x_i^j = a_{jl}, y_i = C_k)}{\sum_{i=1}^{N} I(y_i = C_k)}$$

$$j = 1, 2\cdots\cdots n; l = 1, 2\cdots\cdots S_j; k = 1, 2\cdots\cdots K$$

式中，x_i^j是第i个样本的第j个特征值；x_{jl}是第j个特征可能取的第l个值；I为指示函数。

对需要设计定量化服务曲线的参数，在此采取黑箱模型参数优化。即用稳定情况下的时序数据和突发情况下的事故数据，在黑箱模型中进行参数优化，从而训练得出最优参数集。

（3）参数验证结果

技术性、经济性、安全性指标服务性能曲线优化后的参数见表3-64～表3-67。

技术性指标服务性能曲线　　表3-64

指标	水力性能				水质性能		供水效率	
等级	节点压力水头（平均值）（m）	节点压力合格率（%）	节点压力离优差（m）	管段经济流速指数（m/s）	管网水质合格率（%）	节点水龄合格率（%）	管网漏损率（%）	供水覆盖率（%）
4	h_{min}	90	0	V_j	100	$<T_m$	≤ 10	100
3	$0.75h_{min} \sim 1.5h_{min}$	80	$0 \sim 1.5h_{min} - 0.75h_{min}$	$0.5V_j \sim V_j$	≥ 97	$T_m \sim T_{max}$	≤ 12	98
2	$1.5h_{min} \sim 1h_{max}$	75	$(1.5-0.75)h_{min} \sim h_{max} - 0.75h_{min}$	$V_j \sim 2V_j$	≥ 95	$>T_{max}$	≤ 14	95
1	$h_{max} \sim 1.5h_{max}$	70	$h_{max} - 0.75h_{min} \sim 1.5h_{max} - 0.75h_{min}$	$2V_j \sim 3V_j$	≥ 93	$>T_{max}$	≤ 17	92
0	$>1.5h_{max}$且$<0.75h_{min}$	60	$>1.5h_{max} - 0.75h_{min}$	$<0.5V_j$且$>3V_j$	≥ 90	$>T_{max}$	≤ 20	<90

经济性指标服务性能曲线　　　　　表3-65

指标	基建费用	运行费用
等级	单水基建费用（元/m³）	单水电耗（kWh/m³）
4	0.10 ~ 0.15	0.20 ~ 0.25
3	0.15 ~ 0.20	0.25 ~ 0.30
2	0.20 ~ 0.25	0.30 ~ 0.32
1	0.25 ~ 0.30	0.32 ~ 0.34

安全性服务性能曲线　　　　　表3-66

指标	供给安全				管网保障			综合管理
等级	枯水年水量保证率（%）	水源水质类别	备用水源	调蓄水量比率（%）	输配水管网爆管概率（%）	节点流量事故率（%）	输配水管线备用（%）	应急调度预案（专家打分）
4	≥97	Ⅰ	1	>25	<5	<3	≥90	1
3	≥95	Ⅱ	2	20 ~ 25	5 ~ 10	3 ~ 7	≥80	2
2	≥90	Ⅲ	3	15 ~ 20	10 ~ 15	7 ~ 10	≥70	3
1	≥85	Ⅳ	4	10 ~ 15	15 ~ 20	10 ~ 15	≥60	4
0	≥80	Ⅳ	5	<10	>20	>15	≥50	5

可持续性服务性能曲线　　　　　表3-67

指标	能耗利用		资源利用			系统生态		
等级	全生命周期能耗（kWh/m³）	单水温室气体排放（kgCO₂/m³）	再生水利用率（%）	供水产销差（%）	万元工业增加值用水量（m³/万元）	地表水开发利用率（%）	地下水开采系数
4	≤0.2	≤0.5	≥50	≥92	≤25	≤30	≤0.83
3	≤0.4	≤1	≥40	≥90	≤30	≤40	0.83 ~ 1
2	≤0.6	≤1.3	≥30	≥87	≤40	≤45	1 ~ 1.05
1	≤0.8	≤2	≥20	≥85	≤50	≤50	1.05 ~ 1.2
0	≤1	≤3	≥10	≥80	≤60	≤60	>1.2

3.4.4.4　指标权重验证

　　考虑到权重选取的主观偏向性，选取多维准则分析（Multiple-Criteria Decision Analysis）当中的在近年来最常用的逼近理想解排序法（Technique for Order of Preference by Similarity to Ideal Solution，TOPSIS）来进行权重的选取，如图3-50 所示。其基本原理，是通过检测评价对象与最优解、最劣解的距离来进行排序，若评价对象最靠近最优解同时又最远离最劣解，则为最好，否则为最差。

　　由TOPSIS求解法得出的两套权重分配方案如图3-51所示。

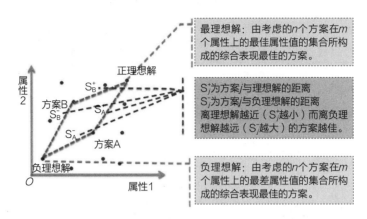

图3-50　逼近理想解排序法原理示意

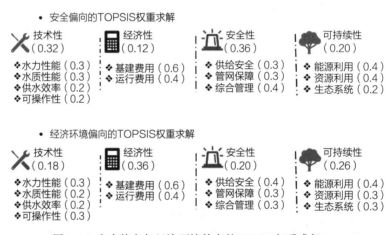

图3-51　安全偏向与经济环境偏向的TOPSIS权重求解

　　平台更新了WaterGEMS以及CAD二次开发的接口，目前已适用于WaterGEMS SS5以及CAD 2014及以上版本。并优化调整了隶属度函数、提升了系统稳定性。在第三方测评中心测评通过。

3.4.4.5　典型城市验证（一）

　　在案例验证中，选取济南市为主要验证城市。在"十一五"期间济南城区供水现状模型与规划模型的基础上，通过济南供水系统的信息收集，补充搭建2018年城区供水管网模型。通过相同工况的系统模拟，得出2009年现状和2018年实际供水两个供水系统在技术性、经济性、安全性与可持续性的评分。同时，通过收集2009—2018年济南市供水系统的主要运行数据，按照已建立的评估体系对供水系统进行逐年的量化评估。通过交叉对比得到了四套评估结果，从而验证模型对现实的反应情况；规划中的优化及对现实问题的解决情况等。

　　济南市的验证数据主要来源于政府统计数据，已经批复或通过专家评审的相关规划，各企业提供的数据，各相关供水设施提供的实测数据等，主要包括《济南市统计年鉴》（2009—2018年）、《济南市水资源公报》（2009—2018年）、《济南市城市总体规划（2006—2020）》《济南市城市总体规划（2018—2035）》《济南市"十三五"水专项调研报告》《济南市水业集团供水日报（2009—2015）》《济南市监测中心进出水数据（2009—2018）》《济南市管网在线测压点压力数据（2009—2018）》等。

　　（1）规划对比

　　2009年，济南的供水系统（图3-52）主要有以下特点：主力水源集中分布在城市的西部和西北部；水源分布和设施配置不均衡，运行能耗较高。水源多种，但现状供水单一，主要依赖于黄河水；多水源间缺少互备互用。地下水水质良好，受"保泉限制开采"政策的限制，但工业自备井地下水开采量较大；再生水的利用量较少；供水厂设施陈旧，尤其是针对引黄水水质特征，供水厂工艺亟待升级改造；部分管道老化，管网漏损率较高。

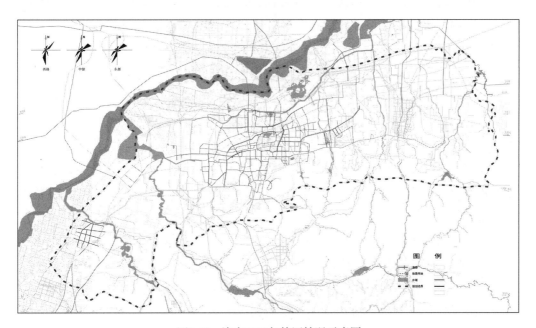

图3-52　济南2009年管网情况示意图

　　2010年，《济南市城市供水专项规划（2010—2020）》发布。该规划主要解决的问题有：协调"保泉"与"合理利用地下水资源"的问题；2013年南水北调东线及配套工程建成，面临着如何优化配置多种水源的问题；旧城功能将提升，新区建设将向东西两翼展开，城市供水面临着统筹区域、优化系统布局和完善设施建设；2010版规划主要提出的措施有：

在供水配置方面，合理的比例构成，保证互备互调，提高应急供水的保障能力，如图3-53所示。

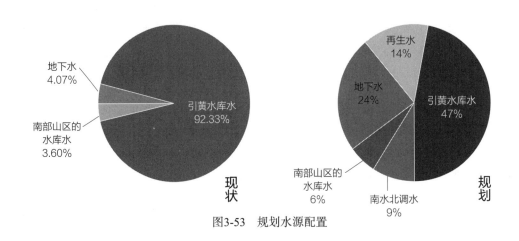

图3-53　规划水源配置

在管网结构方面，多水源分区的环网供水系统。结合南北地形高差，根据供水压力区域分析结果，将片区进行分区。

（2）城市供水水源

近十年来，济南市充分利用当地地表水、合理开发利用地下水，有效利用黄河水、长江水，先后建成玉清湖水库、鹊山水库、东湖水库等骨干水源工程，完成田山灌区与济平干渠连通工程、"五库连通"、卧虎山水库增容等工程建设，实现了黄河水、长江水、当地地表水、地下水多水源联合调度，优化了水资源配置。全市供水设施建设与改造稳步推进，设施能力和服务水平不断提高，保障了城市的基本需求和安全运营。市域范围内共有水源水库9座，供水厂33座，其中地表水水源供水厂13座，地下水水源供水厂20座。中心城范围内现状供水厂17座，其中预处理水厂1座（南康水厂），地表水水源供水厂7座，地下水水源供水厂9座。地表水水源供水厂设计供水能力为103.5万m³/d，目前实际供水量为87.5万m³/d。地下水水源供水厂设计供水能力为69.5万m³/d，由于市区水厂、西郊水厂、东郊水厂均限采，目前实际供水量为19万m³/d。

目前，济南的供水配置解决了2009年提出的"现状供水单一"的问题，水源配置结构得到了优化，水源地之间协调性大大增强，如图3-54所示。

全市多年平均当地地表水资源量为4.7亿m³，50%、75%、95%保证率分别为4.7亿m³、3.6亿m³、1.1亿m³。平原区和山丘区地下水可开采量之和扣除重复计算的山前侧渗补给量和河川基流量形成的地表水体补给量计算的可开采量。多年平

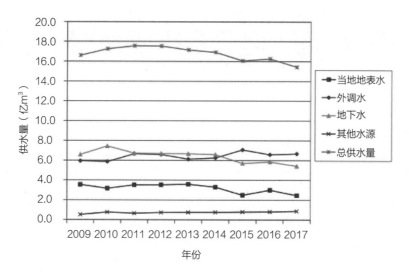

图3-54 济南市历年供水量变化趋势图

均地下水可开采量为9.1亿m³。济南市多年平均当地水资源总量为11.6亿m³。基于以上条件，济南市水资源供需平衡分析见表3-68。

济南市水资源供需平衡分析   表3-68

序号	水源	可供水量（万m³/d）				水量保证率	水质安全风险
		综合生活用水	工业用水	浇洒道路和绿地用水	合计		
1	黄河水	62	58	—	100	受流域配额的限制	较高
2	长江水			—	20	受流域配额的限制	较高
3	南部山区的水库水	12	—	—	12	保证率较低	受水源地污染控制的制约
4	地下水	37		—	37	稳定	有一定风险
5	再生水	—	—	30	30	稳定	较低，管理风险

（3）城市供水设施

中心城区范围内现状供水加压站35座，设计加压能力144.6万m³/d。主要向南部高地形区以及东部区域多级加压供水。部分管网老旧严重，管网漏损率较高。据目前已统计数据，济南市有三十年以上老旧管线约456km，50年以上老旧管线约318km，主要集中在天桥片区，目前统计已改造29.8km。城区部分管网老旧严重，管网漏损率较高（表3-69和表3-70）。

近9年城区DN200以上管漏水统计   表3-69

年份	DN200以上漏水次数		
	明漏	暗漏	合计
2010	225	107	332
2011	328	172	500
2012	181	165	346
2013	258	164	422
2014	201	139	340
2015	271	162	433
2016	303	281	584
2017	254	229	483
2018	330	124	454

2009—2018年城区供水管网漏损率和产销差   表3-70

年份	产销差（%）	管网漏损率（%）
2009	31.98	—
2010	28.51	—
2011	31.66	—
2012	28.99	—
2013	26.94	—
2014	24.69	11.9
2015	21.5	11.9
2016	19.96	11.9
2017	23.79	11.9
2018	23.22	11.5

济南市城区供水设施空间分布不合理，由西向东供水距离远，影响供水系统效率。城区大供水厂数量偏少，小供水厂数量偏多，整体集约化程度不高；部分供水厂设施陈旧、水质应变处置能力低，没有改扩建余地。主城区、东部城区管网覆盖率有明显差异，东部城区管网建设滞后；各企业供水管网未能实现互联互通，区域之间互为保障能力较差，供水厂的电耗、药耗和制水成本等效率有待提升（表3-71）。

2012—2018年供水厂效率相关数据　　表3-71

年份	电耗（kWh/km³）	药耗（kg/km³）	制水成本（元/m³）
2012	196.01	17.14	1.23
2013	184.84	14.84	1.27
2014	186.27	12.1	1.24
2015	185.93	11.18	1.41
2016	182.6	11.7	1.57
2017	171.43	12.05	1.57
2018	178.09	10.19	1.51

（4）供水系统模拟分析

2009年，济南市供水管网模型主要覆盖槐荫区、天桥区、市中区以及历下区，由峨眉山水厂、玉清水厂、大扬水厂、腊山水厂、八里桥水厂、南郊水厂、分水岭水厂、鹊华水厂、工业北路水厂、宿家水厂、白泉水厂、东源水厂、雪山水厂共15座供水厂向区域供水。将济南市2009年的管网、供水厂、需水量等数据输入WaterGems系统中，构建济南市2009年供水系统水力模型，模型管段个数为28259个，节点个数为24148个。

根据规划区供水系统2010年7月某日的实测数据，分别从供水厂的供水量、出厂压力，供水设施的流量、进出站压力，管网中监测点的实测压力多个方面对供水系统现状模型进行反复校核，最终得到基本满足规划模型精度要求的校核结果（表3-72和表3-73）。

压力校核标准　　表3-72

机构名称	哈尔滨工业大学			埃克塞特大学		
压力误差范围（kPa）	10	20	40	5	7.5	20
满足要求节点数量（%）	50	80	100	85	95	75

流量校核标准　　表3-73

机构名称	哈尔滨工业大学		埃克塞特大学	
管段流量占总水量的比例（%）	≥0.5	≥1	≤10	>10
误差范围（%）	≤10	≤5	5	10

管网模型校核标准与模型应用目的相关，受管网基础数据质量限制。济南市供水管网水力模型用于指导管网规划，管网压力校核标准采用50kPa，流量校核

标准采用15%。通过模型校核，各供水厂出厂流量、加压泵站进站压力及压力监测点处模型计算值与监测值比较结果如图3-55所示。

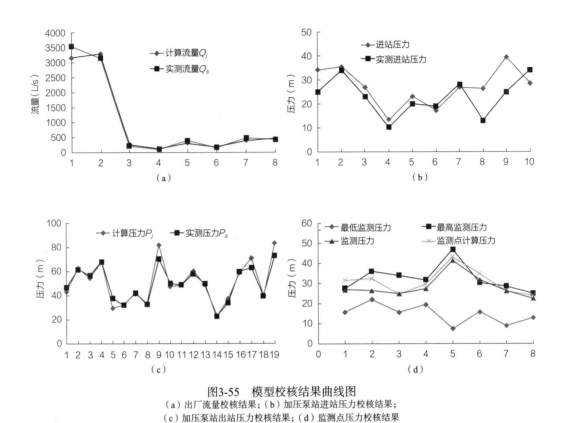

图3-55　模型校核结果曲线图
（a）出厂流量校核结果；（b）加压泵站进站压力校核结果；
（c）加压泵站出站压力校核结果；（d）监测点压力校核结果

可以看出，管网模型中流量、压力校核结果满足校核要求。节点压力计算结果与监测结果差值均小于5m，模拟计算的流量校核结果基本都在10%以内。

2018年，济南市供水管网模型覆盖全市范围，由峨眉山水厂、玉清水厂、大扬水厂、腊山水厂、八里桥水厂、南郊水厂、分水岭水厂、鹊华水厂、工业北路水厂、宿家水厂、白泉水厂、东源水厂、雪山水厂共15座供水厂向区域供水，实际供水能力为106.5万m³/d，供水管网长度为3700km。将济南市2009年的管网、供水厂、需水量等数据输入WaterGems系统中，构建济南市2018年供水系统水力模型，模型管段个数为54802个，节点个数为46814个，如图3-56所示。通过对供水管网内50个点位的全年供水实测压力进行校核，模型可以应用于供水管网的水力计算。

济南市两年的模型具体指标表现见表3-74。2018年模型的技术性、安全性与可持续性的表现均好于2009年模型。其中，2009年与2018年模型在技术性上均有好的表现，在节点压力方面展现了合理的压力分配以及均衡性，但2009年模型在

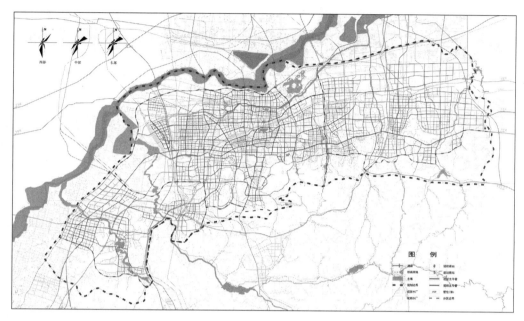

图3-56 济南市2018年供水管网概化图

经济流速指数上相对较差；安全性由"不可接受"变为"充分"，从水源的供给到管网的保障均得到了明显的提升；可持续性方面，2018年模型优于2009年模型，具体体现在资源利用中的再生水利用率、万元工业增加值用水量以及地表水开发利用率等方面，但是受自然降水量影响，济南市2018年模型在地下水开采系数上表现为"不可接受"。经济性方面，2009年模型整体略优于2018年模型，处于"可接受"范围，其中基建费用服务水平优于2018年，但运行费用则低于2018年模型。

指标得分情况 表3-74

目标层	权重	得分（2009年）	得分（2018年）	一级指标	权重	得分（2009年）	得分（2018年）	二级指标	权重	得分（2009年）	得分（2018年）
技术性	0.3	3.17	3.23	水力性能	0.4	2.88	2.9	节点压力平均值	0.2	2.09	2.67
								节点压力合格率	0.3	3.5	3.2
								节点压力均衡性	0.25	3.14	2.04
								管段经济流速指数	0.25	2.49	3.58
				水质性能	0.3	3.57	3.16	管网水质合格率	0.5	3.4	3.5
								节点水龄合格率	0.5	3.74	22.82

目标层	权重	得分（2009年）	得分（2018年）	一级指标	权重	得分（2009年）	得分（2018年）	二级指标	权重	得分（2009年）	得分（2018年）
技术性	0.3	3.17	3.23	供水效率	0.3	3.16	3.75	管网漏损率	0.5	2.4	3.5
								用水普及率	0.5	3.91	4
经济性	0.15	3.06	2.96	基建费用	0.4	3.5	2.9	单水基建费用	1	4	2.9
				运行费用	0.6	2.76	3	单水电耗	1	2.76	3
安全性	0.25	1.99	3.23	供给安全	0.5	2.4	3.08	枯水年水量保证率	0.25	2	3.5
								水源水质类别	0.25	2	2
								水源备用比例	0.25	3	4
								调蓄水量比率	0.25	2.6	2.8
				管网保障	0.4	1.48	3.35	输配水管网爆管概率	0.4	3.07	3.04
								事故时节点流量保证率	0.3	0.35	3.8
								输配水管线备用系数	0.3	0.5	3.3
				综合管理	0.1	2	3.5	应急调度预案	1	2	3.5
可持续性	0.3	2.4	2.98	环保低碳	0.3	2.09	3.19	全生命周期能耗	0.5	2.25	3.3
								单水温室气体排放	0.5	1.93	3.08
				资源利用	0.5	2.38	3.19	再生水利用率	0.3	0.49	2.41
								供水产销差	0.4	2.96	3.16
								万元工业增加值用水量	0.3	3.5	4
				系统生态	0.2	2.4	3.15	地表水开发利用率	0.5	1.8	3
								地下水开采系数	0.5	3	3.29

2009年与2018年模型结果如图3-57所示。在此评价框架下，2009年模型的总体得分为2.63，总体服务性能属于"可接受"。其中，技术性、经济性分析的性能

为"充分",可持续性的性能分析均为"可接受",安全性的性能分析均为"不可接受"。2018年模型总体得分为3.11分,总体服务性能为"充分",其中技术性、安全性的服务性能为"充分",经济性、。

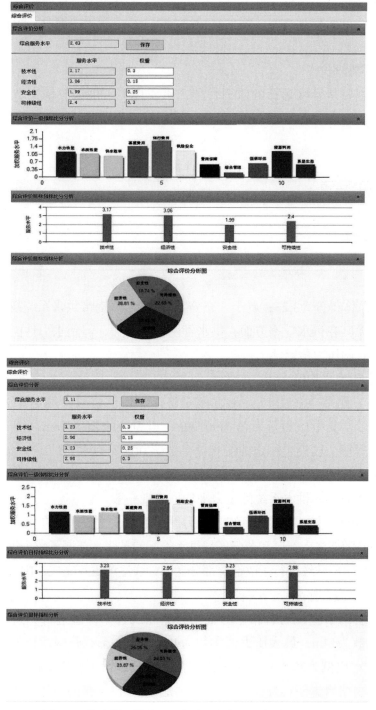

图3-57 济南模型结果2009年(上)与2018年(下)对比

利用城市供水决策支持系统从技术性、经济性、安全性、可持续性四个方面对济南市2018年模型进行全面评价，其中技术性总体得分为3.23，属于"充分"；经济性总体得分为2.96，属于"可接受"；安全性总体得分为3.23，属于"充分"；可持续性总体得分为2.98，属于"可接受"。济南市2018年管网运行状态在经济性和可持续性方面相对薄弱，综合评价结果为3.11，属于"充分"范围，整体表现较好。

（5）技术性评价

技术性主要从管网运行的水力性能、水质性能、供水效率三个方面进行评价，根据2018年济南市模型的模拟结果，各指标评价结果见表3-75。

技术性评价结果   表3-75

技术性指标	服务水平	评价结果
水力性能	2.9	可接受
水质性能	3.16	充分
供水效率	3.75	充分

技术性总体得分为3.23，属于"充分"。2018年济南市供水系统技术性均有较好的表现，尤其在供水效率方面，供水管网覆盖全面，但是水力性能表现一般，主要表现在管网压力稳定性上。

1）节点压力平均值

从整体管网节点压力值大小方面对济南2018年模型计算结果进行分析，如图3-58所示，其中压力最大值为90.59m，压力最小值为3.6m，压力平均值为41.21m，根据压力已设定标定曲线相关参数，判定压力水头的服务水平为2.67，属于"可接受"。由图3-58可知，压力服务水平在3～4之间的占比44.28%，在2～3之间的占比38.45%，供水系统的压力平均值表现一般。

相较于2009年济南市供水系统，水力性能下降，主要表现在供水压力有所增加，一方面是随着济南新区和荥阳区域供水管网的扩张，新增了数个供水厂；另一方面是已有供水厂陆续进行了改造，部分老旧管线逐渐更新完成，供水压力上升。

2）节点压力合格率

从整体管网节点压力合格率方面对济南市2018年模型进行分析，在设定最小压力值参数为14m，最大压力值参数为40m的条件下，管网运行的低压比例为65.39%，适宜比例为30.09%，高压比例为4.52%，分别对应权重0.2、0.6、0.2，整体压力在合格率方面得分为3.2，属于"充分"，供水压力整体基本上满足区域内用水需求，局部存在高压供水情况，如图3-59所示。

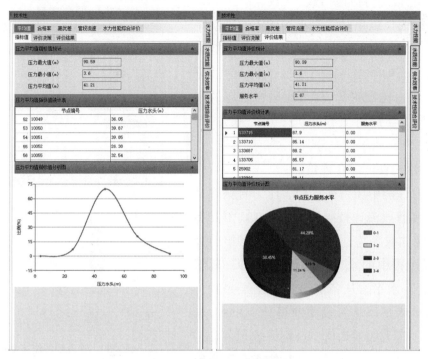

图3-58 节点压力平均值

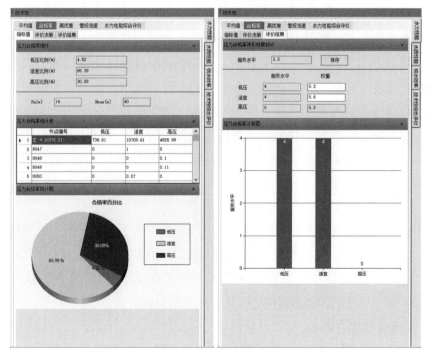

图3-59 节点压力合格率

3）管段经济流速指数

根据模拟结果对济南市2018年的管网流速进行评价，如图3-60所示，其中处于低负荷运行状态的管道占比91.93%，经济流速范围内的仅占比2.54%，高负荷运行状态的占比5.53%，分别对应权重0.2、0.3、0.5，得分仅为3.58，属于"充分"。

4）水力性能综合评价

水力性能中压力平均值、压力合格率、离优差和管段流速按照权重0.2、0.3、0.25和0.25进行加权平均，得出济南市2009年的管网运行过程中的水力性能得分为2.9，属于"可接受"水平。从各部分评价结果来看，2018年济南整体从管段流速得分为3.58，表现良好，压力的平均值、合格率表现一般，整体满足水的输送和用户使用需求，压力稳

图3-60   管段经济流速指数

定性较2009年有所下降。结合2018年管网的实际运行情况，整体压力上升，但局部依旧存在压力较低现象，导致管网运行压力不稳定，具体表现在济南市北部的惠济区以及济南市中北部，低压区较2009年在中部区域扩大并集中，这与新建的刘湾水厂对西南区域产生了一定补压效果有关，另外新建的济南航空港区第一供水厂和荥阳供水厂，改变了以往的供水布局，局部压力上升，供水厂增多，水源间的补充能力加强，使得管道流速有所上升。压力不稳定，对保障用户充足用水和供水水质安全会有一定影响，可根据以往经验和利用水力模型对管网运行状态进行优化，及时更新老旧管网，科学划分供水分区，提高持续稳定供水能力。以下为2018年济南模型压力和流速计算结果。

5）节点水龄合格率

济南市2018年供水系统一天中水龄最大为24h，最小值为0.1h，水龄平均值为14.68h，总体得分为2.82，属于"可接受"范围，如图3-61所示。从节点水龄分析图中可以看出济南市模型中节点水龄服务水平大多集中在2.5h左右。从节点水龄的分布情况来看，济南市2018年管网水质状况相对较好。

6）水质性能综合评价

水质性能中主要从管网水质合格率与节点水龄合格率两个方面对管网水质进行评价，这两个指标分别对应权重0.5、0.5，济南市模型2018年在水质性能方面的总体得分为3.16，属于"充分"水平，其中得分相对较高的为水质合格率，得

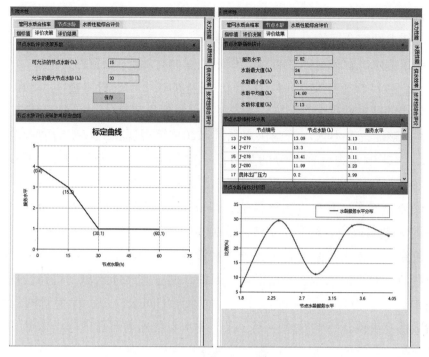

图3-61　节点水龄合格率

分相对较低的为节点水龄合格率。

7）管网漏损率

2018年济南市管网漏损率为11%，得分为3.5，属于"充分"水平。对比2019年济南管网漏损率下降了1.7%，供水系统产水到用户终端的输送效率提升，管理水平有所提高。

8）用水普及率

2018年济南市供水覆盖率为100%，得分为4，属于"优化"，近几年济南基建设施建设速度明显提升，老旧管线持续更新，供水管网的服务面积不断增大，完成了城市人口用水全覆盖，城市供水覆盖范围内的城市供水普及与便捷的平均水平较高。

9）供水效率综合评价

2018年济南供水系统的供水效率总体得分3.75，属于"充分"水平，较2009年的供水效率提升了0.59。管网漏损事件的减少主要原因是管网改造力度和实施速度提升，管线管材更新为球墨铸铁等耐腐蚀和耐受力较强的管材，爆管发生的频率有所下降；另一原因为新建了多个供水厂，并对整体供水管网进行分区优化，有效降低了爆管发生的概率。此外注重基础设施建设，并结合水力模型进行科学规划分析，有效避免了供水规划过程中可能遇到的如供水厂设计规模不符合、供水能力不足、供水管网规划不合理等问题。

10）技术性综合评价

根据以上水力性能、水质性能、供水效率共计3个一级指标，8个二级指标的综合得分，按照权重分别为0.4、0.3、0.3进行加权平均，得出济南市2018年管网运行过程中的技术性得分为3.23，整体服务水平属于"充分"，较2009年技术性提升了0.06，整体提升不大。济南供水系统在2018年表现相对较差的为水力性能，得分为2.9，影响水力性能得分的为节点压力稳定性，得分为2.04，其中压力合格率较2009年有所下降，主要原因是供水管网规模增加，为保证远端管网用水压力，管网压力增大；其次为水质性能，得分为3.16，水质性能表现相对较好；得分最高的为供水效率，得分为3.75，较2009年上升了0.59，供水效率大幅提升。根据评价结果，未来济南需着重提升供水管网的水力性能，可在供水系统中增设压力监测点，对于低水压区域增设增压泵站，对于高水压区域，进行合理分区，必要时对部分压力较大区域进行分割，如增设中间水池等，保持管网运行稳定性，有效提高管网运行的技术性能，保证供水系统连续可靠地向城市绝大部分居民提供充足、合格的用水，进而提升管理水平和用户满意度。

（6）经济性评价

根据2018年济南市供水设施基建费用和供水管网运行能耗，得到评价结果见表3-76。

经济性评价结果

表3-76

经济性指标	服务水平	评价结果
基建费用	2.9	可接受
运行费用	3	充分

经济性总体得分为2.96，属于"可接受"，2018年济南供水系统在经济性方面整体表现一般，在基础建设费用方面耗费较大。

1）单水基建费用

基建费用为供水厂投资、泵站投资、管网投资、其他投资等费用的总和，其中济南市2018年管网投资最大，占比65.19%；其次为供水厂投资，占比28.3%，泵站投资和其他投资总占比仅为6.51%，服务水平为2.9，属于"可接受"，如图3-62所示。

2）单水电耗

根据模型模拟结果，2018年济南运行费用整体得分为3，如图3-63所示，属于"充分"水平，较2009年得分提高了0.24，整体供水单耗没有变化，但现状供水能耗提升。

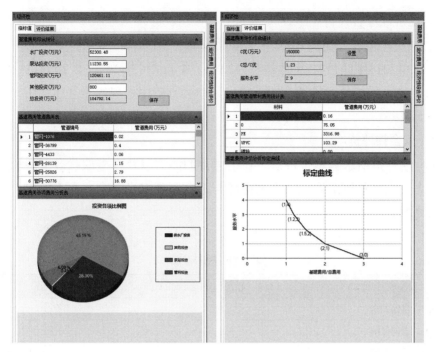

图3-62　单水基建费用

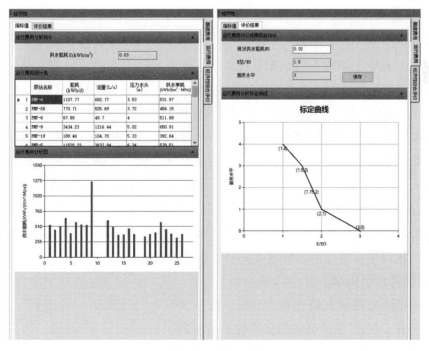

图3-63　单水电耗

3）经济性综合评价

经济性中单水基建费用和单水电耗权重分别为0.4、0.6，根据加权平均结果，济南市2018年经济性方面表现为2.96，属于"可接受"，较2009年经济性下降了0.1，供水系统的经济性有所下降。其中运行费用表现优于基建费用，但整体经济性比较差。

（7）安全性评价

安全性是指给水管网维持系统稳定运行的能力以及在事故状态下系统快速响应的能力，主要从供给安全、管网保障与综合管理水平三个方面来评价，具体评价结果见表3-77。

安全性评价结果

表3-77

安全性指标	服务水平	评价结果
供给安全	3.08	充分
管网保障	3.35	充分
综合管理	3.5	充分

2018年济南市供水管网系统整体得分为3.23，为"充分"水平，可以明显看出济南市供水系统供给安全性能较为薄弱，管网保障和综合管理水平相对较好。

1）水源水质类别

综合2018年济南市地表水（在供水厂引水管道出口设置监测断面，采样深度为水面下0.5m处）和地下水水源（在供水厂的汇水区）水质质量检定结果，分别按照《地表水环境质量标准》GB 3838—2002中表1的基本项目（23项，化学需氧量除外）、表2的补充项目（5项）和表3的优选特定项目（33项），以及《地下水质量标准》GB/T 14848—2017中39项，对水源水质进行检测，水源水质指数均为地表水Ⅲ类水质（适用于集中式生活饮用水源地二级保护区、一般鱼类保护区及游泳区），服务水平为2，属于"可接受"，城市供水水源水质安全级别相对较差。

2）水源备用比例

济南市供水系统在2018年除地表水、地下水两大类水源之外，新增南水北调水水源，从备用水源方面评价济南的服务水平为4，属于"优化"。

3）调蓄水量比率

2018年济南调蓄水量比率为19%，服务水平为2.8，属于"可接受"，相较于2009年上升了4%，供水系统的安全性有所提高。

4）输配水管网爆管概率

济南市2018年输配水管网爆管概率服务水平为3.04，属于"充分"，如图3-64

所示。随着管网及附属设施的不断更新改造，易发生爆管管线的及时更新，济南管网爆管事件发生率大大降低，且爆管时影响人口数较2009年大大降低，整体的爆管影响率随之降低。

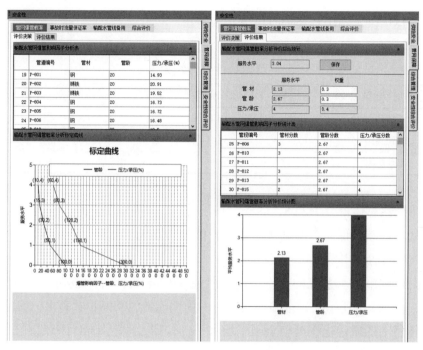

图3-64 输配水管网爆管概率

5）事故时节点流量保证率

2018年济南市事故时节点流量保证率为96%，服务水平为3.8，属于"充分"。较2009年提高了69%，如图3-65所示。

6）综合管理

济南市在2018年利用水力模型和调度人员经验陆续建立了管线施工改造方案、多水源供水方案、易发生爆管区域爆管应急预案等，整体得分为3.5，属于"充分"水平，供水系统运行过程中可能发生的事故制定的应急调度预案的保障程度相对较高。

7）安全性综合评价

供水系统安全性综合3个一级指标、8个二级指标得分，济南市供水系统整体得分为

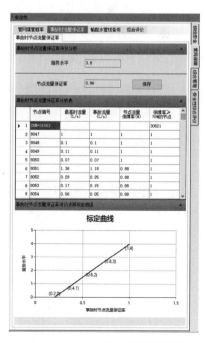

图3-65 事故时节点流量保证率

3.23，属于"充分"，较2009年总体得分增长了1.06，服务水平由"不可接受"变为"可接受"，供水系统整体安全性提高。其中，供给安全较2009年得分提高了1.24。

（8）可持续性评价

对供水管网的可持续性评价，主要包括低碳环保、资源利用和系统生态三个方面，2018年供水系统具体评价结果见表3-78。

可持续性打分结果   表3-78

可持续性指标	服务水平	评价结果
低碳环保	3.19	充分
资源利用	3.19	充分
系统生态	2.15	充分

可持续性总体得分为2.98，属于"可接受"，可持续性方面表现良好。其中得分较高的为低碳环保与资源利用，得分较低的为系统生态。

1）全生命周期能耗

济南市城市供水系统的全生命周期能耗为0.34kWh/m³，服务水平为3.3，属于"充分"，如图3-66所示，较全国平均全生命周期能耗0.29kWh/m³高出0.05kWh/m³，即2018年济南的城市化程度较全国平均水平仍较高，但能耗相对降低。

2）单水温室气体排放

2018年济南单水温室气体排放量为0.96kgCO$_2$/m³，得分为3.08，属于"充分"，如图3-67所示。较2009年总体得分增加了1.15，在整个供水系统生产与配送单位水量所排放的二氧化碳量表现相对较好。

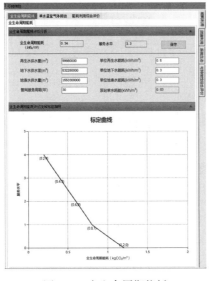
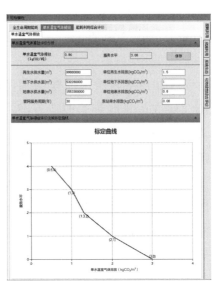

图3-66   全生命周期能耗   图3-67   单位温室气体排放

3）能耗利用综合评价

能耗利用主要包括全生命周期能耗和单水温室气体排放两个指标，对应权重均为0.5，总体得分为3.19，较2009年总体得分增高了1.1，属于"充分"。

4）再生水利用率

2018年济南再生水利用率为34.1%，较2009年增加18.8%，服务水平为2.41，整体由"没有服务"转换为"可接受"，再生水利用率表现提升较快，一方面是济南市开始对再生水生产加大力度，另一方面近几年再生水生产技术水平提高，使得再生水生产水量增加。

5）万元工业增加值用水量

根据济南工业用水量和工业增加值数据，计算出2018年济南万元增加值用水量为9.8m³/万元，较2009年降低了2.2m³/万元，降低了8.3%，与"十三五"期间全国万元工业增加值用水量要下降30%的目标相差21.7%，服务水平为4，属于"优化"，在水资源利用效率和效益方面表现较好。

6）资源利用总体评价

资源利用主要针对再生水利用率、供水产销差、万元工业增加值用水量进行评价，分别对应权重0.3、0.4、0.3，2018年济南市总体的得分为3.19，较2009年总体得分增高0.81，由"可接受"转换为"充分"。其中，再生水利用率得分较2009年提升了1.92。

7）地表水开发利用率

济南2018年地表水开发利用率为40%，服务水平仅为3，较2009年地表水开发利用率降低16%，由"不可接受"转换为"充分"。

（9）综合讨论

综合以上11个一级指标、25个二级指标，共建立技术性、经济性、安全性、可持续性4个目标层，得到济南市2018年供水系统的总得分为3.11，属于"充分"水平，较2009年，供水系统的整体表现有所提高，如图3-68所示。4个目标层总体得分相差较大，按照得分高低排序为：技术性（3.23）=安全性（3.23）>可持续性（2.98）>经济性（2.96），与2009年相比，安全性、可持续性和技术性得

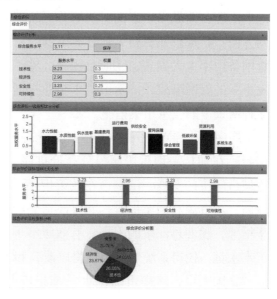

图3-68　综合评价

分均有不同程度的提高，经济性有所下降。11个一级指标按照加权后服务水平高低排序为：资源利用>供给安全>水力性能>供水效率>管网保障>低碳环保>水质性能>运行费用>基建费用>系统生态>综合管理。

济南市2018年供水系统运行的技术性表现较2009年相对较好，整体表现一般。加权平均后，技术性3个一级指标按照得分高低排序为：水力性能>供水效率>水质性能。其中供给效率增长幅度较大，主要原因为供水管网更新改造后，爆管发生频率降低；水质性能有所提升，一方面是供水管网的更新改造，在管网改造的同时，优化水管管径，对管道进行部分合并和改位等；另一方面是供水厂净水工艺提高，自2011年7月起，济南市投资4.4亿元对柿园水厂、白庙水厂、东周水厂现状水处理工艺进行升级改造；水力性能相对下降，主要是高低压相差较大，压力波动不平稳。

济南市供水系统的经济性较2009年表现较差，对应的2个一级指标在加权平均后按照得分高低排序为：运行费用>基建费用。2018年，随着供水管网的更新改造计划逐步进行，供水管网的现状供水能耗相对增加，供水能耗与现状供水能耗比率下降。但因管网更新改造计划和新建供水厂各项目的实施，使得2018年供水设施的投资增加，占比增大。

2018年济南供水系统的安全性较2009年得分提升幅度最大，对应的3个一级指标在加权平均后按照得分高低排序为：供给安全>管网保障>综合管理。济南市2018年供水系统的安全性提高的主要原因在：①水源方面：2018年以来，南水北调中线总干渠向济南市进行生态补水8500万m^3，丹江水通过退水闸涌入双洎河、沂水河、十八里河、贾鲁河、索河等河流，改善了河流生态，补充了济南市地下水源；②供水厂方面：新增并更新部分老供水厂，可供水量大大增加；③管网方面：新敷设并更新了部分老旧管线，大大降低了爆管事件的发生率，输配水管网备用率大大提高；④应急预案：鉴于多年来对济南供水系统的"已发生、易发生"的管网事故，济南市供水企业根据往年调度经验和利用水力模型，制定了多种情景下的应急预案措施。

济南供水系统在可持续性方面较2009年，整体表现有所提升，对应的3个一级指标在加权平均后按照得分高低排序为：资源利用>低碳环保>系统生态。随着城市经济的发展，济南市在政策指导下，开始着重建设再生水和雨水回收利用设施，水资源利用率提升，并且改造老旧管网和更新供水厂净水工艺，能耗利用率增加，随着丹江水的引入，有效缓解了济南的供水压力，并补充了地表水和地下水水量，使得系统生态环境得以改善和提高。

总体来说，济南市的供水系统相较于过去，依旧存在运行和管理方面的问题，但整体的性能有逐渐提升的趋势，随着之后济南市的发展和政策支持，城市供水范围仍会扩大，需尽快提升供水系统的技术性，有效改善供水压力不均衡问题，尽量减少低压供水和爆管事件的发生，在经济性允许的情况下，及时对老旧管网进行更新。在规划或改建供水系统时，要考虑到供水的安全性是否合理，对生态环境的影响程度大小，综合各方面进行合理扩张与发展。

（10）讨论与分析

在此评价框架下，济南市2009年模型的总体得分为2.63，总体服务性能属于"可接受"。其中，技术性、经济性分析的性能为"充分"，可持续性的性能分析均为"可接受"，安全性的性能分析均为"不可接受"。2018年模型总体得分为3.11分，总体服务性能为"充分"，其中技术性、安全性的服务性能为"充分"，经济性、可持续性的服务性能为"可接受"。

1）水源布局更加合理

经过近10年的城市供水设施建设，济南市水源端的保障也得到了明显加强，目前，济南市的可供水量达到了$18 \times 108 m^3/a$，但实际供水需求自2011年起变化不大。随着南水北调水的引入，济南水源结构也得到明显改善，水质保证率大大增加。反映在模型评价上，水源结构的改善与更为充足的供水量也带来了水力性能指标与供给安全指标的显著提升，供给安全的得分由2.42提高到3.08。

2）管网系统更加可靠

根据《济南市城市供水专项规划（2010年—2020年）》，2009年济南市的供水系统存在加压泵站布局不合理、管网连接错综复杂等问题，这直接导致供水水力条件比较差，管网水头损失比较高，因而在系统模拟结果中，技术性中的表现结果不理想。规划编制实施以来，全市供水设施建设与改造稳步推进，设施能力和服务水平不断提高，先后建成玉清湖水库、鹊山水库、东湖水库等骨干水源工程，完成田山灌区与济平干渠连通工程、"五库连通"、卧虎山水库增容等工程建设。济南市供水管网总长度增至3500km，老旧管网比例大幅降低，管网结构不断优化调整，分区（区块化）的环网供水模式的构想也在逐步实现。供水管网系统的提升有效降低了事故工况下节点流量的损耗率，更为均匀的承压情况也降低了管道爆管的概率。反映在模型评价上，2018年的管网保障指标得到了明显提升，由2009年的1.48提高到3.55。

3）城市供水的可持续发展能力增强

模型在可持续性指标上的增长主要来源于《济南市节约用水工作方案》和《济南市城市中水设施建设管理暂行办法》等一系列节水管理办法的落地，较好地体现了济南市在再生水利用、用水效率提升、管网漏损率控制等方面取得的成绩。济南市通过海绵城市试点，提高了非常规水资源利用，该项分值也由2.38提高到3.19；通过对地下水开采的有效控制，济南市"保泉"工作初见成效，对全市生态系统建设作出了积极的贡献，该项分值也由2.4提高到3.15。

4）技术性与经济性变化不明显

从两个水平年的对比来看，全市供水系统的供水压力、漏损和经济流速呈现出一定的向好趋势，但是幅度不大。在供水系统运营的能耗方面，变化也不明显，供水系统环保能耗方面的指标甚至有变差的趋势，这与济南市政投资逐年增高相符合，也与济南供水南北方向需要多级加压供水、东区仍需要从西区调水的现状相关。

3.4.4.6　典型城市验证（二）

随着城市快速发展，郑州作为交通枢纽中心城市，迫切需要协调日益增长的用水需求与水资源含量衰减的矛盾。随着南水北调东线及配套工程的建成，郑州由原来的依靠地下水和黄河水进行供水逐渐改变为主要以丹江水和黄河水进行供水的方式，新水源的引入使得水源如何进行合理优化配置成为难题；另外，随着城市扩展速度加快，郑州市经济技术开发区建设将向东南、西北两翼扩张，城市优化系统布局和完善设施建设亟待解决。本研究利用郑州市2009年和2018年的管网、供水厂、流量信息等数据，搭建郑州市2009年与2018年供水系统模型，如图3-69所示，供水模拟部分指标见表3-79。

在已构建规划决策评价框架下，2009年模型的总体得分为2.2，总体服务性能属于"可接受"，如图3-70所示。其中，技术性、经济性、安全性分析的性能为"可接受"，可持续性的性能分析均为"不可接受"。2018年模型总体得分为2.71

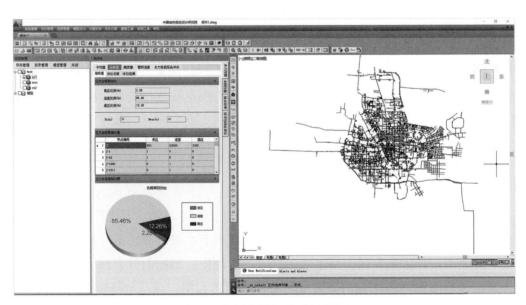

图3-69　郑州市供水验证运行界面

2009年与2018年供水模拟部分指标

表3-79

年份	部分模拟计算指标				
	节点压力合格率（%）	节点水龄（h）	管网爆管概率（%）	事故时流量保证率（%）	单水电耗（kWh/m³）
2009	83.07	16.12	2.05	70	0.12
2018	31.86	10.98	3.95	72	0.13

年份	部分经验获得指标				
	管网漏损率（%）	供水覆盖率（%）	输配水管线备用率（%）	枯水年水量保证率（%）	地下水开采系数
2009	12.8	99.5	60	92	0.98
2018	11	100	83	96	1.1

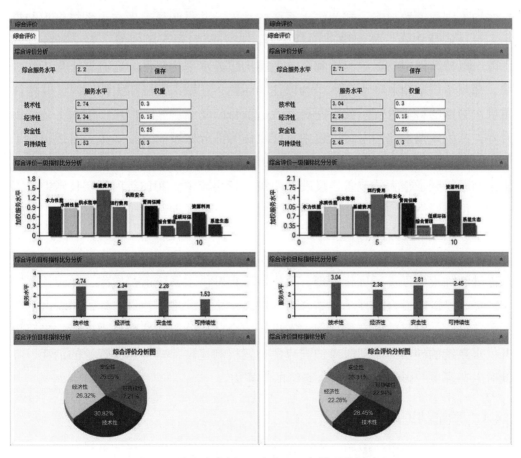

图3-70 郑州市案例2009年与2018年模型结果对比

分，总体服务性能为"可接受"，其中技术性为"充分"，经济性、安全性、可持续性的服务性能为"可接受"。其中，可持续性由"不可接受"变为"可接受"，从水源的供给到管网的保障均得到了明显的提升；2018年模型中技术性指标的提升主要来源于水质性能与供水效率的提高，具体体现在管网水质合格率、管网漏损率等服务水平均明显提高；安全性方面，2018年模型整体优于2009年模型，具体体现在供给安全中的枯水年水量保证率、调蓄水量比率以及管网保障中的输配水管线备用系数等方面。经济性方面，2009年模型整体略优于2008年模型，均"可接受"，其中基建费用服务水平优于2018年，但运行费用则低于2018年模型。

根据《郑州市城市总体规划（2008—2020年）》及《郑州市多水源条件下城市供水系统优化布局与科学调度的规划方案》，2009年郑州市供水系统存在的主要问题包括地表水源衰减，供水保证度过度依赖黄河水；水质恶化，供需矛盾严重增加；地下水超采，水环境逐渐恶化；供水厂存在不同程度水源瓶颈等问题。这些均不同程度地影响了郑州供水系统的性能，并且明显表现在了系统模拟结果中。具体则体现在：管网模型中技术性的水力性能和水质性能、安全性的管网保障、可持续性中的资源利用和系统生态的服务水平均较低。随着城市化步伐加快，郑州市供水企业也逐渐意识到以往的问题，在城市范围扩大的同时，开始注重供水管网的科学管理，如管网更新改造项目的陆续实施、供水厂供水工艺的提升等，并引入南水北调中线工程中丹江水作为部分区域的供给水源，有效缓解了原本依赖黄河水供水的压力，并不断完善基础设施和智慧水务系统的建设，部分供水问题得到了很大的改善，反映在决策支持系统中，2018年模型在技术性、安全性、可持续性中均优于2009年模型，因城市发展规划新建了桥南、龙湖、须水等供水厂，经济性方面的表现有所下降。

在目前的评价框架下，郑州市供水系统处于"可接受"状态，整个供水管网还需继续加大力度进行优化管理，为进一步提升供水系统运行效率，保障用水安全，提高经济建设合理性，应结合多水源供水格局的规划建设目标，对管网的结构进行优化，对目前已有的规划方案进行综合对比分析，选取合理建设方案，提升供水系统的硬实力。同时应加强应急预案机制建设，减少能源资源的消耗，降低对生态环境的影响，提升供水系统的软实力。

3.4.4.7 验证结论

通过在案例城市的应用，供水规划决策支持系统评价分析结果与验证城市在城市供水方面的设施建设情况相一致，该系统能较为全面地体现城市供水系统的发展变化情况，并能科学地反映城市供水方案的优势与不足，可为城市供水系统规划编制提供技术支撑，也为城市重大供水设施建设提供决策支持。

3.4.5 技术评价

3.4.5.1 评价方法

根据《城镇供水系统规划技术评估指南》T/CECA 20006—2021，技术评价可采用专家评价法、经济分析法、运筹学评价法、层次分析法、综合评价法等。专家评价法又叫主观评价法，该法以评估人员的主观判断为基础，根据他们的知识、经验和才干对各个方案进行判断，常用的是特尔斐法、评分法、表决法和图示法等。经济性评价法。以经济指标作尺度，定量地表示技术的经济效益，对技术影响进行评价。常用的有成本分析、最小成本分析、成本效果分析（Cost-Effectiveness Analysis）、成本效用分析（Cost-utility Analysis）、成本效益分析（Cost-Benefit Analysis）、敏感性分析等。运筹学评价法。通过对各种影响的数学描述，建立数学模型，并确定目标函数，然后用电子计算机求解。常用的有线性规划、动态规划、目标规划、本利分析法等。层次分析法（AHP），是指将一个复杂的多目标决策问题作为一个系统，将目标分解为多个目标或准则，进而分解为多指标（或准则、约束）的若干层次，通过定性指标模糊量化方法算出层次单排序（权数）和总排序，以作为目标（多指标）、多方案优化决策的系统方法。

综合评价法。上述评价方法的组合，一般可采用多目标决策方法或层次分析法。结合城镇供水决策支持技术的实际情况，技术评价采用综合评价法。综合评价法采用专家评价法和层次分析法的组合，通过专家打分法确定各级指标权重，通过层次分析法对技术进行整体评价。

3.4.5.2 评价结果

专家打分结果见表3-80。从表格可以看出，在全部的12项二级指标中，有2项得分在90分以上，6项得分在80~90分，其余4项得分在70~80分；其中二级指标A12技术经济指标的先进程度得分最高，为94.8分，二级指标A41稳定性指标得分最低，为74.2分，平均得分为82.4分。

专家打分结果 表3-80

类型	专家1	专家2	专家3	专家4	专家5	专家6	专家7	专家8	专家9	专家10	平均得分
A11创新程度	100	91	93	92	92	90	93	85	92	99	92.7
A12技术经济指标的先进程度	97	92	98	93	89	98	97	92	98	94	94.8
A13技术的有效性	91	87	91	87	88	92	89	89	91	91	89.6
A21安全性	89	81	90	80	80	85	85	87	86	80	84.3

续表

类型	专家1	专家2	专家3	专家4	专家5	专家6	专家7	专家8	专家9	专家10	平均得分
A22可靠度	83	75	73	68	78	81	74	76	65	80	75.3
A31单位投入产出效率	82	73	77	73	75	82	75	74	70	79	76
A32技术推广预期经济效益	88	85	86	77	84	83	83	76	88	86	83.6
A41稳定性	80	74	75	73	70	71	70	78	76	75	74.2
A42技术就绪度	80	73	82	72	71	76	76	70	73	80	75.3
A51技术创新对推动科技进步和提高市场竞争能力的作用	85	84	78	87	85	82	84	85	87	90	84.7
A52提高人民生活质量和健康水平	92	85	83	82	82	93	78	81	87	89	85.2
A53生态环境效益	91	80	85	80	83	83	82	82	89	92	84.7
专家总打分	87.4	81.0	83.6	78.9	80.5	84.0	81.1	80.3	82.3	85.0	82.4

在所有专家中，给出的最高单项得分为100分，是专家1对二级指标A11创新程度的打分；给出的最低单项得分为70分，是专家5以及专家7对二级指标A41稳定性指标的打分，以及专家9对二级指标A31单位投入产出效率的打分。10位专家中，除了专家4的平均打分为78.9分外，其余9位平均打分均在80~90分，其中平均打分最高的为专家1，87.4分。

由表3-81可以看出，全部12项二级指标加权平均后，有3项得分在40分及以上，5项得分在30~40分，其余4项得分在20~30分；其中二级指标A32技术推广预期经济效益得分最高，为51.8分，二级指标A53生态环境效益指标得分最低，为22.0分。全部5项一级指标中，一级指标A1创新与先进程度得分最高，为18.6分，一级指标A4稳定性及成熟度指标得分最低，为14.0分。经加权计算后，综合总得分为81.7分。

专家打分结果表 表3-81

一级指标	二级指标		加权平均
A1创新与先进程度	A11创新程度	25.0	18.6
	A12技术经济指标的先进程度	34.1	
	A13技术的有效性	33.2	
A2安全可靠性	A21安全性	37.9	16.5
	A22可靠度	41.4	
A3经济效益	A31单位投入产出效率	28.9	15.6
	A32技术推广预期经济效益	51.8	

续表

一级指标	二级指标	加权平均	
A4稳定性及成熟度	A41稳定性	37.8	14.0
	A42技术就绪度	36.9	
A5社会效益	A51技术创新对推动科技进步和提高市场竞争能力的作用	22.9	17.0
	A52提高人民生活质量和健康水平	40.0	
	A53生态环境效益	22.0	

由图3-71可以看出，5项一级指标综合得分都处于较高水平，相互比较可知，一级指标创新与先进程度得分最高，稳定性及成熟度指标得分最低。

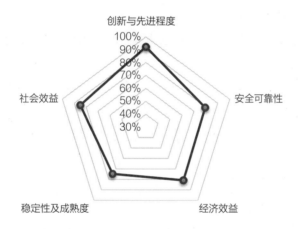

图3-71　一级指标综合得分

由图3-72可以看出，12项二级指标中，技术就绪度、稳定性指标、单位投入产出效率、可靠度综合得分较低，存在较大的提升空间，其余8项指标均处于良好的水平，其中，技术经济指标的先进程度得分最高。

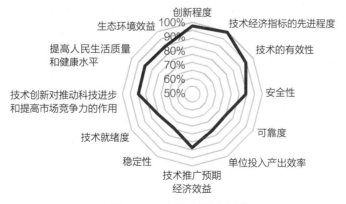

图3-72　二级指标综合得分

（1）高创新性与先进性

规划决策支持技术的一级指标创新与先进程度加权得分为18.6分，在5项一级指标中得分最高。

规划决策支持技术是水力学与计算机技术高度集成，处于国际领先水平。该技术以管网水力学计算为基础，结合了管网水龄、水质等计算模型的构建，开发了基于WATERGEMS计算引擎的城市供水规划决策支持系统（UWPDS）并取得国家软件著作权专利，实现了VisualBasie6.0、Maplnfo、Matlab、SQLserver2000等的高度集成，并将其应用于供水管网运行管理中。实现了规划方案的快捷展示、规划方案评价与优化，以及余氯分析等水质分析功能，有利于城市供水系统的建设和管理，提高了规划的科学合理性。

（2）发挥较大经济与社会效益

规划决策支持技术的一级指标经济效益得分为15.6分，社会效益得分为17.0分。

供水规划决策支持技术通过建立管网模型的实时动态模拟计算，可以深入了解和掌握管网实时运行状态，能够指导管网系统改扩建的最佳方案，有效提高管网系统的运行安全可靠性，克服由管网设施的隐蔽性而带来的管理盲目性，以及减少在供水过程中，因压力过高造成给水管网能量浪费和管道漏失甚至引起爆管的现象。有效节省了人力、物力、财力，使给水事业进一步提高供水管理水平，保障供水水质，提高经济效益，加强供水安全性。

（3）可操作性有待进一步提高

规划决策支持技术功能的实现是建立在大量的数据基础之上，包括节点编号及坐标、节点所处街道位置、地面高程、埋深、用户所需最低自由水压、管段编号、所处街道名称、位置、起止节点编号、管长、管径、管材、敷设年代、经济流速、比阻或阻力系数及防腐措施、水泵机组、型号、台数、管道系统布置、水池水位、各水泵的特性曲线（图形及曲线方程）及24h供水量、大用户用户属性（用户账号、名称、地点及类型）、用户水量（查表日期、记录及水表读数）和用户接水位置等。

建模过程较为复杂，需要进行数据导入、参数设定、模型简化、模型校核几个步骤，数据量大，并且可导出的报表等种类繁多，对操作人员的专业素养要求高，培训成果高，流程有待进一步简化与标准化。

（4）功能有待进一步完善

规划决策支持技术的一级指标稳定性及成熟度指标得分为14.0分，在5项一级指标中得分最低，可提升空间最大。

面对复杂管网以及多方案比选问题，依靠传统经验或者简单估算的方法，无法对供水厂的出厂压力、水量、供水范围、供水管网系统的压力部分平均程度、阀门设置等关系到整个管网的完善与优化的因素进行准确计算，定性的方案比选不具备说服力，并且结果可能存在偏差。而通过规划决策支持技术，可以深入了解和掌握管网实时运行状态，克服由管网设施的隐蔽性而带来的管理盲目性。并且对多种方案在技术性、安全性、经济性以及可持续性进行定量的分析，极大地提高了规划的科学性。

该技术可以用于多目标的复杂情景评估，尤其是通过大量城市供水规划的使用，对该技术进行深入校验和优化，以提高技术的适应性和可操作性，并确保该技术的广泛适用性，提高其在水系统规划问题上的功能，逐渐形成完整、可行、高适应性的城镇供水规划决策支持技术，进一步发挥其作用。

3.4.5.3　主要结论

我国目前关于城市供水规划评价的软件比较缺少，而城市供水规划决策支持技术（UWPDS）的出现为今后管网现状评价、供水系统资产管理及规划决策提供了一个较好的思路和范本。本系统充分利用水力模型可模拟真实管网运行状态这一特点，从多方面对城市供水系统进行综合评价，并将每种指标细化，在数据收集的过程中同时间接地对城市供水资料进行了整理，不仅可作为一个决策支持分析系统，同时可作为一个基础信息管理工具。其优点主要体现在以下几点：

（1）技术性、经济性部分指标中充分利用水力模型计算结果，减少人为干扰因素，使评价结果更加客观。

（2）安全性、可持续性各项指标覆盖范围广泛全面，充分分析了供水系统可能存在的安全性和可持续性因素。

（3）可视化强，充分利用了图表对分析结果进行展示并可导出相关结果，提高工作效率。

（4）指标多层次且大部分指标可量化，条理清晰且指标相关度较高，增加了评价结果的可信度和科学性。

3.4.5.4　效益分析

城市供水规划是城市供水系统的顶层设计，社会经济发展对城市供水系统的要求已不再是单纯的满足供给，而是高质量的、安全的、生态友好的城市供水系统。城市供水设施规模、服务人口和水源类型的显著增加，为城市供水系统规划提出了新的技术要求。针对新时代供水需求与特征，本研究梳理了城市供水系统评价的侧重点，提出系统性、安全性和可持续性是城市供水规划评价的新维度，供水规划指标体系的构建要与新的评价需求相适应。相较标准化之前的成果，本研究结合国际上关于城市供水系统评价的前沿研究，对供水规划指标体系进行了梳理和重构，形成三级四类的城市供水规划评价指标体系，共计25项具体指标，完成了指标体系从"优秀"到"先进"的提升。

城市供水规划决策支持技术（UWPDS）充分利用系统模拟的输出结果，构建决策支持评价体系，为城市供水方案的研究提供直观的展示与分析的平台，为供水规划方案的比选提供量化依据。通过在济南、郑州、雄安等案例城市中的应用，模型能较为充分、全面地体现城市供水系统的发展变化情况，并能较好地反映供水方案的优势与不足。相较标准化之前，UWPDS技术运行稳定，理念先进，并充分整合了其他子课题的研究成果，可在有一定模型基础的城市中推广应用。

3.4.5.5 应用前景

面对复杂管网以及多方案比选问题，依靠传统经验或者简单估算的方法，无法对供水厂的出厂压力、水量、供水范围、供水管网系统的压力部分平均程度、阀门设置等等关系到整个管网的完善与优化的因素进行准确计算，定性的方案比选不具备说服力，并且结果可能存在偏差。

该技术可以用于多目标的复杂情景评估，已经在部分案例城市进行了应用，该技术在下一步通过大量城市供水规划的使用，该技术将得到进一步的校验和优化，以确保该技术的广泛适用性，提高其在水系统规划问题上的功能，逐渐形成完整、可行、高适应性的城镇供水规划决策支持技术。

第**4**章

供水系统规划集成

■ 原则与思路

■ 供水规划编制内容

■ 供水系统规划评价与优化

■ 复杂供水系统布局优化成套技术

4.1

原则与思路

4.1.1 集成原则

（1）规划引领，发展导向。按照城市发展要求，遵循科学预测、合理配置、优化调度的原则，保障城市经济社会可持续发展。

（2）近远结合，统筹兼顾。结合城乡长远发展，按照补齐欠账、满足需求、适度超前、支持发展的原则科学补充编制城市供水专项规划。按照统筹规划、重点突出；立足当前、分步实施的原则，明确近期发展目标和重点项目。

（3）节水降碳、优化配置，提高水资源的综合利用效率。坚持节水优先的原则，合理预测城市未来的用水需求；统筹考虑本地水与客水、地下水与地表水，积极推进污水再生利用，按"优水优用"的原则，优化资源的配置。

（4）技术创新，强化监督。推动供水规划关键技术的实施，提高城市供水系统安全性和系统性。建立完善的城市供水安全保障体系。加强供水水质监测及应急保障能力建设，加强自备井供水管理，强化城市供水水质行政督察，完善各类事故和突发事件的应急预案和城市供水安全管理体系。

4.1.2 集成思路

4.1.2.1 以规范为基础，融入关键技术相关研究成果

基于《城市给水工程规划规范》GB 50282—2016的相关内容，结合本水专项中城镇供水系统规划关键技术评估与验证结论，对现有规范中的内容进行适当修订和增补，进一步提高现有规范的指导性和针对性。

（1）增补供水系统风险识别与应急能力评估技术

该技术通过解析城市供水系统，从系统安全保障的角度分析系统"取、净、输、配"各组成部分及各环节存在的问题和不足，识别出规划层面影响供水系统安全的各要素。应作为城市水系统规划的基础性工作，以供水系统的质量安全（水质、水量、水压）作为目标，建立针对取水、制水、输配水以及二次供水四个环节的供水系统风险评估体系，经过风险识别、风险分析和风险评价三个步骤实现对供水系统的风险评估，以指导供水系统规划的进一步优化和集成。

从城镇供水系统规划编制的需求来讲，需要提出供水系统解析、风险源以及

应急能力评估指标、应急水平评价等主要技术内容，将其纳入相关规范文件，将进一步提高城市水系统规划规范的科学性和指导性。

（2）修订多水源供水系统优化技术

随着南水北调等重要水源工程的实施，多水源供水系统优化成为城镇水系统规划中常面临的问题之一。多水源供水系统优化技术在南水北调受水区城市水源优化配置及安全调控技术研究中，提出具有较强针对性和可操作性的关联配合度评价指标体系，可有效实现供水系统的优化。

目前我国相关技术标准规范对城市多水源供水系统优化的技术方法和要求基本没有提及，《城市给水工程规划规范》GB 50282—2016和《城市供水水源规划导则》SL 627—2014中提到了水源配置和系统布局。该技术可作为水源配置和系统布局的有效补充内容。

（3）增补城乡统筹联合调度供水技术

随着城市发展以及乡村振兴工作的实施，供水系统规划中城乡统筹联合调度显得尤为重要。按照城乡统筹、节约水资源和供水设施共建共享、高效利用原则，全面评估分析现有供水设施建设运营状况与现状供水系统安全保障能力，研究提出城市供水水源与供水设施系统优化布局方案，提高城市水资源利用效率，保障城镇供水安全。以逐步实现城乡统一供水为目标，按照"就近利用、优水优用"原则，在全面分析和统筹考虑现有供水水源、供水设施、供水管理体系状况下，因地制宜，提出不同规划区域供水水源与供水设施格局发展策略，将成为城镇供水系统集成过程中面临的一大关键问题。

城乡统筹联合调度供水技术包括城乡（区域）的蓄水量预测、水资源优化配置与区域性基础设施布局。根据区域用水的实际情况，对不同水质水资源的分配进行优化，在不同的水资源开发模式和区域经济发展模式下的水资源供需平衡分析，实现合理地将地表水、地下水以及各种回用水或再生水联合运用，分层次的将不同的水资源分配到不同的用水点。

目前城乡统筹联合调度供水技术方法尚未完全纳入国家/行业的相关标准规范，将其纳入供水系统规划规范并与其他技术集成是目前城乡建设大背景下的时代之需。

（4）增补供水规划决策支持系统关键技术

供水规划决策支持系统通过建立综合供水系统技术性、安全性、经济性、可操作性等在内的规划评价指标体系，深化了供水系统的动态仿真与模拟，构建多要素条件下的供水系统规划方案评价方法，通过方案比选实现辅助规划决策。

面对当今复杂多变、要素多元的供水系统，科学的仿真模拟系统辅助决策有效地提高了供水系统规划的科学性、规范性。城市供水系统规划决策支持技术目前未纳入国家/行业（团体）标准，导致城市供水系统规划缺少规划方案的量化分析手段和优化评价方法，将本关键技术纳入现有城市给水工程规划规范，与其他技术集成，将有效提高供水规划方案的安全性及可操作性。

4.1.2.2　以问题为特征，提出供水系统规划应对方法

目前，供水规划往往面临现有供水系统安全事故频发、供水行业需求侧改革、供水系统规划需高质量编制等问题，结合新发展观念与高质量发展背景、城乡建设背景、供水规模日益扩大、供水系统更加复杂、供水系统智慧化管理、供水规划导向多元化、供水规划需决策支持等新时期城镇供水系统中的新特征、新问题，从规划编制的角度，新时期下的城市供水规划相关规范体系，必须及时吸纳、集成成熟度高的关键技术，更好地指导目标城市因地制宜的解决面临的各种规划决策、城乡统筹、水源优化配置、安全保障等各类问题。

4.1.2.3　以需求为导向，形成全流程针对性技术要点

从地方政府需求和规划编制人员需求的角度出发，以城市总体规划为依据，与水资源综合规划和城市饮用水源地保护规划等相关规划相协调。进一步完善城镇供水系统规划设计标准编制模式，形成全流程、针对性的规划编制技术要点，提高规划的针对性、合理性。

以保障经济社会发展需要和满足城市用水需求，确保城市供水安全为目标，按照问题导向与目标导向相结合的原则，依据供水水源优化配置、供水设施合理布局、供水水质全面提升的规划理念，对现有城市供水工程专项规划进行修改完善，为供水水源地和供水设施系统建设提供依据与指引。

4.2

供水规划编制内容

4.2.1　现状概况与问题分析

在规划中，为了解实地情况，须通过资料收集和现场踏勘，了解和核对实地地形，增加感性认识。包括城市概况、自然地理、城市性质、社会经济、城市发展规划、水系、水资源及水环境基本情况。

梳理城乡供水系统现状水源、取水口、供水厂、泵站、输配水管（渠）以及管网的位置、二次供水设施、供水信息化系统等相关信息，梳理和分析供水能力、水压、水质等基础数据，并结合城市发展需要识别城乡供水系统现存的主要问题。

4.2.2　水资源优化与配置

（1）需水量预测

城乡需水量预测是编制给水工程规划的基础工作和重要内容。影响城市用水量预测的因素很多，如水资源状况、节水政策、环保政策、社会经济发展状况以及城市发展规划等，城市用水量预测不能与之脱离开来。

城乡需水量预测是确定城乡供水规模、工程投资及水资源分配的依据。用水量的确定同时又受居民生活水平、气候条件以及工业生产等因素的影响。因此在用水量预测时既要注意对以往用水量变化进行分析，同时也要关注产业调整和居民用水的变化规律，对于由传统产业向创新型产业转型的地区，在规划水量预测时，既要满足产业发展的特点，适当留有余地，也要考虑节约用水和水资源综合利用，通过经济性、合理性论证，促进城乡建设的可持续发展。

城市综合用水量指标法和综合生活用水比例相关法，适用于总体规划中的给水工程规划和给水工程专项规划。不同类别用地用水量指标法适用于总体规划中的给水工程规划、给水工程专项规划和控制性详细规划。

给水工程专项规划的用水量预测方法，还有城市建设用地综合用水量指标法、年增长率法、分类用水加和法、城市发展增量法、数学模型模拟法等。

（2）水资源承载力

城乡需水量和城乡可利用水资源量之间应保持平衡，以确保城乡可持续发展。

水资源承载力分析应进行不同规划水平年的需水量预测与可供水量预测，在此基础上进行供需水量的平衡分析。用地下水作为供水水源时，应有确切的水文地质资料，取水量必须小于允许开采量，严禁盲目开采。地下水开采后，不引起水位持续下降、水质恶化及地面沉降。用地表水作为城市供水水源时，其设计枯水流量的保证率应根据城市规模和工业用户的重要性选定，宜用地表水 90% ~ 97%。

应充分考虑水资源对城市发展规模的制约作用。在水资源紧张的地区，应结合水资源条件的约束，研究提出对城市发展规模、空间布局和产业结构的调整与制约要求，提出开源节流、水资源保护以及水污染防治等相应措施。水资源匮乏的城市应限制发展高耗水产业。

进行城市水资源供需平衡分析时，水利部门给出的水资源供给量通常是按年平均量确定，因此应将最高日用水量折算为年用水量。

（3）优化配置

在进行城乡水资源配置时，应基于优水优用的原则，综合分析城乡各类用水对水量、水质的要求及供水保证程度，结合技术经济可行性，提出不同规划水平年的配置方案。

在城乡水资源的供需平衡分析时，应提出保持水资源平衡的对策及保护水资源的措施，合理确定城市规模及产业结构。常规水资源不足的城市应限制高耗水产业，提出利用非常规水资源的措施。

在多个城市共享同一水源或水源在城市规划区以外时，应进行市域或区域、流域范围的水资源供需平衡分析。

根据各水源的水质状况确定各水源的主要用途或主要用户。通过分质供水实现水的优质优用，低质低用。

符合《地下水质量标准》GB/T 14848—2017等相关水质标准的地下水宜优先作为城市居民生活饮用水水源。低于生活饮用水水源水质要求的水源，可作为水质要求低的其他用水的水源。

城市景观环境用水要优先利用再生水；工业用水和城市杂用水要积极利用再生水。

缺水地区实行雨污分流制的城市，可利用管渠将雨水收集到雨水水库或贮留系统，作为城市杂用水和河道景观用水的补充。

4.2.3　供水设施布局

（1）分区供水

城乡地形起伏大或规划供水范围广时，可采用分区供水系统。分区供水的规模和范围，应满足分区管网的水压均衡和水质稳定。分区供水有利于降低供水漏损、均衡管网压力和缩短水力停留时间。各分区之间应有适当的联系，以保证供水可靠和调度灵活。

（2）分质供水

根据城市水源状况、总体规划布局和用户对水质的要求，可采用分质供水系统，一般指生活饮用水和非饮用水（包括再生水或经简单处理的原水）。新建城区或低质用水较集中的城市，宜采用分质供水系统；将市政杂用水及公建杂用水、部分对水质要求不高的工业用户等采用与城市生活用水独立的供水系统供给。

城市应当以公共供水作为主体供水系统，提高生活饮用水水质应建立在整体提高公共供水水质的基础上，不宜采取将饮水和其他生活用水分开的分质供水方式。适宜地发展生活用水与工业或杂用水相分离的大分质供水系统。

对城市住宅小区发展管道直饮水要适当控制，不宜作为改善水质的方向。对于缺水地区的城市住宅小区，可因地制宜地建设污水再生利用设施。再生水可用于冲厕、生活杂用和景观用水等。

（3）设施布局

在城乡供水规划中，需要站在区域协同发展的角度，统筹平衡优质水源，推进区域一体化供水，做到就近利用与公平公正相结合，研究区域间原水调度的可行性。

城市给水系统应满足城市的水量、水质、水压及安全供水要求，并应根据城市地形、城乡统筹、规划布局、技术经济等因素，经综合评价后确定。

城市给水工程规划应对给水系统中的水源地、取水位置、输水管走向、供水厂、主要配水管网以及加压泵站等进行统筹布局。

现状给水系统中存在自备水源的城市，应分析自备水源的形成原因和变化趋势，合理确定规划期内自备水源的供水能力、供水范围和供水用户，并与公共给水系统协调。以生活用水为主的自备水源，应逐步改由公共给水系统供水。

地形起伏大或供水范围广的城市，宜采用分区分压给水系统。

根据用户对水质的不同要求，可采用分质给水系统。

有多个水源可供利用的城市，应采用多水源给水系统。

有地形可供利用的城市，宜采用重力输配水系统。

城市给水系统应合理利用城市已建给水设施，并进行统一规划。

城市给水系统规划应统筹居住区、公共建筑再生水设施建设，提高再生水利用率。

4.2.4　系统优化与决策支持

（1）多水源优化

城市给水水源应根据当地城市水资源条件和给水需求进行技术经济分析，按照优水优用的原则合理选择。

以地表水为城市给水水源时，取水量应符合流域水资源开发利用规划的规定，供水保证率宜达到90%～97%。

地下水为城市给水水源时，取水量不得大于允许开采量。

当非常规水资源为城市给水的补充水源时，应综合分析用途、需求量和可利用量，合理确定非常规水资源给水规模。

缺水城市应加强污水收集、处理，再生水利用率不应低于20%。

（2）决策支持

传统的城市供水规划涉及一系列方案比选与决策，主观意识强，缺乏技术分析与数据支撑，面对日益复杂的用户需求与供水环境，传统决策方式缺乏量化评价指标体系，论证模糊，在复杂管网的管理中，仅凭人工经验已无法准备预测问题。

在城乡供水规划中，宜利用供水系统供水仿真模型及规划决策支持技术，实现规划方案的快捷展示、规划方案评价与优化、城市供水系统管理等功能，提高规划方案科学性、合理性、经济性、可视化程度等。

4.2.5 供水安全保障

（1）风险分析

供水系统作为城市"生命线工程"之一，具有极其重要的作用。但是，水源污染、管网自身结构老化、自然灾害以及恐怖袭击等突发事件都给城乡供水安全带来严重威胁。

在供水专项规划中，应通过现状调研和量化分析，系统地识别城乡供水系统从源头到龙头可能存在的风险，并利用相关的分析评价技术手段对风险等级进行评价，识别城乡供水系统中面临的主要风险。

（2）应急能力评价

城市供水系统应急能力高低是体现城市供水是否安全可靠的重要标志，供水系统应急能力评估的因素包括水源、取水、供水厂、输配水、储水设施、通信等。

在供水规划中，应将城市供水系统全过程中各个环节的高危要素构建综合评估指标体系，并对供水系统应急能力进行评估，并提出针对性的优化改造薄弱环节的措施。

（3）应急供水规划

当城市受到突发事故或灾害的影响或破坏时，为保障城市居民生活用水和正常运转，应在给水工程规划中明确应急水源和备用水源。由于各个城市给水系统特点、面临风险、水源条件等不同，应急水源和备用水源规模应根据各城市的实际情况确定。

为便于对应急水源地和备用水源地的保护及管理，宜将其纳入城市总体规划范围，并在规划中明确保护措施。

应急供水状态下，原有供需平衡被打破，应遵循"先生活、后生产"的原则，对居民生活用水、其他非生产用水采用降低标准供应，同时限制或暂停用水大户及高耗水行业的用水。

应急供水时的生活用水量，应根据城市应急供水居民人数、基本生活用水标准和应急供应天数合理确定。

应按照当地城市供水风险特点，考虑对城市供水的影响，确定应急供水的持续时间。

以江、河为水源的供水厂常会受到上游的突发性水质污染，供水厂也是应急处理的最后一道防线。因此，供水厂建设时需考虑应急处理设施的布置。应急处理设施包含活性炭吸附技术、化学沉淀技术、化学氧化技术以及强化消毒等。因此，对此类供水厂的用地应适当增加。

（4）二次供水

城市二次供水方式和技术、设施、设备的选用主要应当考虑的因素包括：水压合格，水质有保障，控制漏损及节能等。

目前城市二次供水存在的突出问题是地下水池和屋顶水箱的二次污染，因此各地应对现有的二次供水方式和设施进行全面总结和分析，因地制宜地选用相应的设施设备，并应加强管理。

高层和多层建筑的二次供水应充分利用市政供水管网的压力以节约能耗。

二次供水设施一般应选用地面水池、楼层水池和屋顶水箱以及其他新型二次供水技术设备，尽可能避免采用地下水池。

4.3

供水系统规划评价与优化

4.3.1 相关研究背景

近年来，国际上关于城市水系统的关注热点，或者"热词术语"，也在不断发生变化，如图4-1所示。20世纪80年代，出于对水的自然循环的关注，集成水资源管理（Integrated Water Resource Management）、城市水系统成为研究热点。至20世纪90年代，随着全球变暖、资源枯竭等议题的逐渐升温，可持续（Sustainability）已经成为衡量城市规划方案与城市水系统的核心尺度之一，主要

图4-1   国际上城市供水相关概念

强调生态系统的保护以及代际公平。

在2000年左右，在国际水协会与全球水伙伴（Global Water Partnership，GWP）的倡导下，水安全（Water Security）相关的议题得到了最大程度的重视，各个层级的水安全，从社区到城市，从国家到全球，都在被广泛地讨论。2009—2018年，随着全球变暖、极端气候带来的不确定性进一步增强，城市水系统的自适应性（Adaptive）、鲁棒性（Robustness）、韧性（Resilience）成为新的焦点，它所强调不再为供需方面的"安全"，而指系统应具备更强的应对外界威胁的能力，增加系统的鲁棒性，缩短系统恢复的时间。但从一定意义上来说，它是安全性（Security）的延伸与深化。

目前，国际上尚无统一的评价体系或官方的推荐指南，其中，大部分研究为基于指标的评价体系。也有学者提出用"压力–状态–影响–反馈"（Press-State-Impact-Response，PSIR）的方法来评价某项基础设施系统的服务水平。资本组合方法（Capital Portfolio Approach）则为这种方法较好的一个应用（图4-2）。在这个背景框架下，城市供水安全远不仅仅指人均可供给水量。居民所获得实际服务可受几个因素的影响，包括：（1）城市的自然本底，即获得充分水资源的难

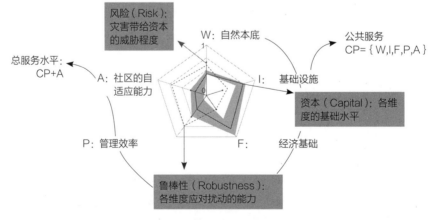

图4-2   城市供水安全评价的资本组合方法

易程度；（2）城市供水相关的基础设施；（3）城市用于建设和维护的经济基础；
（4）城市供水系统的管理效能。这四类"资本"是提供公共供水服务所必需的。
当公共服务不足时，需要第五个资本"社区适应"。这五类"资本"，即供水的五
个维度又用三个量化指标来衡量，即"资本"的原有水平、"资本"的风险程度、
"资本"的抗风险能力。

　　表4-1总结了近些年在国际期刊发表的供水系统评价相关的研究成果，城市
水系统的可持续发展与安全性评价仍然是热点议题，且其内涵也在不断地深化。
关于可持续性与安全性尚无统一的定义，并且两者的含义有重叠，广义的"安全
性"常常包含可持续发展的目标，而广义的"可持续性"也以"安全"为基础。
但无论是出于经验的判断还是数据的训练结果，部分指标仍然得到了广泛的认
可，如水资源的可得性与可达性，供水的成本，取水对生态环境的影响，管理的
效率等。但即使如此，仅仅基于指标的评价方法受认可度并不高，在实际决策
中也较少会借鉴。对于市政基础设施的韧性与可靠性，往往通过经验进行评估打
分，而很少有研究进行充分的量化，大部分仍然用如"人均水资源量"等单一指
标或者"应急预案"等软性条件来进行衡量。事实上，对供水系统进行建模，设
置未来情形并评估系统表现是衡量"安全性"最佳的方法，系统模拟结果能充
分支撑评价指标体系的内涵，科学的评价体系也能高效清晰地反映系统模拟的
结果。

城市供水系统相关指标体系国际研究前沿

表4-1

研究人员	研究范围	评价方法	评价体系	应用国家及城市
Wei Xiong	城市供水系统的可持续实施	集合水系统构建与生命周期分析的多目标优化	可持续性主要从水系统生态保护，气候变化遏制与经济表现三大目标来衡量	北京
Djavan De Clercq	城市供水系统可持续发展	主成分分析法	城市供水系统主要由供水可靠性、水质、水网效率、资源强度4个一级指标，共包含17个二级指标	我国627个城市
Elisabeth Krueger	城市供水系统安全	压力–状态–影响–反应法（Pressure-State-Impact-Response）	评价指标由水资源、基础设施、金融资本、管理效率、社区自适应五个维度组成，每个维度有三个衡量指标，资本（Capital），即该维度的基本水平、鲁棒性（Robustness）与风险（Risk）	新加坡、墨尔本、柏林、金奈、乌兰巴托、墨西哥城
Yonas T. Assefa	城市水系统安全	文献综述	城市水安全由供水、排水与卫生三个维度来衡量，其中供水由可得性、可及性、数量、质量、供水成本及居民支付能力与管理效率六个方面来衡量	亚的斯亚贝巴
Hassan Tolba Aboelnga	城市水系统安全	基于联合国可持续发展目标（UN SDG）	饮用水与人类、生态系统、气候变化和与水有关的危害，以及社会经济因素	无

研究人员	研究范围	评价方法	评价体系	应用国家及城市
Olivia Jensen	城市水系统安全	过程分析法（Process Analysis Method）	城市水系统安全性主要由资源可得性、资源可及性、风险程度与管理能力四个维度组成，共包含11个一级指标与15个二级指标	中国香港、新加坡
Xin Dong	城市水基础设施可持续性评价	数据包络分析	可持续性主要从设施建设与维护的全生命周期成本、资源能源消耗、与环境影响三个维度来衡量	我国157个城市
Arturo Casal-Campos	城市排水系统的鲁棒性	基于深度不确定性的未来情景建模	可靠性、韧性与可持续性是未来城市排水系统的最为关键的三大目标	无

4.3.2 规划评价新维度

城市供水在满足最基本的水质、水量和水压的同时，随着人们生活水平的提升、行业管理能力的提高与突发事件应急供水的需求，对城市供水系统提出了更高的要求，对城市供水系统规划的评价重点有了新的侧重，主要体现在以下方面：

（1）系统性

2009—2018年，供水规划从单一的水资源配置，变成了集需水预测、水源配置、布局优化、安全调控与决策支持的多过程工作。国内主要城市基本上改变了单一水源供水的局面，多水源供水成为基本要求。随着区域大规模调水工程的实施，外调水成了部分城市的重要甚至主力水源。通过建设水源连通工程，加强不同水源和供水系统之间互联互通，从而形成联合调配的供水系统。如今面临的不仅仅是水资源供给的问题，从水源角度则需要考虑多水源调度，厂网联合，运营一体化。

同时，随着城市规模的扩大，供水服务面积的扩大，供水管网的拓扑也由原来简单的枝状或环状结构更多地转变为组团内环状布置、组团间互联互通的新格局。但由于新旧管网并存、建设破碎化等问题，部分城市出现了新区管网供水压力不足、新建供水厂配套管网建设落后，"大厂"配"小管"的局面。这要求我们在进行城市供水的顶层设计时系统考虑、优化布局，并对未来预留充分的发展空间。

（2）安全性

我国的基础设计建设已从高速增长阶段转变为高质量发展阶段，新时代的发展已经对供水安全也提出了新的要求。从过去基本保证居民生产生活用水，保障原水水质和龙头水压力变为了在各种不利条件下都保证安全、可靠、高质量的供水。即提升供水系统的鲁棒性与稳定性，增强供水系统的韧性。在硬件措施上，配置高效的水源调度系统，除构建多水源格局外，仍需配置调蓄用水、应急用水，同时建立原水环管、水源连通、清水互通、清水环管等互联互通方式，如北京沿五环路构建了原水环路系统，宁波则建设了沿城市外围串联主力供水厂的"清水高速公路"；构建坚强的管网结构，加强漏损管网的更新，建造备用输水管线，联通主要输配水管线。在软件措施上，加强资金与监管力量的投入、完善自动监测系统，制定供水应急预案。

（3）可持续性

过去的水资源配置原则，城市生活用水占优先地位，水资源紧缺地区的城市发展往往以牺牲流域生态为代价，历史欠账严重。北京城市下游河道如永定河、潮白河由于上游水库调节曾一度断流，水环境质量也以Ⅴ类或劣Ⅴ类为主。新疆吐鲁番、哈密地区地下水开采率高达139.45%，属于区域性严重超采，严重挤占生态用水。新阶段在生态优先的大背景下与最严格的水资源管理制度的约束下，在进行供水规划设计，甚至整个国土空间规划时，水资源承载力的重要性被进一步强调，"以水定人""以水定城""以水定产"成为水资源开发利用的重要原则和先置条件。各类涉水规划都强调加强水源地保护，加强水环境保护，优先满足生态需水。同时，水资源集约节约利用也是新常态，需要进一步加强中水回用、雨水利用等非常规水资源利用，《水利改革发展"十三五"规划》要求缺水城市再生水利用率达到20%以上，京津冀地区达到30%以上，然而国内大部分城市再生水利用仍处于起步阶段，但在未来的规划中必须为再生水利用预留空间，以实现城市中长期的可持续发展。

4.3.3 评价指标体系构建

与国际上已有的评价体系相比，供水规划决策支持系统的优势在于其核心是基于城市供水系统动态仿真模型输出结果的数据进行二次分析，并多角度评价城市供水系统的状态。但莫罹等人在"十一五"时期建立的评价体系未能体现"可持续性"，同时"可操作性"也已不足以单独构成目标层。原有"安全性"这一目标层定义模糊，其包含的指标内容与"技术性"这一目标层的指标内容有部分重叠。且"安全性"这一目标层的指标构建未能较好地体现系统的韧性与可靠性。针对以上情况，对评价体系进行表4-2所示的修改完善。

城市供水系统评价指标体系   表4-2

目标层	一级指标	二级指标
技术性	水力性能	节点压力水头（m）
		节点压力合格率（%）
		节点压力水头标准平方差（m）
		管段流速（m/s）
	水质性能	管网水质合格率（%）
		安全加氯量（mg/L）
		节点水龄（d）
	供水效率	管网漏损率（%）
		供水覆盖率（%）
经济性	基建费用	单水基建费用（元/m³）
	运行费用	单水电耗（kWh/m³）
安全性	供给安全	枯水年水量保证率（%）
		水源水质类别
		取水能力（%）
		备用水源
		调蓄水量比率（%）
	管网保障	输配水管网爆管概率（%）
		节点流量事故率（%）
		输水管线备用率（%）
	综合管理	应急调度预案
可持续性	环保低碳	全生命周期能耗（kWh/m³）
		单水温室气体排放（kgCO₂/m³）
	资源利用	再生水利用率（%）
		雨水回收覆盖率（%）
		原水供给效率（%）
		万元工业增加值用水量（m³/万元）
	系统生态	地表水开发利用率（%）
		地下水开采系数

（1）技术性指标构成

为区分技术性与安全性，在本次评价体系中，技术性将强调给水系统向用户提供基础服务的水平，指能连续可靠地向城市绝大部分居民提供充足、合格的用水。而安全性，则向国际通用的安全性指标看齐，强调给水管网维持系统稳定运行的能力，以及在事故状态下系统快速响应的能力。因此，将原有指标体系安全性中关于供水管网基本性能的部分指标调整至技术性。技术性除原有的水力性能与水质性能之外，增加一级指标供水效率，衡量供水管网的覆盖率与管网的输送效率。

（2）经济性指标构成

经济性指标采用吨水基建费用与吨水运行费用两个一级指标，体现设施从建设到运维的全周期经济性。优于本指标体系应用于规划层面，对净水工艺的药耗不做具体要求。

（3）安全性指标构成

新构建的安全性目标分别从水源的供给安全、管网的保障，以及综合管理能力三个方面来评价。其中水源部分包括水源的组成、水源的水质、水量的保证、工程取水能力、调蓄水量比率等方面。管网部分包括管网爆管的概率、事故状态下节点流量的损耗率、输配水管线备用情况等。综合管理采用应急调度预案指标。

（4）可持续性指标构成

可持续性主要衡量的是城市供水系统对环境的影响程度，主要由环保低碳、资源利用与系统生态三个一级指标构成，分别从温室气体排放、资源利用效率与生态系统影响三个角度评价供水系统的生态可持续性。

一级指标环保低碳由全生命周期能耗与单水温室气体排放两个二级指标构成，是从全生命周期的视角去定量分析系统对资源和环境造成的总体影响。在全生命周期分析中，除运行过程中的能耗与温室气体排放外，即供水管网、加压泵站能耗与供水厂的运行过程，还需要考虑系统建造与回收过程，以及物材本身的能耗与温室气体排放。资源利用主要是衡量水资源的使用效率，包括雨水利用与再生水回用的比例，以及原水供给的效率，并增加万元工业增加值这一评价城镇用水效率的关键指标来衡量资源利用的效率。系统生态主要是指人工取水对自然生态的影响，包括地表水开发利用效率与地下水超采率。

4.3.4 基于物质流分析的规划评价

4.3.4.1 物质流分析方法的内涵与特点

物质流分析是指在一定时空范围内关于特定系统的物质流动和贮存的系统性分析，主要涉及的是物质流动的源、汇路径。根据质量守恒定律，物质流分析的结果总是能通过其所有的输入、贮存及输出过程来达到最终的物质平衡。可以说，明"源"解"汇"是物质流分析方法的显著特征。截至目前，单个物质或单质的流动分析已在全球、国家、区域、流域、城市乃至工业园区等不同水平上进行了细致的研究，它为不同尺度上的资源环境管理提供了方法学上的决策支持工具。

物质流分析方法最早应用于经济研究领域，时间要追溯到20世纪的前半叶，1930年Leontief提出输入-输出平衡表，第一个基于经济学角度的国家尺度物质流分析成果发表于1969年。到了1970年前后，物质流分析方法被引入资源保护和环境管理领域，主要的研究方向有两个：一个是城市新陈代谢，例如，徐一剑等人进行贵阳市物质流分析，给出了2000年的全市物质流全景，指出了现有经济结构特征以及经济转型发展途径；另外一个是流域、城市或区域的污染物迁移路径分析，例如，武娟妮以江苏宜兴经济开发区为例，运用物质流分析方法解析了碳、氮、磷的代谢途径、结构和动力机制，提出了加强水环境污染治理的相关举措。

随着物质流分析的研究领域不断拓展，城市水务工作者逐步将该方法引入城市水系统领域。从最刚开始的物质平衡分析，到后来的污染物排放结构解析，再到环境影响和环境承载力评价工具之一，以至目前循环经济政策制定的重要支撑工具，物质流分析方法的研究深度也不断增强。

4.3.4.2 物质流分析方法在城市水系统中的应用

以下分别从水资源综合管理、城市污水处理、资源回收利用三个角度，介绍物质流分析方法研究的典型案例。

（1）基于物质流分析的水资源管理研究

城市水资源综合管理对城市的可持续发展具有重要意义。王东宇等人基于物质流分析方法开展了上海市水资源社会循环的实证研究，将社会水循环划分为取水、供水、用水、回水和排水五个部分，建模量化分析代谢过程，如图4-3所示。研究结果表明：第一，上海市水资源物质流呈现出典型的线性运动特征，表现出"需求量大、高输入、高消耗、低输出"的特点，虽然上海水资源总量并不稀缺，但属于"水质型"缺水城市，居民家庭和第三产业对优质水的需求量大，

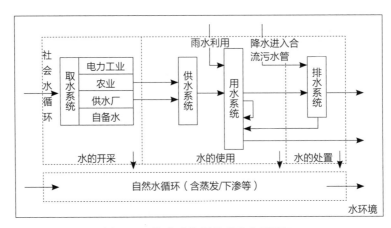

图4-3 上海市水资源物质流分析框架

水资源综合管理水平仍有待提高；第二，水资源输入不同行业（板块）规模的先后顺序依次是：火力发电和农业、第三产业、居民家庭、建筑业，基于此提出加大火电行业再生水利用率等相关城市节水措施。

（2）基于物质流分析的城市污水处理模式研究

随着城市规模的快速扩张以及材料、传感等技术的持续发展，人们对选择可持续污水处理模式开展不断思考。董欣等人利用物质流分析方法，构建了城市污水系统静态物质流分析模型，用于分析城市污水系统中COD-C、TN-N和TP-P的迁移途径及强度，比较各种形式城市污水系统的资源环境影响，如图4-4所示。对北京市大兴区的污水系统规划案例的研究结果表明，源分离系统的环境资源优势，已经超过传统污水收集处理系统，表现出更为明显的可持续性。

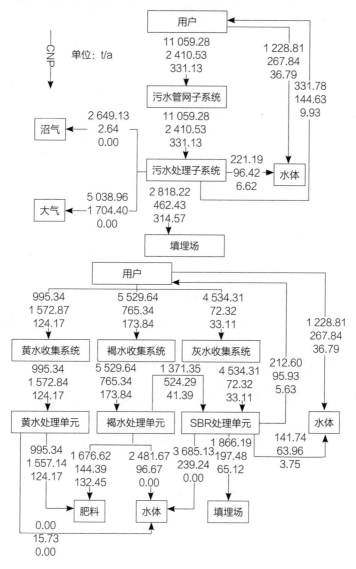

图4-4　大兴区传统系统（上）与源分离系统（下）的物质流分析

（3）基于物质流分析的城市水系统资源回收途径研究

钾是地壳中储量丰富的碱金属元素之一，但我国的资源量却十分匮乏，进口依赖度很高，其对农业生产具有关键作用。白桦等人基于物质流分析方法建立了钾素物质流动与循环分析模型，剖析其输入来源和支出去向，识别物质流动和循环的主要特征（图4-5）。研究结果表明：有大量钾素由陆生生态系统进入水生生态系统，由于钾的可溶性，资源流失情况十分严重。而且，通过城市污水处理厂出水进入水环境的钾素占当年施肥量的14.3%，是除农业面源（占比40.9%）之外的最大去向。因此，应当关注城市污水再生回用的途径和利用比例，增加钾素的回收利用。

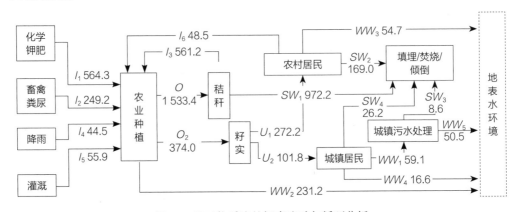

图4-5　基于物质流的钾素流动与循环分析

通过典型案例的分析不难看出，物质流分析方法通过建立研究对象的系统模型（元素及其之间的物质流动关系），考察特定元素的代谢过程，通过路径通量和结构特征剖析资源环境问题，提出解决途径和政策建议。在城市水系统中，物质流分析方法可以全面涵盖"水量、水质"这两个关键环节，将"资源、环境"作为一个整体进行分析，为评估系统运行效率提供了一个新的途径和视角。

4.3.4.3 基于物质流的水系统运行效率评价方法

根据城市水系统特征及评价目的，研究建立的效率评价方法以系统物质守恒原理为理论基础，以社会水循环过程为计算基础，以水、有机物（C）和营养物质（N、P）为主要研究对象，从水量和水质两个方面评价系统运行效率。方法的核心由模型构建、评价机理和评价内容三个部分组成。

（1）模型构建

基于"水体—供水—用水—排水—回用—水体"的城市二元水循环过程构建物质流静态分析模型，城市水系统中的水源、供水厂、污水处理厂、用户等概化为系统的"元素"，在上述"元素"之间流动的物质被概化为"元素之间的关联关系"。从自然循环中取水、人类生产生活中消耗有机物（C）和营养物质（N、P）等行为是物质输入，污水处理厂尾水、污泥等是物质输出，如图4-6所示。

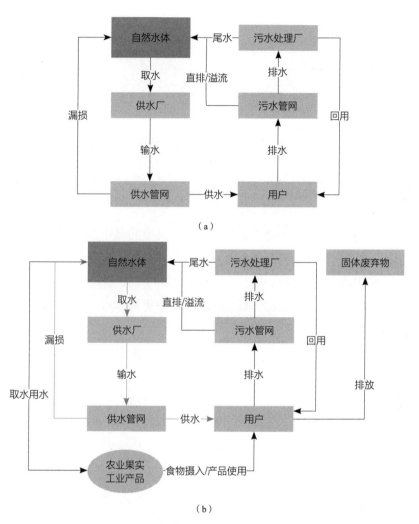

图4-6　城市水系统静态物质流分析模型构建示意图
（a）水代谢过程；（b）有机物与营养物质代谢过程

（2）评价机理

承前所述，物质流分析方法通过研究系统通量进行系统运行效率的分析评价，如图4-7所示为评价方法的概念模型。首先，矩形框代表元素，箭头直线代表物质流。其次，对于每一个元素，物质流的通量（Total System Through Flow，TSTF）代表流入或流出元素的物质流总量（根据物质守恒原理，流入＝流出），整个系统中所有元素的TSTF之和，就表征着整个系统的规模，即体现了城市水系统服务人口、用地等。第三，正向的箭头直线（从左向右）代表"代谢/消耗"，

视为"正向通量"；反向的箭头直线（从右向左）代表"回用/再生"，视为"负
向通量"；所有的正向通量减去负向通量，代表了系统的"有效通量"（Effective
System Through Flow，ESTF）。

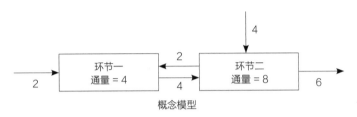

概念模型

图4-7　基于物质流分析的水系统运行概念模型

因此，这个概念模型代表系统的TSTF = 4 + 8 = 12，而ESTF = 2 + 4 + 4 + 6 −
2 = 14。

对于不同系统的对比，如图4-8所示为两个简单的城市水系统对比分析图。与
水系统1相比，水系统2有"2个通量"的回用，除此之外全部相同。因此，系统
1和系统2的TSTF均为12，即代表了二者服务城市用水规模相同。但是，系统1的
ESTF为20，系统2为16，反映出系统2的运行效率更高。

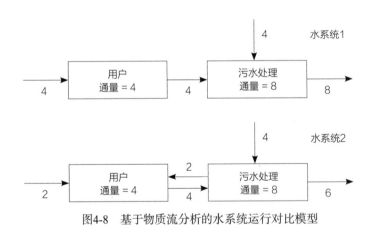

图4-8　基于物质流分析的水系统运行对比模型

通过以上分析，研究采用"ESTF/TSTF"评价各种研究物质的物质流过程，
从而分析城市水系统的运行效率。也就是说"ESTF/TSTF"越小，系统效率越高；
反之亦然。

（3）评价内容

水量方面：包括供水、用水、排水、回用等社会水循环过程。

水质方面：伴随着用排水过程的三项常规污染物（COD、TN和TP）。

4.3.4.4 案例试算与分析

为验证上述方法的可行性与有效性，现基于一个20万人规模的"虚拟城市"，进行案例试算，并对计算结果进行初步分析。

（1）案例城市概况

城市规划区域图如图4-9所示，城区被两条河流R1和R2分割为A、B和C三个区域，规划人口规模分别是12万人、7万人和1万人。

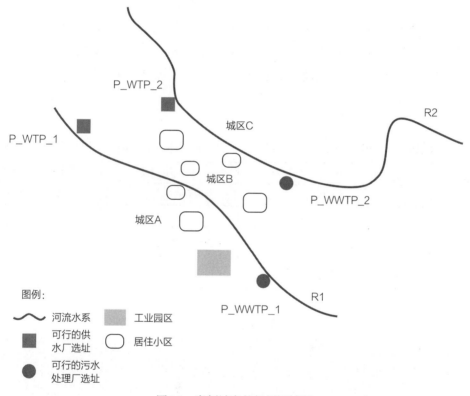

图4-9　案例城市的规划区域图

在规划区域的西北方向和正北方向分别有两处市政供水厂的可行选址：P_WTP_1和P_WTP_2，假设水源的水量充足、水质良好。在规划区域的正南方向和东南方向分别有两处市政供水厂的可行选址：P_WWTP_1和P_WWTP_2，用地充足，允许处理污水达标排放。

规划区中部主要是居住用地，其中有若干个小区具备使用再生水的条件，最大利用规模为0.6万m³/d。在城区A的南部有一个工业园区，其生产供水及污水处理均自建设施，不纳入市政系统，但有1万m³/d的再生水需求。

规划区域的水源水质、产污系数、污水排放和再生回用标准，见表4-3。

规划区域的水源水质、产污系数、污水排放和再生回用标准　　表4-3

分析物质	产污系数	水源水质	污水排放标准	再生水标准
	g/（人·d）	（mg/L）		
COD	60	20	50	40
TN	12	1	15	10
TP	1	0.2	0.5	0.3

（2）水系统规划方案

用水量测算：城市单位人口综合用水量指标取400L/（人·d），预测最高日用水量为8万m^3/d，日变化系数取1.4。排水量预测：污水量按供水量的85%计算，平均日用水量5.71万m^3/d，污水量为4.86万m^3/d。城区A、B和C的最高日用水量、平均日用水量和污水排放量计算水平见表4-4。基于上述测算，4个水系统规划方案见表4-5。

城区A、B和C的最高日用水量、平均日用水量和污水排放量计算表　　表4-4

序号	城区	最高日用水量	平均日用水量	污水排放量
		（万m^3/d）		
1	A	4.8	3.43	2.92
2	B	2.8	2.00	1.70
3	C	0.4	0.28	0.24
合计		8.0	5.71	4.86

水系统规划方案一览表　　表4-5

规划方案	方案特点	供水系统			排水系统			
		供水厂选址	设计规模	服务范围	污水处理厂选址	设计规模	服务范围	污水再生回用
1	传统集中系统	P_WTP_1	8	A、B和C	P_WWTP_1	4.86	A、B和C	无
2	分散供水污水集中处理部分回用	P_WTP_1	4.8	A	P_WWTP_1	4.86	A、B和C	工业园区
		P_WTP_2	3.2	B和C				
3	集中供水污水分散处理部分回用	P_WTP_1	8	A、B和C	P_WWTP_1	2.92	A	工业园区
					P_WWTP_2	1.94	B和C	居住小区
4	分散供水污水分散处理全部回用	P_WTP_1	4.8	A	P_WWTP_1	2.92	A	工业园区居住小区
		P_WTP_2	3.2	B和C	P_WWTP_2	1.94	B和C	居住小区

（3）物质流初步分析结果

根据上述方法，四种规划方案的物质流过程如图4-10所示。根据上节中的计算方法，四种规划方案的TSTF全部相同，但是ESTF却完全不同（表4-6）。因此，二者的比值也存在差异，如图4-10、图4-11所示。

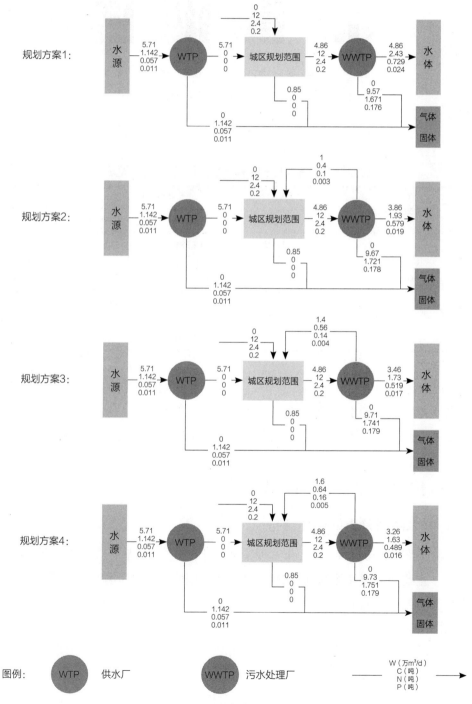

图4-10 四种规划方案的物质流分析图

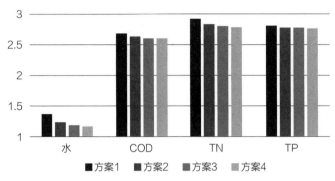

图4-11 四种规划方案的ESTF/TSTF对比柱状图

四种规划方案的TSTF和WSTF计算结果一览表   表4-6

规划方案		分析物质			
		Water	COD	TN	TP
TSTF	方案1~4	16.28	14.284	2.514	0.222
ESTF	方案1	21.99	38.284	7.314	0.622
	方案2	19.99	37.484	7.114	0.616
	方案3	19.19	37.164	7.034	0.614
	方案4	18.79	37.004	6.994	0.612

通过上述的简单测算与初步分析，可以看出物质流分析方法可以较好地体现相同规划范围、不同水系统规划方案之间的效率差别，从"水量、水质"角度对系统方案进行一个整体评价，为选择更加可持续的系统提供一定支撑。

4.3.5 基于复杂网络理论的规划优化

4.3.5.1 复杂网络分析的内涵与特点

复杂网络（Complex Network）理论来源于图论，并结合了系统科学、社会学等理论，主要研究复杂系统中个体之间相互作用所产生的系统形体性质和行为。是指具有自组织、自相似、吸引子、小世界、无标度中部分或全部性质的网络称为复杂网络。

复杂网络的复杂性主要表现在以下几个方面：①结构复杂：表现在节点数目巨大，网络结构呈现多种不同特征；②网络进化：表现在节点或连接的产生与消失。例如World-Wide Network，网页或链接随时可能出现或断开，导致网络结构不断发生变化；③连接多样性：节点之间的连接权重存在差异，且有可能存在方向性；④动力学复杂性：节点集可能属于非线性动力学系统，例如节点状态随时间发生复杂变化；⑤节点多样性：复杂网络中的节点可以代表任何事物，例如，人际关系构成的复杂网络节点代表单独个体，互联网组成的复杂网络节点可以表示不同网页；⑥多重复杂性融合：即以上多重复杂性相互影响，导致更为难以预料的结果。例如，设计一个电力供应网络需要考虑此网络的进化过程，其进化过程决定网络的拓扑结构。当两个节点之间频繁进行能量传输时，他们之间的连接权重会随之增加，通过不断的学习与记忆逐步改善网络性能。

　　复杂网络分析方法具有两大优势：①分析的对象不是网络中个体行为者，而是个体之间的关系，强调系统性和全局观；②复杂网络分析可以讨论子系统或个体在整个系统中的地位和作用，识别关键节点或核心短板，为系统调控提供决策支持。

4.3.5.2 复杂网络分析在市政领域的应用

　　城市作为以非农业产业和人口聚集形成的居民点，需要强有力的市政设施作为其发展的重要基础，而这些设施往往以复杂网络的形式存在，例如城市或区域电力系统、城市交通系统、城市供水排水系统等。

　　首先将网络作为一个整体并利用严格的数学方法进行研究的是匈牙利数学家Erdos和Renyi，他们将大型网络看成一个随机图，并建立了一套随机图理论。20世纪90年代末，分别发表在Science和Nature上的两篇文章打破了随机图理论长达40年的统治地位，在揭示网络的小世界性质的同时，引发了研究者运用复杂网络理论针对实际网络的大规模实证研究。近些年来，随着数据获取及大型计算技术的不断进步，复杂网络分析成为研究城市区域可持续性的一种热门工具，其中，交通和电力系统的应用研究最多，表4-7对此进行了综述。

复杂网络分析在交通和电力系统的应用综述　　表4-7

应用领域		相关分析方法的应用	研究成果
交通系统	高速公路	以城市和重要的十字路口为节点，公路为边，建立模拟高速公路网的方法，并与传统的地理信息的模型进行比较（模拟）	对不同国家不同规模的高速公路网进行了模拟研究发现，其拓扑结构存在相似性
	城市道路	网络概化的方式主要有两种:(1)以交叉路口作为节点，道路为边；(2)以两个交叉路口之间的道路为节点。通过分析不同城市道路系统的拓扑结构，认识其特点及影响因素，在此基础上进行系统效率和费用的讨论（拓扑特点，效率分析）	道路系统的结构与其空间布局有紧密关系，同时地理因素与人为规划对其有重要影响，一些城市道路系统呈现自组织性（Self-Organized, Out of Control），而另外一些则较为规整（Exhibiting a Regular Grid-Like, Structure）

应用领域		相关分析方法的应用	研究成果
交通系统	航空系统	以机场和航向分别为点和边构建网络，研究无权网络和加权网络（权重为航线运力）的拓扑结构、优化方式及途径（模拟，拓扑特点）	（1）网络呈现出小世界性，节点度分布呈幂律，连接数最多的机场，并非最重要的机场；（2）与无权网络相比，加权网络可以更好地分析拓扑结构与权重之间的关系，及其对网络结构的影响，能更加客观地反映实际网络特性
	地铁（铁路）	以站点和路线分别作为网络中的节点和边，研究其结构，在此基础上进行网络鲁棒性及系统效率的讨论（鲁棒性，效率分析）	网络呈现出小世界性，其网络鲁棒性与其他无标度网络类似
	海运系统	以港口和航线为节点和边构建网络，分析其网络特征，关注重点港口和航线（模拟）	网络具有小世界性和小集团性，个别港口在所在区域起着至关重要的作用
电力系统		（1）大规模互联电力网络的整体动态特性研究；（2）网络的鲁棒性（易损性）研究；（3）结合网络的小世界性，讨论其电力传递的效率问题；（4）网络中的问题线路识别与预警	（1）分析电力网络的时空演化特征；（2）根据系统特性，完善分析方式，并进行脆弱性研究；（3）分析系统的全局和局部效率问题，并提出优化的方法

4.3.5.3 水系统布局方案的网络化表达与评价

根据城市水系统特征及效率评价目的，研究建立的评价方法以系统物质守恒原理为理论基础，以社会水循环过程中的水、有机物（C）和营养物质（N、P）为研究对象，从水量和水质两个方面评价系统运行效率。方法的核心由网络概化、评价机理和评价内容三个部分组成。

（1）网络概化

根据城市水系统特点，网络概化可以分为三个层次，分别是模式层、拓扑层和网络层。其中，模式层网络用一个节点表征水系统中的所有相同元素，特点是简明扼要；拓扑层网络按照系统元素的重要程度组织表达方式，特点是层次分明；网络层则将集成系统元素的类别、空间、规模等属性，特点是贴近实际。三种层次的网络概化示意图如图4-12所示。

根据本节研究需求，研究采用网络层概化方式，构建城市水系复杂网络模型。基于规划区域的城市路网规划图，结合供水厂、污水处理厂、泵站等主要涉水设施的空间位置，用网络节点表示水系统要素，以节点间连接线表示各要素之间关系，网络化表达其布局方案。如图4-13所示为某规划方案的网络概化情况。

（2）评价机理

复杂网络理论用不同的指标反映网络不同方面的性能和特征。其中，"簇系数"和"节点度"应用最为广泛，前者可以较好地表征布局方案的"集中、分散"程度，后者可用于识别网络中的"关键节点和区域"。基于此，研究采用"簇系数"评价城市水系统的布局结构，采用"节点度"识别供、排水管网的重点区域。

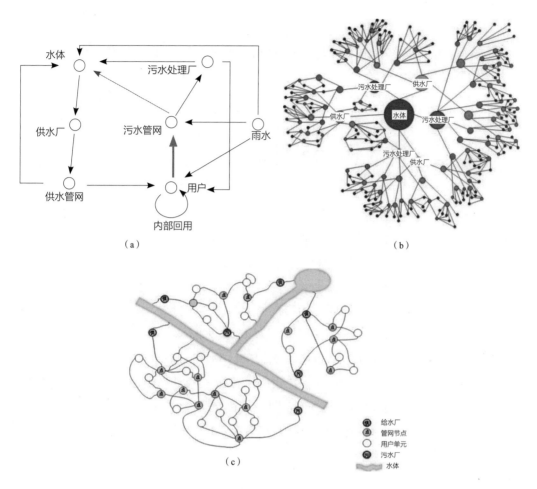

图4-12　城市水系统的模式层、拓扑层和网络层概化示意图
（a）模式层；（b）拓扑层；（c）网络层

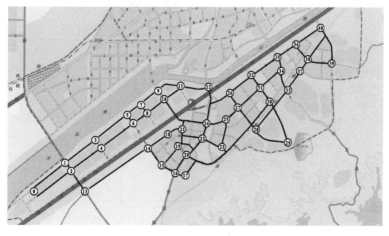

图4-13　某规划方案的网络概况图

①簇系数

簇系数（Cluster Coefficient），反映网络的局部集聚水平和集团特性。以城市污水系统规划为例，对于一个有n个污水处理厂的规划方案，每一个污水处理厂的簇系数（表示为C_i）都可以用式（4-1）进行计算，一个规划方案的集中−分散程度可以用式（4-2）进行表达：

$$C_i = \frac{\sum(\text{与之连接的节点水量})}{\sum(\text{规划区域内的节点总水量})} = \frac{\sum_{m=1}^{K}(F_m)}{\sum_{m=1}^{N}(F_m)} \tag{4-1}$$

$$C_{\text{char}} = \max(C_i) \tag{4-2}$$

式中　C_i——一个污水处理厂的簇系数；

C_{char}表示整个规划方案的集中、分散程度；

F_m——每个网络节点的水量；

K、N——与计算污水处理厂相连接的和整个系统的节点数目；

i——规划污水处理厂的编号，为[1，n]之间的正整数。

供水系统和再生水系统也可以开展类似的计算。

不难看出，C_{char}为一个［0，1］之间的正整数，当其数值越接近1，表明系统越集中；反之，当其数值越接近0，表明系统越分散。例如，对于一个30万人口的城市（图4-8），如图4-14所示，规划方案A、B和C的簇系数分别是1、0.43和

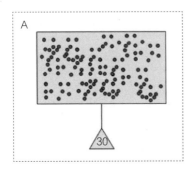
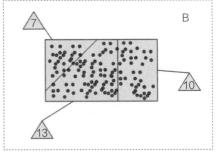
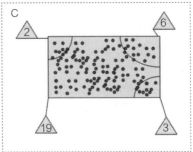

图4-14　不同污水系统布局方案示意图

0.63。虽然，方案C的供水厂更多，表面上看更为分散，但是实际上B方案的系统结构更平均，从网络的角度来看更加"均衡/稳定"。

从系统理论的角度考虑，当一个市政设施"功能失效"时，如果整个系统受到影响最小（影响可以是面积大小、元素数量、通量规模等），那么规划方案更加稳定和均衡，即安全系数更高。从这个角度出发，C_{char}越小，布局方案越好。

②节点度

对于由节点（管网检查井）和边（连接通道）组成的复杂网络系统，每一个节点都有一个"度"（Degree）表征其重要程度。例如，在道路交通系统中，一个十字路口的"度"代表其连接道路上的车流量大小，可以用车道数量或道路宽度进行表征；在航空交通系统中，一个城市（或航站楼）的"度"代表其连接航路上的繁忙程度，可以用起降航班数或运营旅客数来计算。类似的，在供、排水管网系统中，一个节点的"度"代表了其周边管网的疏密程度及该区域的重要程度，可用其连接管道的管径值进行计算。

根据以上分析，在水系统构成复杂网络中，一个节点的"度"值根据式（4-3）、式（4-4）和式（4-5）计算得出。

$$D_{k,j} = \sum_{i=1}^{N} d_{k,i,j} \qquad (4\text{-}3)$$

$$D_{k,j,\text{norm}} = \frac{\max\left(D_{k,j}\right) - D_{k,j}}{\max\left(D_{k,j}\right) - \min\left(D_{k,j}\right)} \qquad (4\text{-}4)$$

$$D_k = \sum_{j=1}^{M} \left(r_j \times D_{k,j,\text{norm}}\right) \qquad (4\text{-}5)$$

其中，式（4-3）计算节点的一个子系统（如污水系统）的"度"值；式（4-4）对计算结果进行归一化，以便于比较分析；式（4-5）对节点的子系统"度"值进行加权计算，得出其总"度"值。

D代表节点的"度"值，k代表节点的编号，N代表节点在某一个子系统中连接管段的数量，M代表纳入计算的子系统数量，r代表各个子系统加权计算时的权重值，d代表管径值，norm代表子系统度值的归一化。最终，D_k的计算值为一个$[0, 1]$范围内的小数。

（3）评价内容

子系统：包括供水系统、污水系统和再生水系统。

指标计算：根据水系统特点，各个子系统的簇系数根据设施规模进行计算；由于不同子系统存在满流和非满流设计的区别，为统一起见，采用管径值计算各个节点的度值。

4.3.5.4 基于复杂网络分析的水系统布局方案优化

图4-12的简单分析，是以供水厂及其服务片区的空间层次上展开的，可以在一定程度上说明复杂网络分析方法的可行性。但是，对于水系统的布局方法，可能要深入到管网层次才更有价值和意义，这也是本研究的工作重点和内容。初步的研究思路如下：在一个供水或排水分区内，通过将用户、供水厂、泵站，以及关键的管网检查井概化为"网络节点"，将水的传导概化为"边"，构建复杂网络，利用"簇系数"剖析系统结构，识别关键节点，评价布局方案的优劣，并提出优化建议。

根据上述复杂网络构建方法，案例区域共有177个节点，空间分布如图4-15所示，表4-5中提及的四种规划方案的供水、污水和再生水系统的"簇系数"计算结果见表4-8。

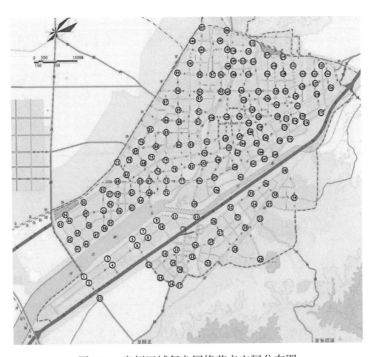

图4-15　案例区域复杂网络节点空间分布图

从水系统整体评价的角度出发，如果按照0.4、0.4和0.2的权重加权三个子系统的计算结果，则规划方案1的求和最大，为0.868；规划方案4的求和最小，为0.466，仅是方案1值的0.54倍。从复杂网络的角度看，规划方案4供水、污水和再生水系统的布局相对更分散，意味着其供水管网水龄更短、水压更均衡，污水管网大管径管道比例更小、造价更低，再生水回用距离更近、管道长度更短。故其"簇系数"值在一定程度上，可以反映出规划方案4更合理。

四种规划方案的"簇系数"计算结果 表4-8

规划方案	供水系统	污水系统	再生水系统	加权求和
1	0.67	1	1	0.868
2	0.67	0.55	0.67	0.622
3	0.33	1	1	0.732
4	0.33	0.55	0.57	0.466

注：供水、污水和再生水系统权重为0.4、0.4和0.2。

对于节点的"度"值，表4-9给出规划方案4中部分区域（节点编号1～40）的归一化计算结果。与"簇系数"类似，如果供水、污水和再生水子系统按照一定的权重进行加和计算，177个节点的"度"值计算结果见表4-9。

规划方案4中1～40号节点"度"值计算结果（归一化后） 表4-9

节点编号	供水系统	污水系统	再生水系统	节点编号	供水系统	污水系统	再生水系统
1	0.00	0.51	0.80	21	0.00	0.32	0.00
2	0.55	1.00	0.00	22	0.00	0.10	0.10
3	0.00	0.00	0.80	23	0.00	0.14	0.15
4	0.55	0.44	0.00	24	0.45	0.27	0.20
5	0.00	0.00	1.00	25	0.18	0.29	0.10
6	0.55	0.40	0.40	26	0.41	0.19	0.00
7	0.00	0.00	0.80	27	0.36	0.25	0.18
8	0.55	0.40	0.00	28	0.14	0.14	0.00
9	0.00	0.00	0.80	29	0.16	0.05	0.00
10	0.55	0.30	0.00	30	0.23	0.05	0.25
11	0.27	0.11	0.80	31	0.43	0.24	0.28
12	0.27	0.00	0.80	32	0.36	0.17	0.48
13	0.00	0.25	0.00	33	0.07	0.29	0.00
14	0.00	0.30	0.43	34	0.30	0.24	0.08
15	0.00	0.17	0.20	35	0.50	0.14	0.00
16	0.00	0.17	0.20	36	0.27	0.14	0.05
17	0.00	0.05	0.20	37	0.00	0.21	0.00
18	0.00	0.27	0.30	38	0.00	0.16	0.00
19	0.00	0.14	0.15	39	0.16	0.05	0.05
20	0.00	0.13	0.20	40	0.59	0.05	0.10

可以看出，由整个网络中关键节点（40个，占比23%）形成重点区域，表现出"一核、一环、一带"的空间特征，如图4-16所示。

"一核"是指三河交叉处（潮河、白河和潮白河）北侧，由水源路-盛南路-云腾路围成的滨河区域，供水、污水和再生水的管道管径分别为400~600mm、1200~1600mm和400~600mm，属于各子系统大型管道交叠汇聚的地区。

"一环"是指规划区域北侧，白河两岸，由果园西路、星云路、新北路、车站路、新中街等节点围成的环状区域。

"一带"是指规划区域西北角，潮白河北侧的沿河区域，是污水干管、再生水配水管主要铺设的地区。

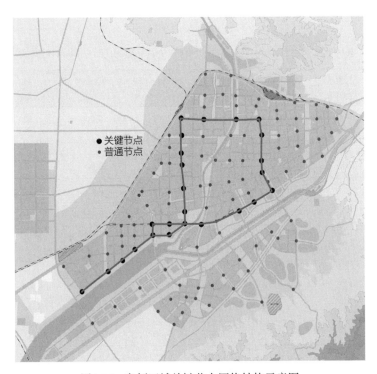

图4-16　案例区域关键节点网络结构示意图

基于以上初步分析，对规划方案4提出以下几方面的优化建议：

供水系统：现状保留的给水配水管多处于"一环"及其内部区域，应根据管网建设年限、管材等因素开展管网性能普查及老旧管道改造，以保证系统稳定性。规划新建的给水配水管多位于重点区域以外，在保证环状管网系统逐步完善的情况下，应注意潮河以东区域的水龄控制。

污水系统：在"一带"区域增设污水调蓄和净化设施，提高重点管线的系统冗余度；在"一环"区域中，结合排水分区和管线走向，可选择排水主要管线的交叉口等位置设置一处或多处调蓄设施，提高规划区北侧区域的污水系统稳定性。

再生水系统：除潮白河东岸的三期工业区用水外，应优先围绕"一环"区域增加居民再生水用户，在新北路和潮河交叉口处进行生态补水（再生水管线管径为250～300mm），在水源路沿线结合人工湿地建设开展白河的多点生态补水（再生水管线管径为400～600mm）。

管廊系统：可沿"一核、一环、一带"建设综合管廊，以便关键节点的日常维护和系统管理。

4.4

复杂供水系统布局优化成套技术

4.4.1 技术背景

4.4.1.1 主要问题与技术需求

随着我国城镇化进程的快速推进，城镇供水水源日趋复杂多变、供水系统的规模逐步扩大、供水模式及用户需求也逐渐多样化，很多城市出现了供水设施布局不合理的状况，供水设施布局及其优化是城市供水规划的核心任务，我国已有供水规划技术方法陈旧、缺乏，无法有效指导城市供水系统规划的编制。规划是对未来制定的计划，面临的核心问题是未来发生事件的不确定性，因此规划既需要刚性与弹性的结合，又需要科学和理性。对城市供水系统规划而言，要应对城市发展以及人口用地增加带来的用水需求，以及上述变化不确定性对供水设施规模和布局的影响，同时要保证城市供水系统的运维安全和效能提高，让老百姓喝上放心水，让城市能够正常高效地运转。

供水系统布局是城市供水规划的核心内容，是供水行业发展的顶层设计。社会经济发展对城市供水系统的要求已不再单纯的满足供给，而是高质量的、安全的、生态友好的城市供水系统。城市供水设施规模、服务人口和水源类型的显著增加，为城市供水系统规划和设施布局优化提出了新的技术要求。以创新为动力，注重解决人与自然和谐问题、发展不平衡问题、社会公平问题的实际要求，成为对城市供水规划和供水设施布局的新要求。近年来，我国在饮用水安全保障技术方向取得了大量创新科技成果，供水行业科技水平得以显著提高，相关关键技术的突破急需在城市供水系统规划和设施布局优化中进行应用实践。

4.4.1.2　国内外技术研究现状

城市供水规划是供水行业管理、设施建设与未来发展的蓝图，是供水设施布局的技术性文件。传统的城市供水规划通常以城市总体规划为指导，侧重于解决城市供水能力和设施布置的问题，以满足城市远期发展的供水需求，保证基础设施的支撑作用。随着城市的发展和重要水源工程的建设，城市供水系统呈现出多水源、多供水厂、多级加压等复杂特征，城市供水的安全性、应急能力、可持续能力以及设施布局的合理性和运行的经济性等，被越来越多的人关注，同时快速城镇化也带来资源和设施的共建共享问题。"十一五"以来，以国家水专项为代表的课题开始对城市水系统进行系列研究，包括供水系统规划调控技术、供水系统风险识别与应急能力评估技术、多水源优化调度技术、应急供水规划技术、供水规划决策支持技术等，为供水系统规划完善和设施布局优化方法提供了研究基础。

21世纪以来，在国际水协会与全球水伙伴（Global Water Partnership，GWP）的倡导下，水安全相关的议题得到了最大程度的重视。随着全球变暖、极端气候带来的不确定性进一步增强，城市水系统的自适应性、鲁棒性、韧性成为新的焦点，它所强调不再为供需方面的"安全"，而指系统应具备更强的应对外界威胁的能力，增加系统的鲁棒性，缩短系统恢复的时间。根据一项针对美国与非洲地区108个城市的比较研究显示，目前仍有7%的城市由于当地的水文条件与基础设施落后的原因供水达不到"安全"的水平。《自然》杂志一项针对全球482个大城市的分析显示，到2050年，其中27%的城市会由于地表水不足而面临供水安全问题，而另外有17%主要靠外调水的城市则将会面临与农业抢水的问题。从国际方面来说，城市供水系统的可持续发展与安全性评价仍然是热点议题，且其内涵也在不断地深化。水资源的可得性与可达性，供水的成本，取水对生态环境的影响，管理的效率等，是城市居民关注的主要方面。

4.4.1.3　技术难点与瓶颈

目前我国城市供水存在一定程度上的设施老化、水资源浪费、水资源短缺、水资源时空分布不均匀、人均水资源量不高、缺少顶层设计等问题，随着经济发展和城市化进程，对水资源需求增加、水污染加剧，城市水资源供需矛盾进一步扩大，城市供水的问题将在未来一段时间内持续存在。城市供水系统规划编制存在以下难点：

首先是对既有供水系统的科学认识和评价，识别现状设施的风险并评估设施效能，找准短板和不足并通过后续规划进行弥补和提升。

其次是城市水资源禀赋与未来发展的关联性不够，两者经常处于脱节的状态，需要进一步贯彻"以水定城"的原则，通过资源的配置引导城市的可持续发展。

最后是城市用地扩张和人口增加对供水设施布局的要求，既要充分发挥既有设施的能力，又要实现规划中远期供水系统空间布局的合理，实现供水系统效能的最大化。

4.4.2 技术构成

4.4.2.1 技术来源

"十一五"以来国家重大水专项开展了城市供水系统布局优化方面的系列研究，其中应急供水类技术1项，多水源供水类技术2项，系统优化类2项，绩效评估类2项，决策支持类3项。由TRL评级结果分析可以看出，多数技术的技术就绪度达到TRL6以上。通过初步筛选上述关键技术，初步确定源于"城市供水系统规划调控技术研究与示范"（2008ZX07420-006）、"南水北调受水区城市水源优化配置及安全调控技术研究"（2012ZX07404-001）、"江苏省域城乡统筹供水技术集成与综合示范"（2014ZX07405-002）、"珠江下游地区水源调控及水质保障技术研究与示范"（2009ZX07423-001）等课题的供水系统风险识别、多水源供水系统优化、应急供水规划、供水规划决策支持等关键技术满足技术就绪度8，具有一定的应用基础和评估验证条件，且关键技术中均涵盖了供水系统设施布局方面的研究和成果，因此整合为城市复杂供水系统布局优化成套技术。

4.4.2.2 技术构成

本成套技术以城市供水系统规划的科学编制为目标，包括供水系统风险识别评估技术、水源供需平衡与优化配置技术、供水系统布局模式与优化技术等关键技术，在城市饮用水安全保障技术体系中，供水系统规划属于顶层设计和技术前端。本成套技术结构图如图4-17所示。应通过层次分析法、风险树法或马尔科夫潜在影响模型等方法开展供水系统风险识别，识别城市供水存在的特征问题，作为规划编制的基础和前提；借鉴城市供水应急能力评估指标体系和状态水平评价标准，开展城市供水应急能力评估，在此基础上开展供水系统有效性量化评价，依据规划因子调控矩阵模型进行风险管控。根据情景分析法、趋势外推法和分类用水指标等方法预测城市需水量，并与城市可利用水资源量进行供需平衡分析；分析可利用水资源与建设用地空间关系，有条件可采用遗传算法、线性规划模型法等进行水资源优化配置。供水系统布局模式应因地制宜地选择，可采用分区供水、分压供水、多水源联合供水或上述方式的组合等模式，依据城市供水系统规划评价指标体系进行规划方案的比选，优化供水设施的布局。

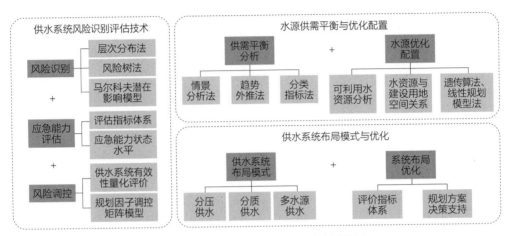

图4-17 复杂供水系统布局优化技术结构图

4.4.2.3 适用条件、范围、场景

本成套技术适用于分析不同地区影响城市供水安全的危险要素及其差异，通过对城市应急能力的评估，优化供水设施布局，制定应急供水规划，提高城市供水安全保障水平。在水资源可持续利用的前提下，统筹考虑本地水、过境水与既有外调水、常规水源与非常规水源、地表水与地下水等不同的水源情况，按照"以水定城"原则，采用情景分析法、趋势外推法和分类用水量指标法等，分析城市不同的产业结构、节水水平、再生水回用率等情景下，规划期可利用水资源可能承载的人口规模和用地规模。通过分析城镇多水源的来源与可利用总量，明确水资源优化配置原则和优先利用顺序。

在规划层面开展多水源供水优化技术研究，通过建立多水源供水工程布局优化评估方法和模型，实现供水系统设施布局的优化、合理配置不同水源的用途、调整供水工艺的匹配度，降低城镇供水系统的运行成本，提高供水安全稳定性和保障率。按照城市自身特征和供水系统现状，除传统统一供水外，明确分区供水、分质供水和多水源联合供水等布局模式。在城市复杂供水系统中，通过研究用水企业对于水质、水量的需求差异，优化提升城镇供水厂对于不同来水的处理工艺，提高处理工艺的匹配度。

本成套技术用于城市供水系统规划编制，适合不同等级和规模的城市在总体规划、专项规划和详细规划层面中的供水规划内容。尤其适用于城市供水专项规划层面，在具有多供水水源、多供水厂、复杂供水管网的大中型城市，通过规划编制建立城市供水系统中远期发展的顶层设计，指导城市供水设施建设，保障城市供水安全水平。由于本技术需要大量城市供水系统基础数据和实时运行数据，对于中小城市缺少数据积累和监测的，本成套技术的适用性会明显降低。

4.4.3 技术应用及成效

4.4.3.1 示范应用

基于多个水专项课题研发的复杂供水系统布局优化成套技术，在全国多个城市开展了示范应用。济南作为闻名世界的"泉城"，随着城市供水需求的增长，迫切需要协调"保泉"与"合理利用地下水资源"的问题。《济南城市供水"十二五"及2020年规划》的编制采用了复杂供水系统布局优化技术方法，规划针对"保泉"的需要，提出限制开采主城区地下水、适度开发济南西部地下水、远景预留巴漏河地下水的原则。全市水资源配置上以黄河水为主要水源，以南水北调水和山区水库水为辅助水源，以再生水为补充水源，地下水作为应急备用。在协调和优化城市供水设施的空间布局上体现优水优用、就近供给，地下水主要供给生活片区，置换现状工业自备井用水；东部生产片区用水主要由地表水提供；再生水用于绿化浇洒用水（河道景观）、大型工业低质用水、新建大型公建杂用水等。

规划提出了多水源分区的环网供水模式，如图4-18所示。结合济南市东西狭长的特点分为东、中、西三大片区，片区内环状管网统一供水，片区之间通过干管连接。每个大片区内又有小的分区，大片区内部实现片区环网以及片区间干管相连的供水形式。通过供水规划决策支持系统进行方案比选后，优化分区和片区设置，优化供水厂布局和管网路由。

通过对济南供水系统2009年和2018年数据的分析评价，由表4-10可以看出2018年供水系统的技术性、安全性与可持续性的表现均好于2009年。其中，安全性目标得到了最大程度的改善，从水源的供给到管网的保障的各项指标均得到了明显的提升。2018年技术性指标的提升主要来源于管段压力平均值与合格率、管网漏损率的提高。通过规划的实

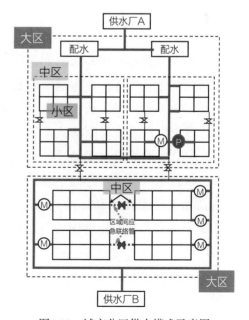

图4-18　城市分区供水模式示意图

施，济南市的供水系统得到了较好的改善，水源布局更合理、管网系统更完善，有效支撑了济南市的持续健康发展。

济南市2009年和2018年供水系统指标对比　　表4-10

指标名称	模拟计算指标				
	节点压力合格率（%）	节点水龄（h）	管网爆管概率（%）	节点流量事故率（%）	单水电耗（kWh/m³）
2009年	29.62	3.5	14.5	21.3	0.33
2018年	67.03	1	7.2	11.2	0.28

指标名称	统计数据指标				
	管网漏损率（%）	供水覆盖率（%）	输配水管线备用（%）	再生水利用率（%）	地下水开采系数
2009年	13.2	99.82	55	14.9	0.57
2018年	11.5	100	80	35.8	0.73

4.4.3.2 技术评价

为规范复杂供水系统布局优化成套技术及包含的若干项关键技术在城市供水专项规划中的应用，依托水专项研究成果，将本成套技术和关键技术纳入到系列标准规范，包括《城乡给水工程项目规范》《城市给水工程规划规范》GB 50282—2016、《城市饮用水安全保障技术导则》《城市水系统综合规划技术规程》T/CECA 20007—2021等，为该技术在规划设计领域更广泛地应用提供有力依据和指导。

随着我国各城市供水系统的日益复杂化，供水系统规划成为城市供水行业管理的重要引领，通过水专项系列课题研究和多个城市的供水规划实践，复杂供水系统布局优化技术方法越来越多地被规划设计单位所采用，尤其对于大型及以上规模城市，供水风险分析、水资源优化配置、设施空间布局优化、区域统筹联合供水等城市供水系统规划的核心内容，相关技术方法也在逐步应用与实践。

本成套技术成果与我国规划设计业务的发展具有很高的一致性。国内目前很多城市根据水问题逐步凸显的现状，结合自身需求开始编制城市供水专项，但由于规划相关技术要求和标准规范的缺失，一方面，规划编制以问题和需求为导向，缺少技术体系的完整性和规划编制的宏观性，另一方面，规划编制缺少对资源、环境、生态、安全等系列问题的统筹考虑。本技术成果以及相关标准规范，与城市建设要求相一致，将为城市供水安全保障和供水系统规划编制提供技术支撑。

第**5**章

典型案例集成应用

城市供水是城市发展的命脉，编制城市供水专项规划以科学指导和推动城市供水事业健康、协调和可持续发展，进而有力地支撑城市社会经济的全面发展意义重大。本章以我国东北地区哈尔滨市为例，说明城市供水系统规划的应用。哈尔滨市是一个典型的多水源供水城市。目前水源有江水、河水、地表水、水库水和本地地下水，随着城市的发展，对供水水源，尤其是优质的、可持续的水源需求也不断增长，实现不同水资源的优化配置及配套供水设施的空间布置是一个亟待解决的重要问题。

本次规划的主要任务是：落实城市规划确定的未来发展目标，合理配置城市水资源，确保水资源的充分利用；科学规划和优化城市供水设施布局，使城市供水能实现科学管理与高效运行；通过系统优化，保证应急供水及时可靠，提高城市安全供水的保障能力；充分发挥城市供水作为城市生命线和基础保障设施的作用，促进城市社会经济的可持续发展。

5.1

概述

5.1.1　城市概况

5.1.1.1　自然地理与地形地貌

哈尔滨市地处我国东北北部，黑龙江省中南部，是黑龙江省省会，我国东北北部中心城市、国家重要的制造业基地、国家历史文化名城和国际冰雪文化名城，在全国省会城市中所处纬度最高，位居最东端。全市包括道里、道外、南岗、香坊、平房、松北、呼兰、阿城、双城9区，五常、尚志2市，宾县、巴彦、依兰、方正、木兰、通河、延寿7县，共18个县市区，市域总面积为5.3万km²，总人口955万人；城市规划区总面积为7086km²（哈尔滨市区，不包括双城区）。

哈尔滨市位于松嫩平原东南部，松花江由西至东贯穿全市中部，整体地貌形态呈"五山一水三分田，半分荒滩和平原"的特征。总市域范围内山势不高，河流纵横，平原辽阔，城区西部及双城城区、呼兰、巴彦地势低洼平坦，属于平原区；东部9县（市）多山及丘陵地，为中低山丘陵区。

5.1.1.2　气候与水文条件

哈尔滨市属温带大陆性季风气候，气温变化大，日照时间长，降水集中。年平均气温为3.6℃，多年平均径流深88.2mm，年平均降水量538.8mm，主要集中在5～8月份。最大冻土深度在2m左右。

哈尔滨市境内河流水系属于松花江水系和牡丹江水系，主要河流有松花江、呼兰河、阿什河、拉林河、牤牛河、蚂蜒河、东亮珠河、泥河、漂河、蜚克图河、少陵河、五岳河、倭肯河，主要水库有磨盘山水库、西泉眼水库、龙凤山水库、二龙山水库、泥河水库等。

松花江哈尔滨市区段长约70km，多年平均水位为115m，哈尔滨站多年平均径流量约为390亿m³，最枯年份径流量122.5亿m³。

5.1.1.3　工程地质与水文地质

哈尔滨市市区及附近活动断裂少，除阿什河与松花江交汇处是活动构造复合部分，稳定性较差外，其余区域地壳较为稳定，地基承载力在120～180kPa。江北地区分布有大量的滩涂湿地，地下水埋深较浅，工程地质条件相对差一些。

地下水类型为孔隙潜水，水位随季节变化而变化，与地表水存在互补关系。地下水化学类型以HCO_3-Ca型为主，对混凝土无腐蚀性。

根据《建筑抗震设计规范》GB 50011—2010，本区基本地震加速度值为0.05g，属于基本稳定区域，抗震设防烈度为Ⅵ度。

5.1.1.4　城市发展目标、职能与规模

根据《哈尔滨市城市总体规划（2011—2020年）》（2017年修订），哈尔滨市遵循可持续发展战略和以人为本的核心理念，通过协调区域发展、推进新型城镇化进程，合理配置生产资源、优化城市空间，改善人居环境、保护历史风貌、完善基础设施等具体措施，将打造成为经济快速发展、文化繁荣昌盛，社会和谐稳定、生态环境优美、城乡文明进步、设施完善安全、人民生活幸福安康、城市竞争力显著增强、人与自然和谐相处的现代化大都市。

哈尔滨市城市职能明确为东北亚地区具有重要影响的现代化城市、充满活力的东北亚区域性中心城市，世界冰雪旅游文化名城、哈尔滨—长春城市群核心城市，对俄罗斯合作中心城市、东北亚国际商贸中心城市，国家创新型城市、国家创新产业发展基地，国家高新技术产业基地、振兴东北老工业基地的示范区、滨江生态宜居之都。

根据哈尔滨城市总体规划，到2020年，中心城区常住人口为600万人，中心城区城市建设用地575km²。

5.1.2 规划范围与期限

5.1.2.1 规划范围

本次专项规划的规划研究范围为哈尔滨市辖行政八区（包括道里、道外、南岗、香坊、平房、松北、呼兰、阿城）以及周边地区，规划范围为现行城市总体规划确定的中心城区，建设用地面积约575km²。

5.1.2.2 规划期限

本次规划的期限为2025年。

规划远景展望到2035年。

5.1.3 规划依据、原则与目标

5.1.3.1 规划依据

规划主要依据包括：

（1）《哈尔滨市城市总体规划（2011—2020年）》（2017年修订）。

（2）《哈尔滨新区总体规划（2016—2035）》。

（3）《哈尔滨市水资源可持续利用规划（2001—2030）》。

（4）《哈尔滨市松花江水源地取水口上移论证方案》（2018.12）。

（5）《城市给水工程规划规范》GB 50282—2016。

（6）《地表水环境质量标准》GB 3838—2002。

（7）《生活饮用水卫生标准》GB 5749—2006（已作废）。

（8）哈尔滨市城乡规划局、住房和城乡建设局、水务局、环保局、哈尔滨供水集团有限责任公司及各区县提供的其他相关资料。

5.1.3.2 规划原则

（1）按照城市总体规划发展要求，遵循"经济高效、优水优用"原则，科学预测、合理配置、优化调度，满足不同规划区域的用水需求，确保城市供水安全，保障城市经济社会可持续发展。

（2）结合城乡统筹发展需要，以加快推进城市供水设施共建共享，扩大城市供水管网覆盖范围为手段，进一步提高公共供水普及率，逐步实现城乡统一供水

目标，全面提高城乡供水水质与供水服务水平。

（3）近远结合、统一规划、分步实施。既考虑当前实际需要又兼顾长远发展目标，充分考虑现有供水设施的优化配置与合理高效利用，体现规划的科学性与可操作性。

5.1.3.3 规划目标

（1）提高区域水资源合理优化配置与利用效率，进一步优化供水设施系统布局，全面提升供水水质，确保居民饮水安全。

（2）加大公共供水发展力度，进一步提高公共供水普及率，到2025年，中心城区公共供水普及率达到100%，实现公共供水全覆盖，并逐步实现城乡一体化供水目标。

（3）加快推进二次供水设施与老旧供水管网改造力度，全面推行供水管网分区计量管理（DMA）与管网漏损控制措施，减少漏损，满足最不利点供水水压要求，提高供水安全性。

（4）加强城市供水设施的统一运行与管理，推进供水设施共建共享，提高城市水资源利用水平和供水设施利用效率。

（5）进一步完善城市供水应急处理技术与设施体系，提高城市应急供水能力，确保城市供水安全。

5.1.3.4 规划思路

（1）以保障2025年哈尔滨市经济社会发展需要和满足城市用水需求，确保城市供水安全为目标，按照问题导向与目标导向相结合的原则，依据供水水源优化配置、供水设施合理布局、供水水质全面提升的规划理念，对《哈尔滨市城市供水工程专项规划（2010—2020年）》进行修改完善，为哈尔滨市供水水源地和供水设施系统建设提供依据与指引。

（2）按照城乡统筹、节约水资源和供水设施共建共享、高效利用原则，全面评估分析现有供水设施建设运营状况与现状供水系统安全保障能力，研究提出城市供水水源与供水设施系统优化布局方案，提高城市水资源利用效率，保障城镇供水安全。

（3）以逐步实现城乡统一供水为目标，按照"就近利用、优水优用"原则，在全面分析和统筹考虑现有供水水源、供水设施、供水管理体系状况下，结合松花江水源地取水口上移论证方案等因素，因地制宜，提出不同规划区域供水水源与供水设施格局发展策略。

5.2

城市供水现状及特征分析

5.2.1 供水水源现状

5.2.1.1 地表水源

目前，哈尔滨市区现有地表水源2处，分别是松花江和磨盘山水库，基本情况如下。

（1）松花江

松花江干流流经哈尔滨市五区六县（市），自双城入境至依兰出境，区内全长466km，哈尔滨站多年平均径流量为432亿m³（最大年846.7亿m³，最小年122.5亿m³），水量丰富。

目前，主城区在松花江设有2处城市供水水源集中取水口，分别是四方台的一水源，实际取水能力28万m³/d（其中：老水塔设计取水能力10万m³/d、应急水塔设计取水能力18万m³/d）；朱顺屯的二水源，实际取水能力102万m³/d。此外，松花江上建有1处工业用水水源地，为新一工业供水厂，现状取水能力为16万m³/d。

（2）磨盘山水库

磨盘山水库位于拉林河干流上游五常市沙河子镇沈家营村上游1.8km处，是一座以哈尔滨市城市供水为主，兼向沿线城镇供水，并结合下游防洪、灌溉、环境用水等综合利用的水利枢纽工程，属于大（Ⅱ）型水库。水库汇水区面积1151km²，总库容5.23亿m³。

根据《哈尔滨市磨盘山水库供水工程水资源论证报告书》，在补偿调节灌溉下游灌溉面积（保证率75%）情况下，每年可提供城镇供水量3.37亿m³（保证率95%）。目前，水库通过2条管径为DN2200长约180km的PCCP输水管道向哈尔滨市江南城区供水。

5.2.1.2 地下水源

（1）分布情况

哈尔滨市地处松花江、阿什河、拉林河所环绕的河间地块，总体地势南高北低。以松花江为界，江南地区（指松花江南部地区）所属地貌单元自北向南依次为松花江和阿什河漫滩、松花江阶地和岗阜状高平原，江北地区所属地貌为松花江漫滩、呼兰河阶地。

（2）开采情况

目前，江南城区自备地下水源供水量约为12.5万m³/d。

江北城区现有1处集中地下水源地，为前进水厂，设计供水能力4万m³/d；此外，江北地区现有自备水源用水户30户，日供水量约2.6万m³/d。利民经济技术开发区现有2处集中地下水源地，为利民一水厂、利民二水厂，设计供水能力分别为0.8万m³/d和5.0万m³/d；此外，利民经济技术开发区现有自备水源用水户26户，日供水量约0.5万m³/d。

呼兰区现有3处集中地下水源地，为呼兰第一水厂、呼兰第二水厂和呼兰第三水厂，设计供水能力分别为0.7万m³/d、2.0万m³/d和3.0万m³/d；此外，呼兰区现有自备水源用水户30户。

阿城区现有2处集中地下水源地，为阿城第二水厂、阿城第三水厂，设计供水能力分别为6万m³/d和5万m³/d。

（3）地下水水质

地下水多为无色无味的重碳酸型淡水，水化学类型以HCO_3-Ca、HCO_3-Mg为主；地下水质量主要以良好为主，部分地区为较差，个别地方呈点状分布较好和极差区。

5.2.2　供水厂现状

规划区范围内现有城镇公共供水厂12座，总供水能力达到161.8万m³/d。其中，江南主城区供水厂3座，供水能力123.3万m³/d，包括松花江水源水厂2座和磨盘山水库水源水厂1座。松北新区供水厂4座，供水能力21.8万m³/d，包括松花江水源水厂1座和地下水水源水厂4座，由松北新区管委会负责运营管理。呼兰区现有地下水水源水厂3座，供水能力5.7万m³/d。阿城区现有地下水水源水厂2座，供水能力11.0万m³/d。哈尔滨市区现有城市公共供水厂基本情况，详见表5-1。

哈尔滨市区现有城市公共供水厂基本情况表　　　　　　表5-1

区域	供水厂名称	设计供水能力 （万m³/d）	水源类别	备注
江南主城区	平房供水厂	90.0	磨盘山水库	—
	哈西供水厂	20.0	松花江	"九六"系统
	新一工业供水厂	13.3	松花江	工业用水供水厂
	小计	123.3	—	—
松北新区	前进水厂	4.0	地下水	—

区域	供水厂名称	设计供水能力 （万m³/d）	水源类别	备注
松北新区	哈尔滨新区供水厂	12.0	松花江	—
	利民一水厂	0.8	地下水	—
	利民二水厂	5.0	地下水	—
	小计	21.8	—	—
呼兰区	呼兰第一水厂	0.7	地下水（备用）	建于1971年，目前已满负荷运行
	呼兰第二水厂	2.0	地下水	建于1992年，目前已满负荷运行
	呼兰第三水厂	3.0	地下水	—
	小计	5.7	—	—
阿城区	阿城第二水厂	6.0	地下水	—
	阿城第三水厂	5.0	地下水	—
	小计	11.0	—	—
合计		161.8	—	—

5.2.3 供水管网设施现状

5.2.3.1 供水管网

哈尔滨主城区现状供水管网总长度达1994km，其中松花江水源原水干管约200km，磨盘山水库长输管线约356km，市区配水管网1438km，其中配水干管约900km，配水干管管径为$DN400 \sim DN2000$。松花江原水干管主要分布在城市西部群力地区，承担由取水厂向供水厂输送原水的任务；配水干管遍布城区内各主要街道，公共供水普及率约为92%。现状平房供水厂配水干线分三种不同压力向市区配水，重力自流供水区包括道里区（含群力地区）及道外区，低压供水区包括香坊区、道外区部分（原太平区）及南岗区东部，高压供水区包括平房区及南岗区铁路编组站附近地区。哈西供水厂配水干线分别向南经学府路至南岗地区，向东经文昌街等至香坊、动力区，向北经新阳路至道外和太平区，向西经埃德蒙顿路至顾乡群力地区。新一工业供水厂配水干线沿化工路向南敷设，提供工业企业生产用水及信义沟景观用水。

现状城市输配水管道管材主要有钢筋混凝土管、铸铁管、钢管和玻璃钢管四种类型。据调查，2008—2016年公共供水漏损率在20%～30%区间内小幅波动，平均漏损率约26%，如图5-1所示。

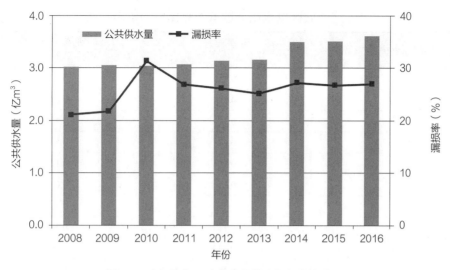

图5-1　哈尔滨市区城市公共供水漏损率变化图

5.2.3.2　供水水压

目前，哈尔滨市区主要供水厂——平房供水厂的出厂管线，分为高压、低压和重力流3个压力区，如图5-2所示。高压区的出厂管压力约0.25MPa；重力流阀后压力约0.2～0.25MPa，低压区的出厂管压力随时间变化较大，据监测8:00 时压力约0.20MPa、12:00时压力约0.15MPa、20:00时压力约0.10MPa。

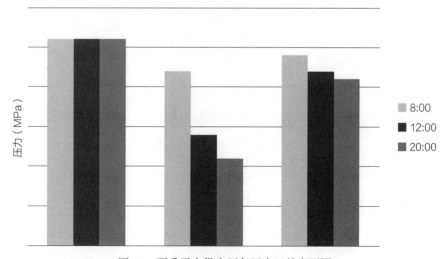

图5-2　夏季平房供水厂各压力区的水压图

管网测压点的监测结果显示，现状江南城区的部分区域供水压力偏低，供水压力日平均值低于0.14MPa，不能满足供水服务要求《城镇供水服务》CJ/T 316—2009（现已作废）的要求：供水管网末梢压力不应低于0.14MPa，管网压力合格率不应小于97%），见表5-2和图5-3。

江南城区供水压力偏低的测压点一览表　　　　　　　　　表5-2

测压点序号	冬季压力 （MPa）	夏季压力 （MPa）
1	0.13	—
2	0.08	0.08
3	0.10	0.10
4	0.12	0.13
5	0.13	0.12
6	0.13	0.05
7	—	0.12
8	0.13	0.12
9	0.13	—
10	0.13	0.10
11	0.11	0.12
12	0.11	0.12
13	0.09	0.09
14	0.13	—

图5-3　江南城区供水压力偏低的测压点分布图

部分区域供水压力明显偏低，如地德里街—地节街、教工街—卫星路。地德里街—地节街的供水压力显著偏低，全天24h水压均低于0.14MPa，其中8:00~20:00时段的水压仅为0.1MPa；教工街—卫星路8:00~20:00时段的水压均低于0.14MPa。

5.2.4 供用水情况

5.2.4.1 供用水量

2008—2016年，哈尔滨市城市供水总量基本稳定，年供水量在3.9亿m³上下小幅波动。城市公共供水普及率逐年上升，2017年达92%，较10年前提升17%，如图5-4所示。近10年来，哈尔滨市公共供水量稳步增长，年均增长率为2.01%。

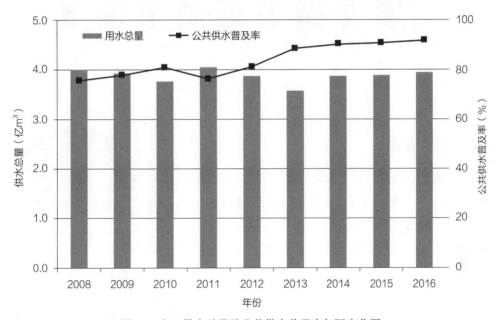

图5-4　市区供水总量及公共供水普及率年际变化图

从各片区来看，江南城区的公共供水量最多，占到市区公共供水总量的85%，江北城区占8%，其他城区的公共供水量较少，不到市区公共供水总量的5%，如图5-5所示。

2008—2016年，哈尔滨市人均用水指标逐年下降，如图5-6所示，2016年人均综合用水量、人均综合生活用水量和人均居民家庭生活

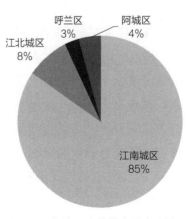

图5-5　各城区公共供水量占比图

用水量分别为225L/（人·d）、131L/（人·d）和59L/（人·d），较10年前分别降低34.6%、32.9%和57.5%。

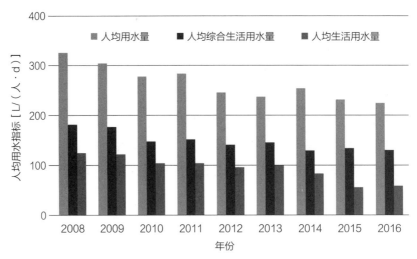

图5-6　市区人均用水指标年际变化图

5.2.4.2 用水结构

哈尔滨市区的主要用水类型有三类，分别为公共服务用水、居民家庭用水和生产运营用水。其中，公共服务用水占比最高，约占44%；居民家庭用水、生产运营用水分别占35%和20%，如图5-7所示。

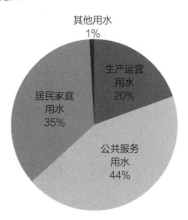

图5-7　2016年市区用水结构图

5.2.5 主要问题识别

（1）**供水安全风险隐患突出，安全供水形势依然严峻**

当前，哈尔滨市江南城区供水系统面临着较为突出的安全风险隐患。现状江南城区事实上属于单一水源、单一水厂供水形式，随着运行时间的增长，平房供水厂磨盘山水库原水长输管线的爆管风险日益增加，2016年2月与2018年1月，磨盘山长输管线已先后发生了两起爆管停水事件，对哈尔滨市主城区正常的生产生活造成了较为严重的影响。

（2）**城市建设快速推进，供水保障滞后**

目前，哈尔滨市东、南部等重点发展区域的部分城镇，如进乡街道、成高子镇、王岗镇等地区已突破原有城市总体规划范围，供水设施保障严重不足，居民反响较大；另外，呼兰、阿城、双城等区域已经纳入市级统一管理，现有的供水系统规划方案已不能满足城市发展建设与适应城市管理需要，供水格局亟需调整优化。

（3）供水管网老化、二次供水管理薄弱，水质安全风险突出

与当前国内多数城市在供水管网建设方面存在的问题相类似，哈尔滨市现状供水管网系统也普遍存在部分管网老化、材质低劣，漏损严重，供水产销差率较高的问题。主城区配水管网材质参差不齐，仍有大量铸铁管使用，且多数超期服役，管道结垢、破损、锈蚀状况严重。据统计，目前江南城区 $DN100 \sim DN700$ 配水管网（约107km）多数年久失修、破损严重，存在较为严重的"跑、冒、滴、漏"现象，同时由于存在大量的陈旧老化管道，致使供水压力大幅度降低，部分区域出现供水压力不足状况。调查显示，2017年主城区供水产销差率达到37%，而根据《水污染防治行动计划》要求对使用超过50年和材质落后的供水管网要进行更新改造，到2017年全国公共供水管网漏损率控制在12%以内，到2020年控制在10%以内。

而相对主城区，呼兰老城区和阿城区供水管网系统存在的问题更为突出。呼兰老城区配水管网建设年代较早，管网配水能力不足，管径偏小，水头损失大，管网老化较为严重，爆管事故频发；管网布局不合理，环状管网仅局限于局部区域，大部分区域仍为枝状管网，供水安全性较差。

（4）**城市供水区域发展不均衡，服务质量与水平差异大**

供水普及率有待进一步提高。目前，哈尔滨市主城区公共供水普及率约为90%，尚未达到国家"建设事业'十一五'规划纲要"提出的不低于95%目标，公共供水设施生产能力和供水量占全社会供水设施的比例分别仅为73%和76%，城市公共供水占比有待进一步提高。呼兰区、阿城区目前仍有相当数量和规模的自备井存在，现状公共供水普及率仅约为75%，公共供水普及率严重偏低。

供水厂净水处理工艺差距悬殊，应急供水保障能力不足。主城区现有供水厂净水处理工艺较为先进，出水水质较好；但其他城区供水厂的净水处理工艺相对较为简陋，出水水质较差。根据2017年哈尔滨市城市供水水质季度督察数据显示，2017年度市区共有5座供水厂的出水水质出现个别超标现象。

（5）**水源保护与城镇发展矛盾突出，水质改善压力较大**

松花江水源水质近年来好转趋势明显，但部分季节氨氮、高锰酸盐指数等指标仍偶尔出现超标现象。随着城市发展的快速扩张，哈尔滨市主城区现有松花江水源一厂、二厂逐渐被城市包围，一级保护区周边隔离防护设施设置困难。在磨盘山水库使用上，农业用水与城市供水争议时有发生。此外，五常市启动水稻示范区项目，争水矛盾将更加突出。若遇连续枯水年，磨盘山水库将难以同时保证城市供水和农业用水。此外，随着我国生态文明建设的深入推进，将进一步落实

下游拉林河的生态基流，严格限制水库总供水量，必将直接影响到城镇供水水量。

松北、呼兰、阿城等区域地下水水质铁、锰指标超标现象较为普遍，部分地区由于点源污染及河水侧向补给，造成局部地下水化学类型改变，并产生有机污染。据调查，呼兰区个别地区地下水存在氨氮、挥发酚及COD等指标超标现象；阿城区阿什河漫滩松散岩类孔隙水污染较严重，NO_2^-最高超标十余倍，铅超标3倍，汞和COD指标等也存在超标现象。

5.3
供水系统风险分析

以供水系统的质量安全（水质、水量、水压）作为目标，结合哈尔滨市江南城区供水系统特点，建立针对取水、制水、输配水以及二次供水四个环节的供水系统风险评估体系，经过风险识别、风险分析和风险评价三个步骤实现对供水系统的风险评估。

5.3.1 风险识别

风险识别是发现、列举和描述风险要素的过程。通过识别供水系统中不确定事件的风险源、影响范围、形成与发展原因及潜在的后果等，生成一个风险列表，以供后续的风险分析和风险评价。通过现场实地探勘、查阅技术资料、调研历史事故信息，以及与哈尔滨供水集团有限责任公司进行座谈交流，归纳出江南城区供水系统的风险信息，形成风险源清单，见表5-3。

江南城区供水系统风险列表

表5-3

序号	子系统	风险要素
1		磨盘山水源地突发污染
2		磨盘山水源地水质下降
3		磨盘山水源地水量短缺
4	原水系统	磨盘山长输管线爆管事故
5		松花江水源地突发污染
6		松花江水源地水质下降
7		松花江水源地水量短缺

序号	子系统	风险要素
8	制水系统	平房供水厂单期工艺故障
9		平房供水厂整体工艺故障
10		平房供水厂供电电源故障
11		哈西供水厂工艺故障
12		哈西供水厂供电电源故障
13	配水系统	平房供水厂出厂管线爆管
14		加压泵站停水事故
15		配水管网爆管事故
16		配水管网压力不足
17	二次供水系统	二次供水设备老化漏损
18		二次供水水质污染事故

5.3.2 供水水源风险分析

风险分析是根据风险类型，获得的供水系统信息，加深对风险的理解，明确风险的特征，分析风险发生的可能性和严重性，为风险评价和风险应对提供支持。通过收集哈尔滨江南城区供水系统风险因素的基本信息，调查历史事故发生情况，分析风险事件发生的可能性、影响后果，为后续风险评价中的风险排序及风险等级的划分提供依据。

（1）磨盘山水源地保护需进一步加强

磨盘山水库位于拉林河干流五常市沙河子镇磨盘山村上游，坝址以上流域面积1151km^2。

磨盘山水库水源保护区内分布有山河屯林业局7个林场所和五常市沙河子镇3村9屯，保护区内人口密度约为30人/km^2。保护区内现有1条四级公路部分位于水源一级保护区内。

（2）磨盘山水源地水质不稳定

2011—2017年，磨盘山水库出口除个别月份出现TP或TN的超标现象，其他检测月份均符合地表水Ⅲ类水质标准。从水质总体状况看，磨盘山水库水质为优。按《集中式饮用水水源地环境保护状况评估技术规范》HJ 774—2015评估，除2015年外，其余年份磨盘山水源地水量达标率均为100%。氨氮、总氮年均值有所上升，磨盘山水库的营养综合指数绝大多数时段小于富营养化临界值（50）。

（3）磨盘山水源地水量短缺

自2009年磨盘山供水二期工程通水后，城市供水和农业用水占到磨盘山水库总供水量的98%，几乎无剩余水量。2008—2017年磨盘山水库供水结构如图5-8所示。目前，磨盘山水库每年向哈尔滨市区供水2.8亿m³左右；根据《哈尔滨市磨盘山水库供水工程水资源论证报告书》，在补偿调节灌溉下游2.8万hm²灌溉面积（保证率75%）情况下，每年提供城镇供水量3.37亿m³（保证率95%）；若遇连续枯水年，磨盘山水库将难以同时保证城市供水和农业用水。

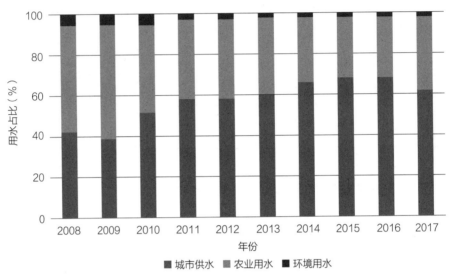

图5-8   2008—2017年磨盘山水库供水结构图

（4）磨盘山长输管线爆管

磨盘山长输管线承担从磨盘山水库向市区平房供水厂的输水任务，双线设计流量95万m³/d，单管管径2.2m，全长约180km。磨盘山水库正常蓄水水位为318m，至平房供水厂最大落差约134m，是国内最长的重力式有压流输水管线。磨盘山长输管线穿越山体、河流、公路等特殊地段26次，有排气阀井、排泥放空井、检修阀门井、套管检修井、调压井、流量计井等井室和阀门上千个。

随着运行时间的增加，磨盘山长输管线的爆管风险陡增；2016年2月、2018年1月，磨盘山长输管线先后发生两次爆管漏水事件。

（5）松花江水源地突发污染

随着城市的快速城镇化，松花江水源一厂、二厂逐渐被城市包围，2005年11月，中国石油天然气股份有限公司吉林分公司双苯厂一车间发生爆炸，大量苯类物质（苯、硝基苯等）流入松花江，造成哈尔滨停水4d。2010年7月，吉林省局部地区遭特大暴雨，吉林市某化工厂多个装有三甲基乙氯硅烷的原料桶，原料桶顺松花江水流冲往下游，威胁到下游多个城市供水。

5.3.3　制水系统风险分析

（1）平房供水厂单期工艺系统故障

平房供水厂的$DN2200$调流调压阀、$DN1600$管线、$DN1200$管线连接口，以及$DN1200$、$DN1800$和$DN2000$的管线及阀门出现故障，需停止单期工艺系统进行维修，水量影响范围为1.8万m^3/h，全天约43.2万m^3。

（2）平房供水厂整体工艺系统故障

平房供水厂的$DN2200$长输管线联通阀门、$DN2000$管线及阀门、$DN1400$重力流阀门及阀前管段、$DN2200$吸水井联络门出现故障，需停止整个供水厂工艺系统进行维修，水量影响范围为82.2万m^3/d。

（3）平房供水厂供电电源故障

平房供水厂变电所现有2条供电电源，其中：主电源是66kV/10000kVA的西水线；备用电源是10kV/3150kVA的朱水线；均为公用电源，不是专线电源；且备用电源容量不能100%备用，存在着供电不稳定的问题。2018年1月，上级变电所发生晃电事故，造成该供水厂水质异常波动，全力调整5h后恢复正常出水。

（4）哈西供水厂工艺故障

2015年，哈尔滨供水集团责任有限公司开始全力推进松花江水源供水工程建设，哈西供水厂开始进行升级改造，一期工程设计供水能力20万m^3/d，工艺流程为：松花江原水→预臭氧→混合絮凝沉淀→下向流高速石英砂滤池→主臭氧→上向流悬浮活性炭/沸石复合床生物滤池→上向流悬浮生物活性炭滤池→下向流石英砂滤池→次氯酸钠消毒→清水池→泵站→市区管网。

（5）哈西供水厂供电电源故障

哈西供水厂66kV变电所现有2条供电电源，其中：主电源是66kV/10000kVA的公用供电电源西水线；备用电源是10kV/3150kVA的公用供电电源朱水线。因两条电源均是公用电源，不是专线电源，且备用电源容量不能100%备用，存在着供电不稳定的问题。2018年1月磨盘山水库爆管应急抢修期间，上级变电所发生晃电事故，造成哈西供水厂的水质异常波动，全力调整5h后恢复正常。

5.3.4　配水系统风险分析

（1）平房供水厂出厂管线爆管

平房供水厂共有6条出厂管线，其中，2条$DN1400$重力流管线向道里区、道外区供水，全长约18km；泵房高压区2条$DN1200$管线向平房区、南岗区和哈西地区供水，全长约6km；低压区$DN1600$向香坊区供水、$DN1400$向南岗区、原太平区、道外区部分区域供水，全长约14km。

（2）加压泵站停水事故

江南城区现有城市加压泵站4座，设计总规模21万m³/d，现状供水量约3万m³/d。哈南加压泵站，规模为5万m³/d，位于哈尔滨市南部，服务范围为哈尔滨南部工业新城和哈尔滨南部工业新城A区。高开加压泵站，规模为5万m³/d，位于哈尔滨市西部，服务范围为哈尔滨高新技术产业开发区。哈西加压泵站，规模为5万m³/d，位于哈尔滨市西部，服务范围为哈尔滨西部和王岗地区。香福加压泵站，规模为5万m³/d，位于哈尔滨市东南部，服务公滨路以南区域。

（3）配水管网爆管事故

2017年，江南城区市政供水管线漏水维修216处，其中DN300及以下管线漏水维修76处，DN300以上管线漏水维修140处。

（4）配水管网压力不足

根据监测，江南城区共有14个测压点的压力偏低，不能满足供水服务要求。部分区域供水压力偏低，全天24h水压均低于0.14MPa、其中8:00～20:00时段的水压不到0.1MPa。

5.3.5 二次供水系统风险分析

目前，管网破损、"跑、冒、漏、滴"严重小区的二次供水设施，总长约1300km，涉及45.5万户。近年来，江南城区的供水产销差率在27%～37%范围内波动，平均为31.5%，如图5-9所示。

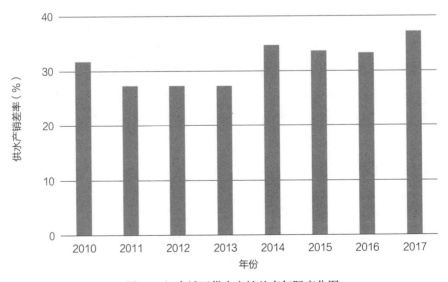

图5-9　江南城区供水产销差率年际变化图

5.3.6　供水系统风险评估

风险评价，是将风险分析的结果进行比较，确定风险等级，以便做出风险应对的对策。在哈尔滨市江南城区供水系统风险评价过程中，采用风险矩阵法。风险矩阵最早由美国某电子系统中心（Electronie System Enter，Ese）的采办工程小组于1995年4月提出的，它能够对项目风险的潜在影响进行评估，是一种操作简便的方法。风险矩阵方法，综合考虑风险影响和风险概率两方面的因素，可对风险要素，对项目的影响进行最直接的评估。风险矩阵法，既做到风险的定性评价，也能做到风险的定量评价；既能简单直观得出城市供水系统子系统的风险等级和排序，又能得出整个供水系统风险的等级。

为评判城市供水系统各风险要素的风险程度，将风险值按照一定的范围进行风险等级的划分（在哈尔滨江南城区供水系统风险评价中，按低、中、高排序，形成0～5的分值），见表5-4。

供水系统风险等级分级表　　　　　　　　　　　　　　表5-4

风险数值	>15	10～15	6～9	<5
风险等级	Ⅰ级：极高风险	Ⅱ级：高风险	Ⅲ级：中风险	Ⅵ级：低风险

依次再估计这些风险要素发生后的影响（在哈尔滨江南城区供水系统风险评价中，按低、中、高排序，形成0～5的分值）；将以上2部分的分值相互乘积，即：风险值$K = K1 \times K2$。如图5-10所示，得分在16～25为极高风险等级，分值10～15为高风险等级，5～9为中风险等级，1～4为低风险等级。

风险矩阵图给出四种分类：

如风险要素风险值在Ⅰ级极高风险，则应该不惜成本阻止其发生。

如风险要素风险值在Ⅱ级高风险，应安排合理的费用来阻止其发生。

如风险要素风险值在Ⅲ级中风险，应采取一些合理的步骤来阻止发生或尽可能降低其发生后造成的影响。

如风险要素风险值在Ⅳ级低风险，该部分的风险值是反应型，即发生后再采取措施；而前三类是预防型。

根据哈尔滨市江南城区供水系统的风险识别与分析，邀请多名熟悉哈尔滨市供水系统的专家判定$K1$和$K2$值（取算术平均值），计算江南城区供水系统各风险要素的风险值，见表5-5。

风险等级		可能发生的事故后果				
		影响特别重大（5）	影响重大（4）	影响较大（3）	影响一般（2）	影响很小（1）
发生的可能性	极有可能发生（5）	25	20	15	10	5
	很可能发生（4）	20	16	12	8	4
	可能发生（3）	15	12	9	6	3
	较不可能发生（2）	10	8	6	4	2
	极不可能发生（1）	5	4	3	2	1

图5-10　供水系统风险矩阵图

江南城区供水系统各风险要素的风险值一览表　　　　表5-5

序号	子系统	风险要素	K1	K2	K	风险等级
1	原水系统	磨盘山水源地突发污染事故	1.3	5.0	6.7	中
2		磨盘山水源地水质恶化	2.7	3.3	8.9	中
3		磨盘山水源地水量短缺	3.0	3.7	11.0	高
4		磨盘山长输管线爆管事故	4.0	5.0	20.0	极高
5		松花江水源地突发污染	3.7	3.7	13.4	高
6		松花江水源地水质下降	2.3	3.7	8.6	中
7		松花江水源地水量短缺	1.3	2.0	2.7	低
8	制水系统	平房供水厂单期工艺系统故障	2.3	3.3	7.8	中
9		平房供水厂整体工艺系统故障	1.7	5.0	8.3	中
10		平房供水厂供电电源故障	2.0	3.3	6.7	中
11		哈西供水厂工艺故障	2.3	3.3	7.8	中
12		哈西供水厂供电电源故障	2.0	2.7	5.3	中
13	配水系统	平房供水厂出厂管线爆管事故	2.0	3.3	6.7	中
14		加压泵站停水事故	2.3	2.0	4.7	低
15		配水管网爆管事故	3.0	2.0	6.0	中
16		配水管网压力不足	3.7	2.0	7.3	中
17	二次供水系统	二次供水设备老化漏损	4.3	1.3	5.8	中
18		二次供水水质污染事故	3.3	2.3	7.8	中

通过风险评估，构建风险要素雷达图（图5-11），哈尔滨市江南城区供水系统有1个风险要素为极高风险，2个风险要素为高风险，13个风险要素为中风险，2

个风险要素为低风险。极高风险要素为磨盘山长输管线爆管事故，高风险要素为磨盘山水源地水量短缺，和松花江突发污染事故。

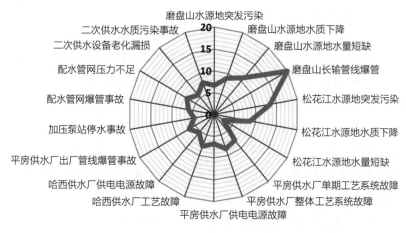

图5-11　江南城区供水系统各风险要素的风险雷达图

5.4

供水水源优化配置

5.4.1 近期水源优化配置方案

基于现有城市供水水源的水量、水质状况评估，根据现状城市用水规模与近期需求分析，立足于已建供水设施，着力提高城市供水安全保障能力，在充分听取哈尔滨市相关部门的意见基础上，本规划提出近期哈尔滨市城市供水水源优化配置方案如下：

（1）江南城区

以磨盘山水库水为城市供水主水源，松花江水为补充及应急水源。

（2）江北城区

以松花江水为城市供水主水源，地下水为补充及应急水源。

（3）呼兰区

以地下水为城市供水水源。

（4）阿城区

以地下水为城市供水水源。

5.4.2 远景水源优化配置格局

根据松花江水源取水口上移方案，结合哈尔滨新区、临空经济区等发展规划，进一步提升城市供水安全保障能力，全面改善城市居民用水水质，在充分听取业内权威专家和哈尔滨市相关部门的意见基础上，本规划提出远景哈尔滨市城市供水水源优化配置方案如下：

（1）江南城区

以磨盘山水库水和松花江水为城市供水双主水源，且互为备用应急水源。

（2）江北城区

以松花江水为城市供水主水源，地下水为补充及应急水源。

（3）呼兰区

以松花江水为城市供水主水源，地下水为补充及应急水源。

（4）阿城区

以地下水为城市供水水源。

5.5

供水格局优化调整

5.5.1 现有供水系统提升优化

5.5.1.1 重点建设项目

（1）基本情况

根据《哈尔滨市人民政府办公厅关于我市存在水电气热等问题的招商引资项目推进落实情况督办通知》，项目组对尚未完成的17个项目进行了认真梳理研究，经与有关部门对接与商议，共整理出涉及城市供水的重点建设项目8个，见表5-6。

重点项目一览表

表5-6

序号	问题编号	项目名称
1	1号	吉尼斯世界纪录馆项目
2	7号	和粮农业公司粮食深加工、食品加工、电子商务孵化基地项目
3	8号	博宏科技开发有限公司物流仓储项目
4	11号	新松建业投资管理有限公司新松茂樾山项目
5	12号	北京新松房地产开发有限公司会展城上城城市综合体三期项目
6	13号	五洲城置业有限公司哈尔滨汇智五洲国际动漫文化旅游城项目
7	14号	坤业房地产开发有限公司恒大丁香郡项目
8	15号	新合作置业有限公司新合作供销广场项目

（2）存在问题分析

根据存在的供水问题分析，结合上述项目的空间分布，划分为4个片区进行研究，见表5-7。

重点项目供水困难原因分析

表5-7

序号	区域	项目名称	原因分析
1	群力西区	吉尼斯世界纪录馆项目	无市政供水管网
2	进乡街地区	新合作置业有限公司新合作供销广场项目、坤业房地产开发有限公司恒大丁香郡项目	地势高、市政压力不足
3	长江路地区	新松建业投资管理有限公司新松茂樾山项目、五洲城置业有限公司哈尔滨汇智五洲国际动漫文化旅游城项目、北京新松房地产开发有限公司会展城上城城市综合体三期项目	规划闽江路未实施，供水配套管网无法施工
4	成高子地区	和粮农业有限公司粮食深加工、食品加工、电子商务孵化基地项目，博宏科技物流仓储项目	无市政供水管网

（3）规划解决方案

根据前述项目的供水需求调查，以及项目周边的现状城市供水设施分析，结合有关供水规划方案，在充分吸取相关部门的基础上，制定每个片区的供水解决方案，见表5-8。

重点项目供水解决方案   表5-8

序号	区域	项目名称	解决方案
1	群力西区	吉尼斯世界纪录馆项目	自群力大道DN600管线顶管穿越三环路,沿三环路西侧敷设DN300供水管线
2	进乡街地区	新合作置业有限公司新合作供销广场项目、坤业房地产开发有限公司恒大丁香郡项目	建设双榆加压泵站(5万m³/d),及周边配套管网
3	长江路地区	新松建业投资管理有限公司新松茂樾山项目、五洲城置业有限公司哈尔滨汇智五洲国际动漫文化旅游城项目、北京新松房地产开发有限公司会展城上城城市综合体三期项目	自香福路DN900干管,引出DN500配水管线,沿长江路南侧绿化带敷设,全长约1.4km
4	成高子地区	和粮农业有限公司粮食深加工、食品加工、电子商务孵化基地项目,博宏科技物流仓储项目	使用地下水

5.5.1.2 典型片区

(1)王岗地区

王岗地区主体部分位于西三环以外,为哈双路西侧铁路线、绕城高速、王岗东路、三环路北侧铁路线围合区域,总面积约8km²、人口约9万人,如图5-12所示。现状供水水源为地下水,以自备井供水形式为主。由于设施老化、管理不善等原因,导致王岗地区居民供水水质较差。

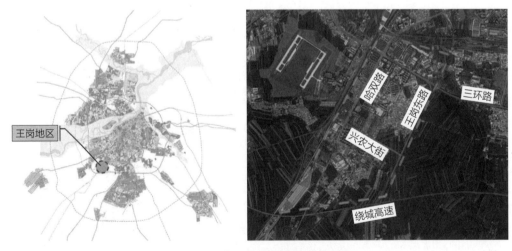

图5-12　王岗区位与建设现状示意图

根据中国市政工程东北设计研究总院有限公司编制的《哈尔滨西部地区供水专项规划》(2015—2030),王岗镇属于哈西泵站(规划末期规模为10万m³/d)供水服务范围,哈西泵站位于西站大街与绥化路交汇处。2017年,哈西泵站(一期）已建成，供水能力为5万m³/d；王岗大街、哈双路（王岗大街至三环路）DN600市政供水管线已建成。王岗地区内部的王岗东路、兴农大街建成DN600市政供水管线，目前尚未通水。

根据《哈尔滨西部地区供水专项规划》（2015—2030），王岗地区最高日用水量为2.5万m³/d。为彻底解决王岗地区的安全饮水问题，规划王岗地区的供水水源来自哈西泵站，自哈双路DN600管线接入王岗地区，新建三环路（哈双路至王岗东路）DN600供水干管，完善兴隆路、农机街、新农路、兴农大街等王岗地区内部配水管线。

（2）临空经济区

临空经济区位于哈尔滨主城区的西南侧，毗邻哈尔滨太平国际机场，距绕城高速约17km，如图5-13所示。根据《哈尔滨市太平镇临空经济区起步区控制性详细规划》，临空经济区起步区的规划人口为1万人、城市建设用地为5.26km²。

图5-13 临空经济区区位与建设现状示意图

目前，临空经济区内多为散落的村庄，居民使用地下自备水；已经入驻中龙飞机拆解基地有限公司等工业企业，工业用水量约1.2万m³/d。根据《哈尔滨西部地区供水专项规划》（2015—2030），临空经济区起步区的最高日用水量为2.35万m³/d、机场用水量为0.66万m³/d，合计临空地区用水量为3.0万m³/d。

为满足临空地区的经济社会发展需要，规划临空地区的供水水源为哈西供水厂，利用现有哈西供水厂至高开加压站的DN800专用线，自高开加压站（5万m³/d）沿机场路敷设DN600输水专线至临空经济区，在临空经济区新建二次加压泵站服务临空经济区和哈尔滨太平国际机场，同时完善临空经济区内部配水管网。

（3）成高子地区

成高子地区位于哈尔滨主城区的东南侧，横跨阿什河两岸，紧邻绕城高速，镇区沿哈成路建设。根据《哈尔滨市香坊区成高子镇总体规划（2018—2035）》，规划期末城市建设用地为12.3km²、乡镇建设用地为3.1km²。如图5-14所示。

图5-14　成高子地区区位与建设现状示意图

目前，成高子地区多为散落的村庄，居民使用地下自备水。成高子地区现状人口约3万人，人均用水指标取230L/（人·d）［2016年哈尔滨市人均用水量为225L/（人·d）］，成高子地区用水量约0.7万m³/d。

为满足成高子地区的经济社会发展需要，规划成高子地区的供水水源自公滨路DN900供水干管接入，沿公滨路向东敷设DN500供水管线、哈成路向西敷设DN400供水管线至成高子，同时完善成高子地区内部配水管网。

成高子东部地区位于阿什河以东，建议近期使用地下水。

5.5.2 江南城区供水格局

5.5.2.1 用水量预测

（1）历史供水情况

2018年，江南城区公共供水量为3.47亿m³（不含景观供水0.1亿m³），最高日供水量98万m³/d，日变化系数为1.03。2010—2018年，江南城区公共供水量的年均增长率为2.8%，如图5-15所示。

2018年，平房供水厂最高日供水量达到94万m³/d，创2006年建厂以来日供水量最高值，首次出现超负荷运行状况；同时，磨盘山长输管线输水处于满负荷状态。

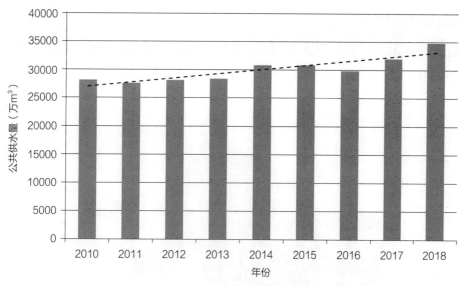

图5-15 2010—2018年江南城区公共供水量年际变化图

（2）用水量预测

采用年递增率法预测江南城区用水量；结合2010—2018年江南城区公共供水增长情况，预测至2025年江南城区公共供水的年均增长率为3%，测算得2025年江南城区公共供水量为4.27亿m³；日变化系数取1.03，最高日用水量为120万m³/d，如图5-16所示。

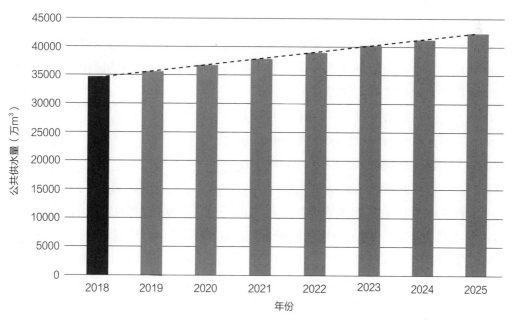

图5-16 2018—2025年江南城区公共供水量趋势预测图

5.5.2.2 供水系统布局

　　江南城区形成以平房供水厂为主、哈西供水厂为辅的双供水厂供水格局，工业用水由新一工业供水厂供给，如图5-17所示。

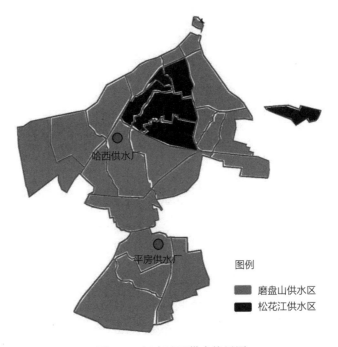

图例

　　　■ 磨盘山供水区

　　　■ 松花江供水区

图5-17　江南城区供水格局图

　　构建江南城区多供水厂供水格局的关键，是重启哈西供水厂，恢复城市供水；因此，合理确定哈西供水厂的供水范围是关键所在。基于哈尔滨市现状供水系统布局，结合城市发展用水需求，考虑哈西供水厂在城市中的区位，在确定哈西供水厂供水服务范围时遵循以下原则：

　　（1）充分利用哈西供水厂原有配水管线。

　　（2）尽量减少对现状供水系统的不利影响。

　　（3）能够提高城市供水安全的保障能力。

　　（4）兼顾供水系统的经济高效运行。

　　哈西供水厂的原有配水管线，主要有向平房区输水的2根$DN1000$管线、向香坊区输水的$DN1400$管线、向南岗区输水的$DN1200$管线、向道里道外区输水的2根$DN800$管线。考虑到原平房加压站已拆除，恢复供水可能性较小，暂不考虑哈西供水厂向平房区供水；学府路道里区道外区为平房供水厂的重力流供水区，供水较为经济，暂不考虑哈西供水厂向道里道外区供水；南岗区紧邻哈西供水厂，原$DN1200$管线和$DN1000$状态较好，恢复供水难度较小；因此，建议哈西供水厂的供水服务范围为南岗区。哈西供水厂至嵩山加压泵站建有专用管线,嵩山加压泵站至哈东地区建有供水专线,建议将哈东地区纳入哈西供水厂供水服务范围。

临空经济区等新区正在规划建设中,供水设施建设处于起步阶段,且邻近哈西供水厂;建议将临空经济区等纳入哈西供水厂的供水服务范围。

综合考虑江南城区的近期用水需求、各供水厂的供水规模、供水系统的安全性和经济性,确定江南城区各供水厂的供水服务范围,见表5-9,规划供水厂方案一览表见5-10。

江南城区公共供水厂服务范围一览表

表5-9

序号	供水厂名称	服务范围
1	平房供水厂	道里区、道外区、平房区、香坊区、南岗区
2	哈西供水厂	临空经济区、南岗区、哈东地区
3	新一工业供水厂	中石油哈尔滨石化公司、哈尔滨哈投投资股份有限公司热电厂、哈尔滨热电有限责任公司和信义沟景观供水

江南城区规划供水厂方案一览表

表5-10

序号	供水厂名称	设计规模(万m³/d)	规划供水规模(万m³/d)	水源	备注
1	平房供水厂	90	80~90	磨盘山水库水	—
2	哈西供水厂	45	20~25	松花江水	改造93系统
3	新一工业供水厂	13	5	松花江水	—
	小 计	148	120	—	—

5.5.3 江北城区供水格局

5.5.3.1 用水量预测

（1）历史供水情况

2018年,江北城区公共供水量为0.37亿m³,最高日供水量12.9万m³/d,日变化系数为1.28。2010—2018年,江北城区公共供水量的年均增长率为14.08%,如图5-18所示。

（2）用水量预测

采用年递增率法预测江北城区用水量;考虑到江北地区为哈尔滨新区的核心区,未来仍将保持高速发展的态势,结合2010—2018年江北城区公共供水增长情况,预测至2025年江北城区公共供水的年均增长率为14%,测算得2025年江北城区公共供水量为0.92亿m³;日变化系数取1.05,最高日用水量约26万m³/d;其中松北区约16万m³/d、利民区约10万m³/d,如图5-19所示。

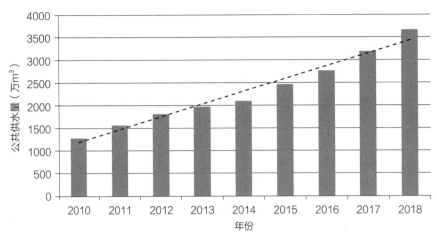

图5-18   2010—2018年江北城区公共供水量年际变化图

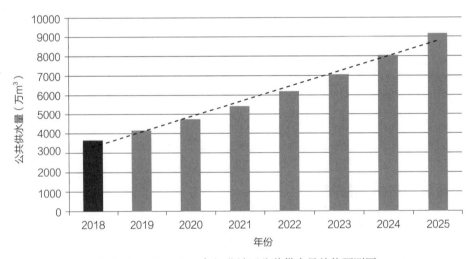

图5-19   2018—2025年江北城区公共供水量趋势预测图

5.5.3.2 供水系统布局

江北地区形成以哈尔滨新区供水厂、利民供水厂为主，前进水厂、利民一水厂和利民二水厂为辅的多供水厂供水格局，前进水厂、利民一水厂和利民二水厂为应急备用供水厂。规划新建利民供水厂，位于利民经济技术开发区西南部；水源为松花江，自水源一厂经新区供水厂接入利民供水厂。规划连通松北区和利民区的管网，实现联网供水，增强供水调度能力，提高城市供水安全。江北城区规划供水厂方案见表5-11，各供水厂服务范围见表5-12。

江北城区规划供水厂方案一览表 表5-11

序号	供水厂名称	设计规模 （万m³/d）	规划供水规模 （万m³/d）	水源	备注
1	哈尔滨新区供水厂	12	12	松花江水	—
2	利民供水厂	6	6	松花江水	新建
3	利民一水厂	0.8	—	地下水	升级改造
4	利民二水厂	5	4	地下水	升级改造
5	前进水厂	4	4	地下水	升级改造
小 计	—	27.8	26	—	—

江北城区规划供水厂服务范围一览表 表5-12

序号	供水厂名称	服务范围
1	哈尔滨新区供水厂	松北西部
2	利民供水厂	利民南部
3	利民一水厂	利民北部
4	利民二水厂	利民北部
5	前进水厂	松北东部

5.6

供水管网规划

5.6.1 管网分区计量（DMA）管理

5.6.1.1 目标与原则

（1）分区目标

区域计量是管网分区的主要目标。通过区域计量，强化水资源管理，增强人们的节水意识，提高供水经济效益。2017年10月，住房和城乡建设部印发《城镇供水管网分区计量管理工作指南——供水管网漏损管控体系构建（试行）》，探索适合我国的科学、高效的管网漏损管控方法和体系，指导各地以供水管网分区计量管理为抓手，统筹水量计量与水压调控、水质安全与设施管理、供水管网运行与营业收费管理，构建管网漏损管控体系，提高管网信息化、精细化管理水平，降低管网漏损率，提升供水安全保障能力。

分区计量管理将供水管网划分为逐级嵌套的多级分区，形成涵盖出厂计量-各级分区计量-用户计量的管网流量计量传递体系。通过监测和分析各分区的流量变化规律，评价管网漏损并及时作出反馈，将管网漏损监测、控制工作及其管理责任分解到各分区，实现供水的网格化、精细化管理。

（2）分区原则

保障安全，保障供水系统运行的水质、水量、水压需求。在供水管网分区规划中，尤其是现状供水管网更新改造中，首先要保障供水管网运行安全，尊重现有管网拓扑结构。

因地制宜，充分利用自然地理条件。充分考虑利用供水管网范围内的天然屏障或城市建设中形成的屏障，如河道、铁路、高架、主干道等地理特征作为分界线。

压力分区原则。供水管网漏损与管网运行压力具有相关性，因此，压力控制是管网漏损控制的重要技术手段之一。在满足用户用水需求的同时，通过合理地降低管网运行压力，可有效降低管网漏损水量和爆管频率。供水管网平均压力从30m降低至27m（10%），漏损量将降低5%~15%。

管理分区原则。供水管网规模越大，拓扑结构越复杂，漏损控制难度越大。采用分区管理模式有利于量化漏损空间分布，并有针对性地开展漏损控制。根据供水系统规模，可采用独立计量区和区域管理两种分区模式。前者以分区管理区域的逐级嵌套为基础；后者可根据泵组调度、水量计量、压力调控和考核需要进行合理划分。

5.6.1.2　分区规划方案

（1）供水管网微观水力模型建立

供水管网水力模型是实现管网系统现代化管理的有力工具。通过建立管网模型，使规划和管理人员对供水管网系统运行工况从模糊推断改变为定量分析，掌握管网系统各组成部分工作状态，方便对规划方案进行优化调整，为制定城市供水管网规划设计方案提供决策依据。通过管网中压力布局、管道流速及供水范围分析可以更加清晰地体现规划设计意图。

采用供水模拟软件作为管网水力模拟的工具。根据GIS数据及CAD图形文件，建立供水管网微观水力模型。通过管网模拟计算，研究不同工况下水力计算结果的变化趋势，从而实现对现状供水系统的全面正确分析，为供水分区划定方案提供支撑。

（2）分区等级确定

分区级别应根据供水单位的管理层级及范围确定。分区级别越多，管网管理越精细，但成本也越高。一般情况下，最高一级分区宜为各供水营业或管网分公司管理区域，中间级分区宜为营业管理区内分区，一级和中间级分区为区域计量区，最低一级分区宜为独立计量区（DMA）。独立计量区一般以住宅小区、工业园区或自然村等区域为单元建立，用户数一般不超过5000户，进水口数量不宜超过2个，DMA内的大用户和二次供水设施应装表计量。如图5-20所示，鼓励在二次供水设施加装水质监测设备。

结合哈尔滨市供水系统组成特征，根据管理需求可划分为若干级分区。一级分区结合供水厂布局，以实现区域性供水功能为主，保障配水合理性。二级分区

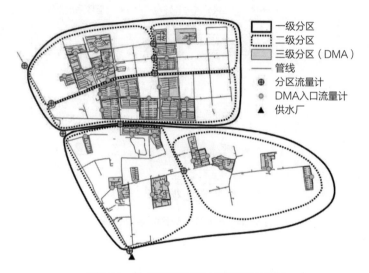

图5-20　供水管网分区计量管理示意图

或三级分区根据供水规模、供水可靠性及资金情况进行确定，实现流量计量、压力控制、改善低压区、减少漏失、提高水质等要求。结合城市供水专项规划编制深度要求，本次规划将供水分区划至二级分区。

（3）分区边界与分区规模的确定

分区划分应综合考虑行政区划、自然条件、管网运行特征、供水管理需求等多方面因素，并尽量降低对管网正常运行的干扰。供水管网分区划定流程图如图5-21所示。其中，自然条件包括：河道、铁路、湖泊等物理边界、地形地势等；管网运行特征包括：供水厂分布及其供水范围、压力分布、用户用水特征等；供水管理需求包括：营销管理、二次供水管理、老旧管网改造等。

分区规模的确定主要考虑均衡水压、管道输配水能力，以及漏损调查的需求。水压均衡方面主要考虑区域内的地形高差，管道的水头损失，配水距离，进

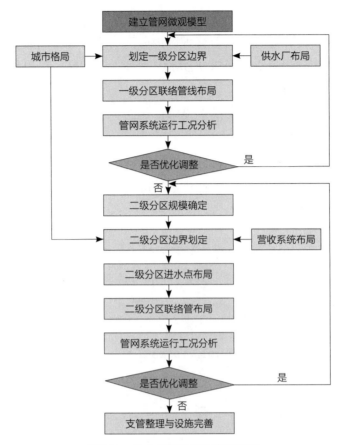

图5-21 供水管网分区划定流程图

水点分布及区域内的人口密度与用地布局情况等因素。输配水能力方面主要考虑进水点管道管径及其水量输送能力。漏损调查主要考虑便于进行流量统计、漏点定位及夜间最小流量测量等要求。

　　哈尔滨市城区现有4座主要供水厂，分别为磨盘山水厂、制水三厂、前进水厂和松北地表水水源供水厂。其中，制水三厂、磨盘山水厂服务于松花江以南地区，前进水厂、松北地表水水源供水厂服务于松花江以北地区。结合供水厂布局及城市用地布局，哈尔滨市城区划分9个一级分区，如图5-22所示。一级分区主要重点在于配水合理性，分区边界以城市组团边界、铁路、河流为主。其中，江南主城区包含5个；松北新区包含2个；呼兰老城区包含1个；阿城区包含1个。

　　在一级供水分区的基础上，划分46个二级分区，如图5-23所示。二级分区重点实现流量计量、压力控制等目标。同时为三级分区划定提供基础。各分区服务面积、所属行政区划情况见表5-13。

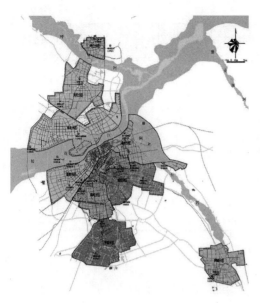

图5-22　一级供水分区布置示意图　　　　图5-23　二级供水分区布置示意图

二级分区服务特征一览表　　　　　　　表5-13

序号	一级分区	二级分区	分区面积	备注	序号	一级分区	二级分区	分区面积	备注
1	平房供水区	1-1	16.78	现状改造	17	道里供水分区	4-1	28.77	规划新建
2		1-2	14.06	现状改造	18		4-2	21.51	现状改造
3		1-3	22.37	现状改造	19		4-3	16.48	现状改造
4		1-4	36.03	现状改造	20	道外供水分区	5-1	8.14	现状改造
5	南岗供水分区	2-1	7.27	规划新建	21		5-2	2.52	现状改造
6		2-2	11.54	规划新建	22		5-3	3.42	规划新建
7		2-3	11.03	现状改造	23		5-4	0.95	规划新建
8		2-4	23.13	现状改造	24		5-5	2.33	现状改造
9		2-5	7.59	现状改造	25		5-6	7.72	现状改造
10	香坊供水分区	3-1	13.08	规划新建	26		5-7	19.7	规划新建
11		3-2	9.09	规划新建	27		5-8	6.08	规划新建
12		3-3	17.35	现状改造	28	松北供水分区	6-1	15.57	现状改造
13		3-4	12.83	现状改造	29		6-2	19.71	现状改造
14		3-5	4.68	规划新建	30		6-3	7.96	规划新建
15		3-6	6.37	规划新建	31		6-4	17.41	规划新建
16		3-7	9.95	规划新建	32		6-5	5.16	规划新建

序号	一级分区	二级分区	分区面积	备注	序号	一级分区	二级分区	分区面积	备注
33	松北供水分区	6-6	7.64	现状改造	40	利民供水分区	7-4	1.51	规划新建
34		6-7	25.28	现状改造	41	呼兰供水分区	8-1	12.21	现状改造
35		6-8	7.81	现状改造	42		8-2	3.98	规划新建
36		6-9	0.53	规划新建	43	阿城供水分区	9-1	24.8	规划新建
37	利民供水分区	7-1	26.92	规划新建	44		9-2	10.68	现状改造
38		7-2	18.4	现状改造	45		9-3	6.37	规划新建
39		7-3	23.24	规划新建	46		9-4	4.56	规划新建

（4）进水点布局规划

分区进水点数目与分区内压力控制、流量测量以及事故时的解决措施等有关。在保证供水安全可靠的情况下，一般不宜低于3个。为保障计量准确性，进水点数量不宜过多。

5.6.2 老旧管网更新改造方案

5.6.2.1 改造范围与目标

老旧管网改造范围包括：使用超过50年和材质落后的供水管网；经排查，存在受损失修、漏损的管道。按照"水十条"要求：到2017年，全国公共供水管网漏损率控制在12%以内；到2020年，控制在10%以内。由于供水管网规模大、拓扑结构复杂、管网建设时间久，因此，将管网更新改造作为漏损控制的重要手段之一，每年改造管网长度不低于现状管网长度的2%。

5.6.2.2 改造方案

结合主城区棚户区更新改造、管网建设及运行情况，确定主城区老旧管网改造约36km，涉及113条路段，总投资约720万元，如图5-24所示。其中，道里区改造5.6km；道外区改造6.7km；南岗区改造18.2km；香坊区改造5.2km。

5.6.2.3 管网工程量统计

至2025年，新建供水管网约828km（含棚户区改造新建管网），详见表5-14和表5-15。其中，江南主城区353.0km；松北新区326.8km；呼兰老城区59.1km；阿城区89.1km。

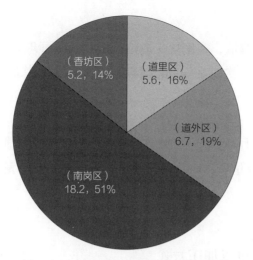

图5-24　主城区老旧管网分区统计示意图

江南主城区新建管网工程量统计表　　　表5-14

管径 （mm）	DN200	DN300	DN400	DN500	DN600	DN700	DN1000	合计
管长（m）	60941	211617	42120	23526	5671	8119	982	352976

松北新区新建管网工程量统计表　　　表5-15

管径（mm）	DN150	DN200	DN300	DN400	DN500	DN600	DN800	DN1000	合计
管长（m）	500	112660	132800	17359	11934	7850	19250	24415	326768

5.7

二次供水设施提升与改造规划

5.7.1　改造原则与目标

　　针对哈尔滨市城市供水二次供水设施现状产权及运行管理状况，为提高二次供水设施改造的可操作性与改造效率，二次供水设施改造遵循以下两条原则：

　　（1）政府主导、企业参与，市区结合、多方统筹，科学合理、因情施策，精心组织、保障供水。

（2）先移交、后改造，实施统一改造，进行统一管理。

通过对市区现有二次供水设施总体建设与运行管理状况的全面摸排梳理，对供水水压、水质存在突出问题或安全隐患的二次供水设施进行全面改造，以期达到以下两个方面的"三升三降"目标：

1）供水水压、用户水质、二次供水智能化管理水平明显提升。

2）二次供水维修量、二次管网漏失量、居民信访投诉量大幅度降低。

5.7.2 改造模式选择

5.7.2.1 常见的二次供水加压方式

常见二次供水加压方式有水泵或高位水箱供水、变频调速供水、无负压供水、气压给水设备供水等。

（1）水泵、高位水箱供水：水泵Q-H特征曲线、水泵应在其高效区内运行，水箱调节容积不宜小于最大小时用水量的50%。该方式适用于单体建筑、也适用于小区供水。

（2）变频调速供水：适用于每日用水时间较长、用水经常变化的小区，水泵组宜设2～4台主泵、并宜设1台供水能力不小于最大主泵的备用泵，恒压供水宜采用同一型号主泵、变压供水可采用不同型号的主泵。该方式适用各类小区、单体建筑的供水。

（3）无负压供水（管网叠压供水、接力加压供水等叠压供水）：设备进水管管径宜比供水干管小两级或两级以上、宜单独接供水干管，且宜从环状供水干管接入。该方式适用各类小区、单体建筑的供水。

（4）气压给水设备供水：该方式适用于供水规模小、供水压力不高的场所。目前基本不再应用于生活供水系统。

5.7.2.2 二次供水设施改造模式选择

（1）区内有集中式泵站的，结合管网和老旧泵站改造升级。在现有规模允许的条件下，通过敷设连通管线，撤并区内分散的泵站（包括小泵站）；条件不允许时，通过小区管线、水池（箱）、泵站改造满足二次供水要求。

（2）区域内无集中式泵站的，由区政府负责协调泵房使用、选址事宜，可统一利用现有泵站、废弃锅炉房建设标准化泵站，撤并区内分散的泵站（包括小泵站）。

（3）独立水箱加压、箱式叠压、罐式叠压、无吸程泵等供水方式。因优化整合泵站不确定因素较多，暂按单点改造方式考虑。

（4）适当提高部分区域市政供水管网压力，加快市政供水管网优化和改造，使市政供水管网压力平稳和达标。

（5）老旧二次供水设施的改造可与居民住宅一户一表及水表储户改造同步进行。

5.7.3　改造规划方案

5.7.3.1　江南城区老旧小区吃水难改造方案

经全面摸排，目前哈尔滨江南城区共有324处存在吃水难问题的老旧小区二次供水设施，其中道外区49处、道里区77处、南岗区136处、香坊区56处、平房区6处，共涉及约3.7万户，亟需进行提升改造，如图5-25所示。

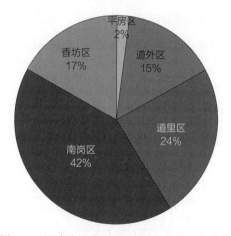

图5-25　江南主城各区吃水难小区占比情况图

上述老旧二次供水设施改造过程中，要实事求是、因地施策，实行以区域集中改造为主，单点分散改造作为补充，尽量优化的方式，进行二次供水设施改造，具体方案如图5-26所示。

（1）对于有充足空间的，可安装独立水箱加压供水设备的泵站改造，共19座，涉及约2万户用户。

（2）对于空间局限的，可安装箱式叠压、罐式叠压供水设备的泵站改造，共83座，涉及约2.4万户用户。

（3）对于采用泵直抽供水的，包括有独立泵房68处和无独立泵房36处，共

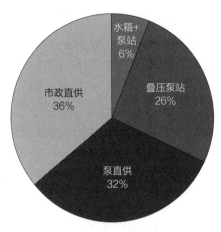

图5-26　江南城区老旧吃水难小区改造模式比例示意图

104处，涉及约4万户用户。根据泵房面积采用前两种方式改造；如泵房面积确实不足，采取安装无吸程智能变速泵的方式解决吃水难问题。

（4）市政供水直供的无泵站小区，共118处，涉及约1.3万户用户。通过集中连片的棚户区改造可解决22处。剩余96处由所在区政府或街道办协调解决泵房问题。

5.7.3.2　松北区、呼兰区、阿城区改造方案

（1）松北区：采用水箱＋水泵改造方式，共3处；改造供水管线，提高市政供水压力，1处。

（2）呼兰区：采用水箱＋水泵改造方式，共37处；新建罐式叠压供水设备泵站，共33处。

（3）阿城区：采用水箱＋水泵改造方式，共38处；无吸程泵无负压供水模式，共18处。

5.7.3.3　年度实施计划

（1）江南主城区

2019年：计划改造二次供水设施150处，改造资金约1.8亿元；

2020年：计划改造二次供水设施174处，改造资金约2.1亿元。

（2）松北区

2019年：计划改造二次供水设施4处，改造资金约1270万元。

（3）呼兰区

2019年：计划改造二次供水设施30处，改造资金约3900万元；

2020年：计划改造二次供水设施40处，改造资金约5100万元。

（4）阿城区

2019年：计划改造二次供水设施20处，改造资金约2700万元；

2020年：计划改造二次供水设施36处，改造资金约4800万元。

5.7.3.4　运营管理方式

以最新颁布的《哈尔滨市城市供水条例》（2018年10月1日起施行），作为二次供水设施运营管理的主要政策依据，具体要求包括：

（1）既有住宅二次供水设施不符合要求的，根据实际制定改造方案，供水单位应当按照国家有关规定及改造方案实施改造，用户应当予以配合。既有住宅二次供水设施，由城市公共供水企业负责。

（2）新建二次供水设施，工程竣工验收合格、具备正常运行功能的，建设单位应当组织建管交接，将设施移交城市公共供水企业，签订移交协议，移交竣工资料。建管交接后由城市公共供水企业负责。

（3）二次供水设施运行维护费用，由供水单位、物业服务企业等供水设施维护单位向用户收取。由城市公共供水企业负责维护的，维护费用计入城市供水价格。维护费用计入城市供水价格的，物业服务企业不得重复收取二次供水设施运行维护费用。

5.7.3.5　水质保障措施

哈尔滨市二次供水设施水质保障主要依据《二次供水设施卫生规范》和《哈尔滨市城市供水条例》等规定执行，具体措施包括：

（1）二次供水设施周围应保持环境整洁，有很好的排水条件。

（2）二次供水设施需保证外观良好，光滑平整，管材、水箱材质和内壁涂料等应无毒无害，不对水质造成影响。

（3）二次供水设施管道不得与非饮用水管道连接。

（4）二次供水设施维护单位应当配备专（兼）职人员，按要求定期对各类储水设施清洗消毒。

（5）二次供水设施维护单位应当按照技术规范定期进行水质检测，并将检测结果在住宅或者电梯的显著位置进行公示。

5.8

规划实施与远景规划

5.8.1　加强水源地保护

5.8.1.1　磨盘山水库

（1）完善隔离防护工程

按照有关要求对磨盘山水库水源地保护区进行勘查定界，设立明确的地理界标和明显的警示标志；建设一级保护区铁栅栏防护和生物隔离工程，完善一级保护区边界隔离防护工程。在寒小公路临水侧建设防撞挡墙和护坡工程，完善一级保护区内公路防护工程。

（2）实施污染防治工程

磨盘山水库保护区内分布有河屯林业局7个林场（所）和五常市3村9屯，应尽快完成保护区内的居民生活污水收集与处理工程；加大生活垃圾收集力度，扩大收集覆盖面，提高垃圾收集和处置效率；限制畜禽养殖数量，改分散养殖为集中圈养，建设畜禽粪便处理设施。

（3）控制农业面源污染

磨盘山水库上游有水田$1066.7hm^2$、旱田$5400hm^2$，建议加快调整农业种植结构、推行测土配方施肥和平衡施肥、开展绿色防控及病虫害专业化防治、发展有机农业。

（4）实施生态修复

在入库支流河口建设前置库、人工湿地等生态修复工程，实施拉林河、大沙河和洒沙河等入库支流河岸带生态修复工程。

5.8.1.2　松花江水源

（1）划定松花江饮用水水源保护区

按照《中华人民共和国环境保护法》《中华人民共和国水污染防治法》《饮用水水源保护区划分技术规范》HJ 338—2018等的要求，划定松花江饮用水水源保护区。

（2）设立保护区边界标志

在饮用水水源保护区的边界设置明确的地理界标和明显的警示标志。

（3）整治保护区内环境违法问题

严格按照《中华人民共和国水污染防治法》《中华人民共和国水法》《集中式

饮用水水源地规范化建设环境保护技术要求》等的要求，坚决取缔饮用水水源一级保护区内所有与供水设施和水源保护无关的建设项目，禁止网箱养殖、旅游、餐饮等可能污染饮用水源水体的活动；坚决取缔二级保护区内所有违法建设项目，采取严格措施，防止网箱养殖、旅游等活动污染饮用水源水体。

（4）加强松花江航运污染防治工作

严格按照《危险化学品安全管理条例》《内河交通安全管理条例》等的要求，加强饮用水源保护区、准保护区内及上游地区油类和危险化学品运载、装卸和储存设施的监管，督促其完善防溢流、防渗漏、防污染措施。

（5）建立松花江污染事故应急响应联动机制

建立松花江污染事件联动机制，开展水上突发环境污染事件应急合作，制定流域水环境质量状况、环境污染事件等信息通报制度，提高处置水污染突发事件的应急反应能力。

5.8.1.3 地下水水源

（1）划定地下水源保护区

按照《中华人民共和国环境保护法》《中华人民共和国水污染防治法》《饮用水水源保护区划分技术规范》HJ 338—2018等的要求，划定饮用水地下水源保护区。

（2）设立保护区边界标志

在饮用水水源保护区的边界设置明确的地理界标和明显的警示标志。

（3）整治保护区内环境违法问题

一级保护区内，禁止建设与取水设施无关的建筑物；禁止从事农牧业活动；禁止倾倒、堆放工业废渣及城市垃圾、粪便和其他有害废弃物；禁止输送污水的渠道、管道及输油管道通过本区；禁止建设油库；禁止建立墓地。

二级保护区内，禁止建设化工、电镀、皮革、造纸、制浆、冶炼、放射性、印染、染料、炼焦、炼油及其他有严重污染的企业，已建成的要限期治理，转产或搬迁；禁止设置城市垃圾、粪便和易溶、有毒有害废弃物堆放场和转运站，已有的上述场站要限期搬迁；禁止利用未经净化的污水灌溉农田，已有的污灌农田要限期改用清水灌溉；化工原料、矿物油类及有毒有害矿产品的堆放场所必须有防雨、防渗措施。

5.8.2 加强应急供水能力建设与应急供水调度

（1）认真贯彻执行《哈尔滨市城市供水突发事件应急预案》中的相关要求和

规定。妥善处置哈尔滨市城市供水突发事件，全面提高应对供水突发事件的能力，规范供水突发事件应急管理和应急响应程序，科学、高效、有序地实施应急救援工作，最大限度减少供水突发事件造成的危害，维护社会正常秩序。

（2）加强城市供水水源保护和应急水源建设力度。严格按照水源地保护范围和要求进行城市水源地保护，提高应急水源建设水平，努力实现"原水互补、清水互通"。同时进行供水管网优化，达到多目标、多工况城市应急供水系统要求。

（3）进一步规范供水厂日常运行管理，确保水处理效果。研究消毒副产物控制技术，进一步提高水质。进一步完善城市供水日常监测系统、在线监测系统、应急监测系统及水质预警系统建设。

（4）系统分析哈尔滨市城市供水面临的突发性水源污染风险，全面评估城市应对水源污染风险的能力。梳理哈尔滨市水源特征污染物清单，提出相应的处理及应对措施和方案。提出有关该城市供水应急能力建设的建议。

5.8.3 加强水质监测与监督管理

（1）建立饮用水水源地监控系统，监控与监测并举，确保水源安全。建立严格的出入管理制度，做好源水水质监测和水源周边的监控，加强巡查。

（2）集中式生活饮用水水源管理单位要依据国家相关标准确定的监测项目和频率，严格水源水质监测，及时掌握水源水质状况，防止水源性疾病传播。

（3）建立饮用水水源水质信息公开制度和信息共享机制，定期评估水质状况，并依法依规向社会公布。

5.8.4 加强节约用水工作

（1）严格落实节水"三同时"制度。新建、改建和扩建建设工程节水设施必须与主体工程同时设计、同时施工、同时投入使用。城市建设（城市节水）主管部门要主动配合相关部门，在城市规划、施工图设计审查、建设项目施工、监理、竣工验收备案等管理环节强化"三同时"制度的落实。

（2）加大力度控制供水管网漏损。加快对使用年限超过50年和材质落后供水管网的更新改造，确保公共供水管网漏损率达到国家相关标准的要求。督促供水企业通过管网独立分区计量的方式加强漏损控制管理，督促用水大户定期开展水平衡测试，严控"跑、冒、滴、漏"。

（3）大力开展节水小区、单位、企业建设。建立和完善节水激励机制，鼓励和支持企事业单位、居民家庭积极选用节水器具，加快更新和改造国家规定淘汰的耗水器具，使节水成为每个单位、每个家庭、每个人的自觉行动。

5.8.5 进一步创新管理模式，优化管理体制

（1）深化供水设施的供给方式改革。在保证政府投入基础上，拓宽资金来源渠道，鼓励社会资本参与供水基础设施的投资、建设与运营。

（2）深化供水行业经营管理体制改革。按照"深化国有企业改革，发展混合所有制"的要求，推进供水行业企业混合制改造工作，完善治理、强化激励、突出主业、提高效益。

（3）深化水价形成、调整和补偿机制改革。建立健全供水定价成本的监审制度，积极探索有利于节水的居民生活用水阶梯水价和非居民用水超定额加价机制，确定合理的水价调整周期，创新水价监管与激励机制。

5.8.6 远景规划构想

（1）构建"江库联调、南北互济"的城市供水安全保障新格局

远期，随着松花江取水口上移工程竣工，哈尔滨市将建成松花江和磨盘山水库两大饮用水水源地，通过水资源的联合调度，形成江库联调、互为补备的城市水源系统；充分利用现有的一水源过江管道，连通松花江南部、松花江北部两大城区，形成南北互济、互为应急的城区供水系统。

（2）构建"市域供水全覆盖、同网同质同服务"的城乡供水一体化新格局

远期，继续深入实施乡村振兴战略，推进城乡基本公共服务均等化，统筹城乡供水事业均衡发展，按照"全域覆盖、因地制宜"的原则，加快区域供水设施和管网建设，实现"市域供水全覆盖、同网同质同服务"的城乡供水一体化新格局。

附录：城市供水规划编制大纲（建议稿）

〰〰〰〰〰〰〰〰〰〰〰〰〰〰〰〰〰〰〰〰〰〰〰〰〰〰〰

参考文献

[1] 张杰，熊必永. 城市水系统健康循环的实施策略[J]. 北京工业大学学报，2004，30（2）：185-189.

[2] 莫罹，刘广奇，颜文涛，等.城市供水系统规划调控技术研究与示范[J]. 给水排水，2013，49（7）：13-18.

[3] 张怀宇. 技术评估新概念与城市供水工程新技术评估指标体系[J]. 给水排水，2020，56（5）：95-100.

[4] Global Water Partnership. Towards water security: A framework for action[M]. Stockholm: GWP Secretariat, 2000.

[5] 刘广奇，孔彦鸿. 城市水系统规划中的问题协调[C]//中国城市规划学会. 2008生态文明视角下的城乡规划. 大连：大连出版社，2008.

[6] 陈吉宁. 城市水系统的综合管理：机遇与挑战[J]. 中国建设信息，2005，（13）：34-38.

[7] 邵益生. 城市水系统控制与规划原理[J]. 城市规划，2004，（10）：62-67.

[8] 张智. 可持续的城市水系统[J]. 重庆建筑大学学报（社科版），2000，1（2）：48-50.

[9] 雷挺. 城市供水安全保障格局探讨[J]. 给水排水，2018，54（7）：1-3.

[10] 陈利群，王亮. 北方典型缺水大城市供水系统演变研究[J]. 给水排水，2012，48（12）：119-124.

[11] 邵益生，周长青. 城市水安全问题迫在眉睫[J]. 建设科技，2005，（22）：14-15.

[12] 郝天文. 城市建设对水系的影响及可持续城市排水系统的应用[J]. 给水排水，2005，（11）：39-42.

[13] 邵益生. 适时调整我国城市水安全保障战略[N]. 中国水利报，2014-10-16（006）.

[14] 邵益生，张志果. 城市水系统及其综合规划[J]. 城市规划，2014，38

（S2）：36-41.

[15] McDonald R I, Weber K, Padowski J, et al. Water on an urban planet: Urbanization and the reach of urban water infrastructure[J]. Global Environmental Change, 2014, 27:96-105.

[16] 陈吉宁，曾思育，杜鹏飞，等. 城市二元水循环系统演化与安全高效用水机制[M]. 北京：科学出版社，2014.

[17] Butler D, Davies J. Urban Drainage: Second Edition[J]. Crc Press, 2004.

[18] 仇保兴. 海绵城市（LID）的内涵、途径与展望[J]. 给水排水，2015，51（03）：1-7.

[19] 张亮，俞露，任心欣，等. 基于历史内涝调查的深圳市海绵城市建设策略[J]. 中国给水排水，2015，31（23）：120-124.

[20] Griffiths J, Chan F K S, Shao M, et al. Interpretation and application of Sponge City guidelines in China[J]. Philosophical Transactions of the Royal Society A, 2020, 378 (2168): 20190222.

[21] Tuomela C, Sillanpää N, Koivusalo H. Assessment of stormwater pollutant loads and source area contributions with storm water management model (SWMM) [J]. Journal of Environmental Management, 2019, 233: 719-727.

[22] 杨一夫，关天胜，吴连丰. 基于XPdrainage模型的居住区海绵城市规划方案探讨[J]. 城市规划学刊，2018（S1）：126-129.

[23] 张宏伟，张永举，郭祎萍，等. 城市供水系统决策支持系统的开发与设计[J]. 中国给水排水，2006，22（4）：74-77.

[24] 鲁宇闻，王如琦，彭丽娜，等. 基于用水指标分析的上海市嘉定区区域供水规划修编[J]. 给水排水，2016，52（6）：31-36.

[25] 王旖旎. 中国各省区城市生活用水总量预测分析[J]. 法制与经济，2019，（8）：92-95.

[26] Xu Z, Yao L, Chen X. Urban water supply system optimization and planning: Bi-objective optimization and system dynamics methods[J]. Computers & Industrial Engineering, 2020, 142: 106373.

[27] 王显明，秦克景，李敏强. 基于GIS、GPS、DSS的城市供水调度决策系统[J]. 中国给水排水，2006，22（20）：34-37.

[28] 王俊良，郑成志，高金良. 多水源供水优化调度决策支持系统开发与实践[J]. 中国给水排水，2010，26（10）：87-90.

[29] 刘广奇，孔彦鸿，桂萍，等. 国家"水专项"研究项目示范课题——北川新县城水系统安全保障规划研究[J]. 建设科技，2010（9）：30-33.

[30] 常魁. 城市供水专项规划中管网分区方法探讨——以哈尔滨市供水专项规划为例[J]. 净水技术，2019，38（6）：46-50.

[31] Mikulčić H, Wang X, Duić N, et al. Environmental problems arising from the sustainable development of energy, water and environment system[J]. Journal of Environmental Management, 2020, 259: 109666.

[32] Baudoin L, Arenas D. From raindrops to a common stream: using the social-ecological systems framework for research on sustainable water management[J]. Organization & Environment, 2020, 33 (1): 126-148.

[33] Chan F K S, Griffiths J A, Higgitt D, et al. "Sponge City" in China—a breakthrough of planning and flood risk management in the urban context[J]. Land Use Policy, 2018, 76: 772-778.

[34] Wu L, Mao X, Yang X, et al. Sustainability assessment of urban water planning using a multi-criteria analytical tool–a case study in Ningbo, China[J]. Water Policy, 2017, 19 (3): 532-555.

[35] 乔伟峰，吴菊，戈大专，等. 快速城市化地区土地利用规划管控建设用地扩张成效评估——以南京市为例[J]. 地理研究，2019，38（11）：2666-2680.

[36] 住房和城乡建设部. 关于印发《城市总体规划实施评估办法（试行）》的通知（建规〔2009〕59号）[Z]. 2009-04-16.

[37] 金忠民，陈琳，陶英胜. 超大城市国土空间总体规划实施监测技术方法研究——以上海为例[J]. 上海城市规划，2019（4）：9-16.

[38] 连玮. 国土空间规划的城市体检评估机制探索——基于广州的实践探索[C]//中国城市规划学会. 活力城乡 美好人居——2019中国城市规划年会论文集. 北京：中国建筑工业出版社，2019.

[39] Chang N B, Lu J W, Chui T F M, et al. Global policy analysis of low impact development for stormwater management in urban regions[J]. Land Use Policy, 2018, 70: 368-383.

[40] National Research Council .Urban Stormwater Management in the United States. Washington, D.C. The National Academies Press. 2008.
National Research Council, Division on Earth, Life Studies, et al. Urban stormwater management in the United States[M]. National Academies Press, 2009.

[41] Thomas W. Liptan. Sustainable stormwater management: a Landscape-driven Approach to planning and design[M]. Portland Oregon: Timber Press.2017.

[42] EPA Office of Wetlands, Oceans and Watersheds. Green Infrastructure Case

Studies[R]. 2013.

[43] 孟莹莹，冯沧，李田，等. 不同混接程度分流制雨水系统旱流水量及污染负荷来源研究[J]. 环境科学，2009，30（12）：3527-3533.

[44] Escap U N. Water security & the global water agenda: A UN-water analytical brief[M]. United Nations University, 2013.

[45] Padowski J C, Carrera L, Jawitz J W. Overcoming urban water insecurity with infrastructure and institutions[J]. Water Resources Management, 2016, 30 (13): 4913-4926.

[46] Flörke M, Schneider C, McDonald R I. Water competition between cities and agriculture driven by climate change and urban growth[J]. Nature Sustainability, 2018, 1 (1): 51-58.

[47] Hoekstra A Y, Buurman J, van Ginkel K C H. Urban water security: A review[J]. Environmental Research Letters, 2018, 13 (5): 053002.

[48] Krueger E, Rao P S C, Borchardt D. Quantifying urban water supply security under global change[J]. Global Environmental Change, 2019, 56: 66-74.

[49] Xiong W, Li Y, Zhang W, et al. Integrated multi-objective optimization framework for urban water supply systems under alternative climates and future policy[J]. Journal of Cleaner Production, 2018, 195: 640-650.

[50] De Clercq D, Smith K, Chou B, et al. Identification of urban drinking water supply patterns across 627 cities in China based on supervised and unsupervised statistical learning[J]. Journal of Environmental Management, 2018, 223: 658-667.

[51] Assefa Y T, Babel M S, Sušnik J, et al. Development of a generic domestic water security index, and its application in Addis Ababa, Ethiopia[J]. Water, 2018, 11 (1): 37.

[52] Aboelnga H T, Ribbe L, Frechen F B, et al. Urban Water Security: Definition and Assessment Framework[J]. Resources, 2019, 8 (4): 178.

[53] Jensen O, Wu H. Urban water security indicators: Development and pilot[J]. Environmental Science & Policy, 2018, 83: 33-45.

[54] Dong X, Du X, Li K, et al. Benchmarking sustainability of urban water infrastructure systems in China[J]. Journal of Cleaner Production, 2018, 170: 330-338.

[55] Casal-Campos A, Sadr S M K, Fu G, et al. Reliable, resilient and sustainable urban drainage systems: an analysis of robustness under deep uncertainty[J].

Environmental Science & Technology, 2018, 52 (16): 9008-9021.

[56] 徐一剑，张天柱，石磊，等. 贵阳市物质流分析[J]. 清华大学学报（自然科学版），2004，44（12）：1688-1691+1699.

[57] 武娟妮，石磊. 工业园区磷代谢分析——以江苏宜兴经济开发区为例[J]. 生态学报，2010，30（9）：2397-2405.

[58] 王东宇. 基于水资源社会循环的上海市水资源实物量核算研究[D]. 上海：华东师范大学，2009.

[59] 董欣，陈吉宁，曾思育，等. 基于物质流分析的城市污水系统比较[J]. 给水排水，2011，47（1）：137-142.

[60] 白桦，曾思育，董欣，等. 基于物质流分析的钾素流动与循环研究[J]. 环境科学，2013，34（6）：2493-2496.

[61] Winkler J, Dueñas-Osorio L, Stein R, et al. Interface network models for complex urban infrastructure systems[J]. Journal of Infrastructure Systems, 2011, 17 (4): 138-150.

[62] Albert R, Jeong H, Barabási A L. Error and attack tolerance of complex networks[J]. Nature, 2000, 406 (6794): 378-382.

[63] Barabási A L, Albert R. Emergence of scaling in random networks[J]. Science, 1999, 286 (5439): 509-512.

[64] Urich C, Sitzenfrei R, Moderl M, et al. An agent-based approach for generating virtual sewer systems[J]. Water Science and Technology, 2010, 62 (5):1090-1097.

[65] Zhang J, Xu X, Hong L, et al. Networked analysis of the Shanghai subway network, in China[J]. Physica A: Statistical Mechanics and its Applications, 2011, 390 (23-24): 4562-4570.

[66] Yazdani A, Jeffrey P. Complex network analysis of water distribution systems[J]. Chaos: An Interdisciplinary Journal of Nonlinear Science, 2011, 21 (1).

[67] Yazdani A, Otoo R A, Jeffrey P. Resilience enhancing expansion strategies for water distribution systems: A network theory approach[J]. Environmental Modelling & Software, 2011, 26 (12): 1574-1582.

[68] Floyd J, Iaquinto B L, Ison R, et al. Managing complexity in Australian urban water governance: Transitioning Sydney to a water sensitive city[J]. Futures, 2014, 61:1-12.

[69] Haghighi A. Loop-by-loop cutting algorithm to generate layouts for urban drainage systems[J]. Journal of Water Resources Planning and Management, 2013, 139 (6): 693-703.

[70] Möderl M, Butler D, Rauch W. A stochastic approach for automatic generation of urban drainage systems[J]. Water Science and Technology, 2009, 59 (6): 1137-1143.

[71] Milly P C D, Wetherald R T, Dunne K A, et al. Increasing risk of great floods in a changing climate[J]. Nature, 2002, 415 (6871): 514-517.

[72] Kalnay E, Cai M. Impact of urbanization and land-use change on climate[J]. Nature, 2003, 423 (6939): 528-531.

[73] Fan G, Lin R, Wei Z, et al. Effects of low impact development on the stormwater runoff and pollution control[J]. Science of The Total Environment, 2022, 805: 150404.

[74] He L, Li S, Cui C H, et al. Runoff control simulation and comprehensive benefit evaluation of low-impact development strategies in a typical cold climate area[J]. Environmental Research, 2022, 206: 112630.

[75] 郑妍妍, 秦华鹏. 低影响开发设施组合的水文模拟及不确定性分析[J]. 中国给水排水, 2022, 38（1）: 114-121.

[76] 沈才华, 王浩越, 褚明生. 构建内涝势冲量的海绵城市内涝程度评价方法[J]. 哈尔滨工业大学学报, 2019, 51（3）: 193-200.

[77] 丁相毅, 刘家宏, 杨志勇, 等. 基于生态海绵流域视角的河湖联控方案研究——以湖南省凤凰县为例[J]. 水利水电技术, 2017（9）: 35-40.

[78] 唐磊, 周飞祥, 王巍巍, 等. 北方城市典型内涝积水问题的系统化解决方案[J]. 中国给水排水, 2020, 36（13）: 139-144.

[79] 刘广奇. 城市绿地空间布局的海绵效应研究[J]. 给水排水, 2019, 55（S1）: 31-34.

[80] 陈思, 杨胜梅, 马琨. 基于SCS和GIS的不同降雨情景城市内涝过程模拟方法[J]. 长江科学院院报, 2019, 36（11）: 16-20.

[81] 刘广奇, 桂发二, 宁存鑫. 基于低影响排水与河湖联控的排水防涝系统平台研究[J]. 建设科技, 2019, 392（9）: 65-68.

[82] 桂发二, 刘慧霞, 方纬. 基于城市低影响排水与河湖联控的排涝调度——以杭州市滨江区西南片区为例[J]. 建设科技, 2019, 394（10）: 75-79.

[83] 周宏, 刘俊, 高成, 等. 我国城市内涝防治现状及问题分析[J]. 灾害学, 2018, 33（3）: 147-151.

[84] JIN P, GU Y, SHI X, et al. Non-negligible greenhouse gases from urban sewer system[J]. Biotechnology for Biofuels, 2019, 12 (1): 1-11.

[85] 郭恰, 陈广, 马艳. 城市水系统关键环节碳排放影响因素分析及减排对策

建议[J]. 净水技术2021，40（10）：113-117.

[86] 赵荣钦，余娇，肖连刚，等. 基于"水—能—碳"关联的城市水系统碳排放研究[J]. 地理学报2021，76（12）：3119-3134.

[87] 万欣，卞文婕，魏然，等. 海绵城市水系统耦合协调发展及动态响应研究[J]. 水资源保护，2023，39（4）：135-142.

[88] 罗雨莉，潘艺蓉，马嘉欣，等. 污水再生与增值利用的碳排放研究进展[J]. 环境工程，2022，40（6）：83-91+187.

[89] 王钊越，赵夏滢，唐琳慧，等. 城市污水收集与处理系统碳排放监测评估技术研究进展[J]. 环境工程，2022，40（6）：77-82+161.

[90] 任南琪，王旭. 城市水系统发展历程分析与趋势展望[J]. 中国水利，2023，（7）：1-5.

[91] 莫罹，龚道孝，高均海，等. 城市水系统从理念、方法到规划实践[J]. 给水排水，2021，57（1）：77-83.

[92] 白静，孙晓博，肖月晨，等. 城市水系统功能评估指标体系构建研究[J]. 建设科技，2023，（5）：7-10.

[93] 张翔，刘玥，龚莉，等. 城市水系统模拟理论与实践[J]. 武汉大学学报（工学版），2023，56（8）：934-941.

[94] 王浩，梅超，刘家宏，等. 我国城市水问题治理现状与展望[J]. 中国水利，2021，（14）：4-7.

[95] 左其亭. 人水关系学的基本原理及理论体系架构[J]. 水资源保护，2022，38（1）：1-6+25.

[96] 周广宇，龚道孝，莫罹，等. 基于政策与技术视角的城市水系统发展趋势分析[J]. 中国给水排水，2022，38（12）：88-93.

[97] 龚道孝，莫罹，刘曦，等. "四水统筹、人水和谐"的雄安新区城市水系统建设标准研究[J]. 给水排水，2021，57（11）：62-69.

[98] 谢倩雯，刘江涛，魏杰，等. 空间视角下的城市水系统发展评估研究[J]. 人民珠江，2022，43（11）：108-115.

[99] 郝天，桂萍，龚道孝. 日本城市水系统发展历程[J]. 给水排水，2021，57（01）：84-89.

[100] 孟付明，李玲，李海鹏，等. 城市更新水系统规划要点探讨[J]. 城市道桥与防洪，2022，（1）：108-110+17-18.

[101] 周昕怡. 城市水系统规划及控制策略研究[J]. 城市道桥与防洪，2020，（6）：125-127+19.

[102] 段梦. 城市水系统内涵及指标体系构建综述[J]. 工程建设与设计，2021，

（7）：93-94+97.

[103] 杨默远，刘昌明，潘兴瑶，等. 基于水循环视角的海绵城市系统及研究要点解析[J]. 地理学报，2020，75（9）：1831-1844.

[104] 陈秋伶，林凯荣，陈文龙，等. 多尺度海绵城市系统雨洪控制研究[J]. 水利学报，2022，53（7）：862-875.

[105] Tian P, Wu H, Yang T, et al. Evaluation of urban water ecological civilization: A case study of three urban agglomerations in the Yangtze River Economic Belt, China[J]. Ecological Indicators, 2021, 123: 107351.

[106] 林蔚，陈梓林，李晖. 东江下游流域城水耦合协调关系评价及其影响因素[J]. 水资源保护，2022，38（4）：66-74.

[107] 徐一剑，刘曦，杨映雪，等. 基于不确定性的雄安新区城市水系统安全保障技术研究[J]. 给水排水，2021，57（11）：82-87.

[108] 张永勇，侯进进，朱静敏，等. 基于城市水系统模拟的绿色发展评估与调控[J]. 武汉大学学报（工学版），2023，56（8）：952-960.

[109] Zhang Y, Hou J J, Xia J, et al. Regulation characteristics of underlying surface on runoff regime metrics and their spatial differences in typical urban communities across China[J]. Science China Earth Sciences, 2022, 65 (8): 1415-1430.

[110] 金俊伟. 基于管网韧性的城市水系统优化运行研究[J]. 广东化工，2022，49（21）：150-153.

[111] 戴慎志，刘飞萍. 基于水循环理论的城市水系统综合规划方法研究[J]. 北京规划建设，2021，（5）：69-75.

[112] 莫罹，龚道孝，司马文卉，等. 绿色高效的雄安新区城市水系统规划建设综合方案研究[J]. 给水排水，2021，47（11）：70-76.

[113] 龚道孝，郝天，莫罹，等. 统筹推进城市水系统治理方法研究[J]. 给水排水，2022，58（11）：1-8.

[114] 赵洁玉，刘哲，刘然，等. "十一五"以来中国对世界节能减排贡献的研究［J］. 能源与环境，2019，（1）：9-11.

[115] 刘来胜，郭世浩，杜历，等. 城市供水应急备用水源规划与实施保障研究[J]. 中国水利，2022，16：18-20.

[116] 全子华. 城乡供水一体化工程规划建设与实践研究[J]. 低碳世界，2021，11（05）：71-72.

[117] 黄明阳. 城镇供水规划决策支持系统及其评价研究[D]. 北京建筑大学，2022.

[118] 张俊锋. 基于复杂网络的铁路客运需求网络分析技术[J]. 科技与创新，

2024，11：97-99.

[119] 陈雨如，黄文澜，唐雅兰，等. 基于复杂网络理论的生态网络优化——以济南市为例[J]. 山东林业科技，2024，54（2）：37-44.

[120] 叶恒，李光越，刘家乐，等. 基于复杂网络理论的天然气管网气源追踪方法[J].世界石油工业，2024.

[121] 尤龙凤. 基于水资源优化配置的太原市引黄供水工程规划研究[J]. 水利技术监督，2023，7：55-58.

[122] 卢依娜. 结合GIS和多级回归分析的城市供水管网漏损评估模型研究[J]. 城市建设理论研究（电子版），2024，12：49-51.

[123] 郑姿. 韧性城市导向的城市供水系统规划探索——以泉港区为例[J]. 给水排水，2022，58（S2）：61-67.

[124] 朱明君，党磊，谢月清，等.扬州城市规划区地下水应急供水方案可行性研究[J]. 地球学报，2024，45（3）：423-432.

[125] 赵宁. 一种基于图论的复杂网络演化分析算法[J]. 技术与市场，2024，31（5）：50-54+59.

[126] 许劲，胡丹丹，郑志宏，等. 重庆市污水处理厂碳氮磷物质流分析[J]. 环境科学学报，2024.

[127] 郑群有，李川. 驻马店城市应急供水水源地规划及评价[J]. 地下水，2024，46（2）：92-96+231.